화학분석기능사 필기 합격플래너

Craftman Chemical Analysis

저자추천 단기완성 합격플랜

구 분		세부 내용	Plan 1 한달 꼼꼼코스	Plan 2 2주 집중코스	Plan 3 일주일 속성코스
제1편 과목별 핵심요점	제1과목 일반화학	핵심요점 1(순물질과 혼합물) ~ 핵심요점 5(몰과 아보가드로수)	1일째 □	1일째 □	1일째 □
		핵심요점 6(원자가와 당량) ~ 핵심요점 9(화학결합)	2일째 □		
		핵심요점 10(분자 간의 힘) ~ 핵심요점 12(금속 및 비금속 원소와 그 화합물)	3일째 □	2일째 □	
		핵심요점 13(화학반응) ~ 핵심요점 16(산화와 환원)	4일째 □		
		핵심요점 17(유기화합물)	5일째 □	3일째 □	
	제2과목 분석화학	핵심요점 1(용액과 용해도) ~ 핵심요점 3(용액의 성질)	6일째 □		
		핵심요점 4(전해질과 전리도) ~ 핵심요점 7(적정법의 개요)	7일째 □	4일째 □	2일째 □
		핵심요점 8(침전 적정) ~ 핵심요점 12(실험기구)	8일째 □		
	제3과목 기기분석	핵심요점 1(분광광도법의 개요) ~ 핵심요점 4(분광광도기 및 광학부품)	9일째 □	5일째 □	
		핵심요점 5(원자흡수분광법) ~ 핵심요점 9(기체 크로마토그래피)	10일째 □		
		핵심요점 10(고성능 액체 크로마토그래피) ~ 핵심요점 12(전기분석법 기초)	11일째 □	6일째 □	
		핵심요점 13(전위차법과 pH미터) ~ 핵심요점 16(실험실 환경 및 안전관리)	12일째 □		
제2편 필기 과년도 기출문제		2010년 제4회 기출문제	13일째 □	7일째 □	3일째 □
		2011년 제4회 기출문제	14일째 □		
		2012년 제4회 기출문제	15일째 □		
		2013년 제1회 기출문제	16		
		2013년 제4회 기출문제	17		
		2014년 제1회 기출문제	18		4일째 □
		2014년 제4회 기출문제	19		
		2015년 제1회 기출문제	20일째 □		
		2015년 제4회 기출문제	21일째 □	11일째 □	
		2016년 제1회 기출문제	22일째 □		
		2016년 제4회 기출문제	23일째 □		
제3편 최신 CBT 기출문제		최신 CBT 기출문제 150선 이러닝 무료 특강!	24일째 □	12일째 □	5일째 □
			25일째 □		
			26일째 □		
최종점검		제1과목(일반화학) 핵심요점	27일째 □	13일째 □	6일째 □
		제2과목(분석화학) 핵심요점	28일째 □		
		제3과목(기기분석) 핵심요점	29일째 □		
실전연습		CBT 온라인 모의고사 3회 응시	30일째 □	14일째 □	7일째 □

구 분		세부 내용	Plan 4 나의 합격코스		
			1회독	2회독	3회독
제1편 과목별 핵심요점	제1과목 일반화학	핵심요점 1(순물질과 혼합물) ~ 핵심요점 5(몰과 아보가드로수)	월 일 ☐	월 일 ☐	월 일 ☐
		핵심요점 6(원자가와 당량) ~ 핵심요점 9(화학결합)	월 일 ☐	월 일 ☐	월 일 ☐
		핵심요점 10(분자 간의 힘) ~ 핵심요점 12(금속 및 비금속 원소와 그 화합물)	월 일 ☐	월 일 ☐	월 일 ☐
		핵심요점 13(화학반응) ~ 핵심요점 16(산화와 환원)	월 일 ☐	월 일 ☐	월 일 ☐
		핵심요점 17(유기화합물)	월 일 ☐	월 일 ☐	월 일 ☐
	제2과목 분석화학	핵심요점 1(용액과 용해도) ~ 핵심요점 3(용액의 성질)	월 일 ☐	월 일 ☐	월 일 ☐
		핵심요점 4(전해질과 전리도) ~ 핵심요점 7(적정법의 개요)	월 일 ☐	월 일 ☐	월 일 ☐
		핵심요점 8(침전 적정) ~ 핵심요점 12(실험기구)	월 일 ☐	월 일 ☐	월 일 ☐
	제3과목 기기분석	핵심요점 1(분광광도법의 개요) ~ 핵심요점 4(분광광도기 및 광학부품)	월 일 ☐	월 일 ☐	월 일 ☐
		핵심요점 5(원자흡수분광법) ~ 핵심요점 9(기체 크로마토그래피)	월 일 ☐	월 일 ☐	월 일 ☐
		핵심요점 10(고성능 액체 크로마토그래피) ~ 핵심요점 12(전기분석법 기초)	월 일 ☐	월 일 ☐	월 일 ☐
		핵심요점 13(전위차법과 pH미터) ~ 핵심요점 16(실험실 환경 및 안전관리)	월 일 ☐	월 일 ☐	월 일 ☐
제2편 필기 과년도 기출문제		2010년 제4회 기출문제	월 일 ☐	월 일 ☐	월 일 ☐
		2011년 제4회 기출문제	월 일 ☐	월 일 ☐	월 일 ☐
		2012년 제4회 기출문제	월 일 ☐	월 일 ☐	월 일 ☐
		2013년 제1회 기출문제	월 일 ☐	월 일 ☐	월 일 ☐
		2013년 제4회 기출문제	월 일 ☐	월 일 ☐	월 일 ☐
		2014년 제1회 기출문제	월 일 ☐	월 일 ☐	월 일 ☐
		2014년 제4회 기출문제	월 일 ☐	월 일 ☐	월 일 ☐
		2015년 제1회 기출문제	월 일 ☐	월 일 ☐	월 일 ☐
		2015년 제4회 기출문제	월 일 ☐	월 일 ☐	월 일 ☐
		2016년 제1회 기출문제	월 일 ☐	월 일 ☐	월 일 ☐
		2016년 제4회 기출문제	월 일 ☐	월 일 ☐	월 일 ☐
제3편 최신 CBT 기출문제		최신 CBT 기출문제 150선 이러닝 무료 특강!	월 일 ☐	월 일 ☐	월 일 ☐
			월 일 ☐	월 일 ☐	월 일 ☐
			월 일 ☐	월 일 ☐	월 일 ☐
최종점검		제1과목(일반화학) 핵심요점	월 일 ☐	월 일 ☐	월 일 ☐
		제2과목(분석화학) 핵심요점	월 일 ☐	월 일 ☐	월 일 ☐
		제3과목(기기분석) 핵심요점	월 일 ☐	월 일 ☐	월 일 ☐
실전연습		CBT 온라인 모의고사 3회 응시	월 일 ☐	월 일 ☐	월 일 ☐

주기율표 (Periodic table)

족 / 주기	1 A	2 A	3 A	4 A	5 A	6 A	7 A	8			1 B	2 B	3 B	4 B	5 B	6 B	7 B	0	족 / 주기
	알칼리 금속 원소	알칼리 토금속 원소						철족 원소(위 3) 백금족 원소(아래 6개)			구리족 원소	아연족 원소	붕소족 원소	탄소족 원소	질소족 원소	산소족 원소	할로겐족 원소	비활성 기체	
1	1.00797 1 **H** 1 수소																	4.0026 0 **He** 2 헬륨	1
2	6.939 1 **Li** 3 리튬	9.0122 2 **Be** 4 베릴륨											10.811 3 **B** 5 붕소	12.01115 2 **+4** **C** 6 탄소	14.0067 ±3 5 **N** 7 질소	15.9994 -2 **O** 8 산소	18.9984 -1 **F** 9 플루오르	20.179 0 **Ne** 10 네온	2
3	22.9898 1 **Na** 11 나트륨	24.312 2 **Mg** 12 마그네슘											26.9815 3 **Al** 13 알루미늄	28.086 4 **Si** 14 규소	30.9738 ±3 5 **P** 15 인	32.064 -2 4 **6** **S** 16 황	35.453 **-1** 3 5 7 **Cl** 17 염소	39.948 0 **Ar** 18 아르곤	3
4	39.098 1 **K** 19 칼륨	40.08 2 **Ca** 20 칼슘	44.956 3 **Sc** 21 스칸듐	47.90 3 **4** **Ti** 22 티탄	50.942 3 **5** **V** 23 바나듐	51.996 2 **3** 6 **Cr** 24 크롬	54.9380 **2** 3 4 6 7 **Mn** 25 망간	55.847 2 **3** **Fe** 26 철	58.9332 **2** 3 **Co** 27 코발트	58.70 **2** 3 **Ni** 28 니켈	63.546 1 **2** **Cu** 29 구리	65.38 2 **Zn** 30 아연	69.72 2 3 **Ga** 31 갈륨	72.59 4 **Ge** 32 게르마늄	74.9216 ±3 5 **As** 33 비소	78.96 -2 4 **6** **Se** 34 셀렌	79.904 **-1** 3 5 7 **Br** 35 브롬	83.80 0 **Kr** 36 크립톤	4
5	85.47 1 **Rb** 37 루비듐	87.62 2 **Sr** 38 스트론튬	88.905 3 **Y** 39 이트륨	91.22 4 **Zr** 40 지르코늄	92.906 3 **5** **Nb** 41 니오브	95.94 3 4 **6** **Mo** 42 몰리브덴	[97] 6 **7** **Tc** 43 테크네튬	101.07 3 **4** 6 8 **Ru** 44 루테늄	102.905 3 **Rh** 45 로듐	106.4 **2** 4 6 **Pd** 46 팔라듐	107.868 1 **Ag** 47 은	112.40 2 **Cd** 48 카드뮴	114.82 3 **In** 49 인듐	118.69 2 4 **Sn** 50 주석	121.75 **3** 5 **Sb** 51 안티몬	127.60 -2 **4** 6 **Te** 52 텔루르	126.9044 **-1** 3 5 7 **I** 53 요오드	131.30 0 **Xe** 54 크세논	5
6	132.905 1 **Cs** 55 세슘	137.34 2 **Ba** 56 바륨	☆ 57~71 란탄계열	178.49 4 **Hf** 72 하프늄	180.948 5 **Ta** 73 탄탈	183.85 6 **W** 74 텅스텐	186.2 1 4 **7** **Re** 75 레늄	190.2 2 3 **4** 8 **Os** 76 오스뮴	192.2 3 **4** **Ir** 77 이리듐	195.09 2 **4** **Pt** 78 백금	196.967 **1** 3 **Au** 79 금	200.59 1 **2** **Hg** 80 수은	204.37 **1** 3 **Tl** 81 탈륨	207.19 2 4 **Pb** 82 납	208.980 **3** 5 **Bi** 83 비스무트	[209] **2** 4 **Po** 84 폴로늄	[210] 1 3 5 7 **At** 85 아스타틴	[222] 0 **Rn** 86 라돈	6
7	[233] 1 **Fr** 87 프랑슘	[226] 2 **Ra** 88 라듐	◎ 89~ 악티늄계열																

금속 원소

비금속 원소

전이 원소, 나머지는 전형 원소

원자량 / 원소기호 / 원자번호 / 원소명 — 55.847 **Fe** 26 철 — 2 **3** 원자가 (**고딕**글자는 보다 안정한 원자가)

[ ] 안의 원자량은 가장 안전한 동위체의 질량수

☆ 란탄계열	138.91 3 **La** 57 란탄	140.12 **3** 4 **Ce** 58 세륨	140.907 3 **Pr** 59 프라세오디뮴	144.24 3 **Nd** 60 네오디뮴	[145] 3 **Pm** 61 프로메튬	150.35 2 **3** **Sm** 62 사마륨	151.96 2 3 **Eu** 63 유로퓸	157.25 3 **Gd** 64 가돌리늄	158.925 3 **Tb** 65 테르븀	162.50 3 **Dy** 66 디스프로슘	164.930 3 **Ho** 67 홀뮴	167.26 3 **Er** 68 에르븀	168.934 3 **Tm** 69 툴륨	173.04 2 **3** **Yb** 70 이테르븀	174.97 3 **Lu** 71 루테튬
◎ 악티늄계열	[227] 3 **Ac** 89 악티늄	232.038 4 **Th** 90 토륨	[231] 5 **Pa** 91 프로트악티늄	238.03 4 6 **U** 92 우라늄	[237] 4 5 6 **Np** 93 넵투늄	[244] 3 4 5 6 **Pu** 94 플루토늄	[243] 3 **Am** 95 아메리슘	[247] 3 **Cm** 96 퀴륨	[247] 3 4 **Bk** 97 버클륨	[251] 3 **Cf** 98 칼리포르늄	[254] **Es** 99 아인시타이늄	[257] **Fm** 100 페르뮴	[258] **Md** 101 멘델레븀	[259] **No** 102 노벨륨	[260] **Lr** 103 로렌슘

[한 권으로 끝내기]

화학분석기능사 필기+실기

이영진 · 이홍주 지음

■ 도서 A/S 안내

성안당에서 발행하는 모든 도서는 저자와 출판사, 그리고 독자가 함께 만들어 나갑니다.

좋은 책을 펴내기 위해 많은 노력을 기울이고 있습니다. 혹시라도 내용상의 오류나 오탈자 등이 발견되면 "좋은 책은 나라의 보배"로서 우리 모두가 함께 만들어 간다는 마음으로 연락주시기 바랍니다. 수정 보완하여 더 나은 책이 되도록 최선을 다하겠습니다.

성안당은 늘 독자 여러분들의 소중한 의견을 기다리고 있습니다. 좋은 의견을 보내주시는 분께는 성안당 쇼핑몰의 포인트(3,000포인트)를 적립해 드립니다.

잘못 만들어진 책이나 부록 등이 파손된 경우에는 교환해 드립니다.

저자 e-mail : ohtalee@hanmail.net(이영진), chemiarmy@cuk.edu(이홍주)
본서 기획자 e-mail : coh@cyber.co.kr(최옥현)
홈페이지 : http://www.cyber.co.kr
전화 : 031) 950-6300

화학분석기능사는 화학분석을 위한 국가기술자격의 초급 자격으로, 필기시험에서 다루는 과목은 일반화학, 분석화학, 기기분석의 세 과목입니다. 하지만 이를 준비하는 수험생의 입장에서 위 과목들을 개별적으로 공부하기에는 범위가 넓고 내용이 어려워 부담이 클 수밖에 없습니다.

필기시험은 문제은행을 중심으로 문제를 구성한 CBT(Computer Based Test) 방식으로 출제되며, 문제은행의 문제들은 대부분 과년도 기출문제들로 구성되어 있습니다. 따라서 이를 잘 활용하여 준비한다면 단기간에 어렵지 않게 합격할 수 있으며, 과거 기출문제를 중심으로 공부하는 것이 합격의 지름길입니다.

이 책은 이러한 출제경향의 이점을 충분히 살릴 수 있도록 꼭 필요한 이론을 정리하여 핵심요점으로 구성하고, 다년간의 기출문제를 수록하였으며, CBT 시행 이후 출제된 문제들을 중복되는 문제 없이 150문제로 재구성하여 합격에 만전을 기할 수 있도록 구성하였습니다. 또한, 실기까지 단기간에 마무리할 수 있도록 필답형 기출문제와 작업형 실험자료를 수록하였습니다.

핵심요점에는 과년도 기출문제와 출제경향을 면밀히 분석 · 검토하여 합격점을 얻기 위해 꼭 필요한 내용만을 엄선하여 정리함으로써 자칫 출제빈도가 낮은 부분에 쏟을 수 있는 불필요한 시간과 노력의 낭비가 없도록 하였습니다.

과년도 기출문제와 **최신 CBT 기출문제**에는 수록된 모든 문제에 대해 한 문제도 빠짐없이 명쾌한 해설을 제시함으로써 시험을 준비하는 수험생들의 답답함을 시원하게 해결하고, 정답 이외에도 꼭 알아야 할 내용들을 덧붙여 제시함으로써 해설을 읽으면서 이론부분을 다시 확인할 필요 없이 저절로 반복학습이 되도록 하여 공부의 효율성을 극대화하였습니다.

필답형 기출문제는 중복되는 문제 없이 유형별로 정리하여 빠른 시간에 이론을 재정리할 수 있도록 하였고, **작업형 실험자료**에는 문제지부터 시험 과정과 실제 시험에서 작성하게 되는 답안지의 작성 예까지 빠짐없이 수록하였습니다.

부디 본 책이 화학분석기능사를 준비하는 모든 수험생 여러분들에게 꼭 합격의 기쁨을 안겨드릴 수 있기를 바라며, 끝으로 이 책이 출판되기까지 오랜 기간 많은 정성과 인내로 기다려주시고 도움 주신 도서출판 성안당 이종춘 회장님과 편집부 임직원 여러분께 진심으로 감사드립니다.

저자 **이영진, 이홍주**

이 책의 특징

화학분석기능사 핵심요점을 출제과목에 따라 이해하기 쉽게 정리!

핵심요점에서는 최근 출제경향을 면밀히 분석하여 화학분석기능사 필수이론을 필기 출제과목(일반화학/분석화학/기기분석)에 따라 정리하였습니다.

제 1 과목 **일반화학**

출제과목별로 선별한 중요 내용을 키워드로 잡아 '핵심요점'으로 구분하여 정리하였습니다.

각 요점을 이해하기 쉽게 설명하였음은 물론, 전체적인 이론의 흐름 또한 개연성이 있도록 구성하여 효율적으로 공부할 수 있도록 하였습니다.

핵심요점 1 **순물질과 혼합물**

물질은 크게 순물질과 혼합물로 나눌 수 있으며, 순물질은 다시 홑원소물질과 화합물로 나뉜다.

(1) 순물질

순수한 하나의 물질로만 구성되어 있는 것으로 끓는점, 어는점, 밀도, 용해도 등의 물리적 성질이 일정한 물질이다.

① 홑원소물질

㉮ 정의 : 한 가지 종류의 원소로만 이루어진 물질이다.

예 산소(O_2), 칼륨(K), 철(Fe), 수소(H_2), 헬륨(He) 등

㉯ 동소체 : 홑원소물질 중에서 같은 종류의 원소로 이루어져 있으나 입자의 조성이나 배열방식이 달라서 성질과 모양이 다른 물질로, 연소 생성물을 비교하여 확인할 수 있다.

동소체의 구성 원소	동소체의 종류	연소 생성물
산소(O)	산소(O_2), 오존(O_3)	–
탄소(C)	다이아몬드, 흑연, 숯, 금강석, 활성탄	이산화탄소(CO_2)
인(P_4)	흰인, 붉은인	오산화인(P_2O_5)
황(S_8)	사방황, 단사황, 고무상황(무성형황)	이산화황(SO_2)

② 화합물

두 종류 이상의 원소가 화합하여 이루어진 순물질이며, 화학적 방법으로 분해가 가능하다.

예 물(H_2O), 소금(NaCl), 염화수소(HCl), 이산화탄소(CO_2) 등

(2) 혼합물

① 두 가지 이상의 순물질이 섞여 있는 물질이다.

② 물리적 조작을 통하여 각각의 성분물질로 나눌 수 있다.

③ 끓는점, 어는점, 밀도, 용해도 등의 물리적 성질이 일정하지 않다.

예 소금물, 공기, 우유, 찰흙 등

30

혼자서 공부하기에도 부족함이 없도록 핵심요점 정리!

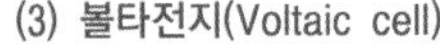

(3) 볼타전지(Voltaic cell)

묽은 황산에 구리판과 아연판을 담그고 두 금속판을 도선으로 연결한 전지이다.

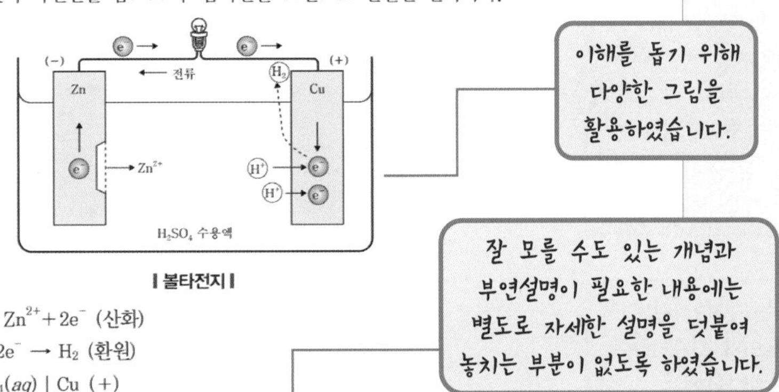

❙ 볼타전지 ❙

이해를 돕기 위해 다양한 그림을 활용하였습니다.

① (−)극 : $Zn \rightarrow Zn^{2+} + 2e^-$ (산화)

② (+)극 : $2H^+ + 2e^- \rightarrow H_2$ (환원)

(−) Zn | $H_2SO_4(aq)$ | Cu (+)

잘 모를 수도 있는 개념과 부연설명이 필요한 내용에는 별도로 자세한 설명을 덧붙여 놓치는 부분이 없도록 하였습니다.

분극

볼타전지의 처음 기전력은 1V이지만, 1분도 되지 않아 전압이 0.4V로 떨어지는데, 이는 (+)극에서 발생하는 수소기체가 구리판을 둘러싸 수소의 환원반응을 방해하기 때문에 나타나는 현상이다.

④ 몰수(n) 계산

㉮ 입자수를 알 때 : 몰수$(n) = \dfrac{\text{입자수}}{6.02 \times 10^{23}}$

㉯ 질량을 알 때 : 몰수$(n) = \dfrac{\text{질량(g)}}{\text{화학식량(원자량, 분자량, 실험식량)}}$

㉰ 부피를 알 때 : 몰수$(n) = \dfrac{\text{부피(L)}}{22.4}$

예제 01 He 원자 1g 속에 들어있는 원자수는?

필요한 부분에는 예제를 두어 이론을 확실히 이해하고 넘어갈 수 있도록 하였습니다.

▶▶ 원자수 = 몰수$(n) \times 6.02 \times 10^{23}$

$= \dfrac{\text{질량(g)}}{\text{원자량}} \times 6.02 \times 10^{23}$

$= \dfrac{1}{4} \times 6.02 \times 10^{23}$

$\fallingdotseq 1.5 \times 10^{23}$

예제 02 2.5mol의 질산(HNO_3)의 질량은 얼마인가? (단, N의 원자량은 14, O의 원자량은 16이다.)

▶▶ 물질의 질량=몰수×몰질량(화학식량)

질산(HNO_3)의 분자량=1+14+16×3=63

몰질량=63g/mol

따라서, 질량=2.5×63=157.5g

CBT 시행 이전의 7개년 기출문제와 최신 CBT 기출문제 150선 수록!

CBT 시행 이전의 2010년부터 2016년 4회까지 기출문제를 회차별로 수록하였습니다.

자주 출제되는 중요한 문제는 한눈에 알아볼 수 있도록 표시하였습니다.

모든 문제에는 정확한 정답과 해설이 수록되어 있습니다. 해설은 간단하면서 부족함이 없도록 정리하여 문제를 완벽하게 이해하고 자칫 놓칠 수 있을 법한 이론을 빠르게 정리하고 넘어갈 수 있도록 하였습니다.

2010년 제4회 화학분석기능사 | 2010년 7월 11일 시행

※ 색상으로 표시된 문제는 출제빈도가 높은 중요한 문제입니다. 반드시 숙지하시기 바랍니다.

01 다음 중 비극성인 물질은?
① H_2O ② NH_3
③ HF ④ C_6H_6

해설 탄화수소류의 경우 C와 H의 전기음성도 차이가 거의 없어 일반적으로 비극성으로 존재한다.
따라서, 다음과 같이 구분할 수 있다.
• 비극성 : C_6H_6
• 극성 : H_2O, NH_3, HF

02 같은 온도와 압력에서 한 용기 속에 수소분자 3.3×10^{23}개가 들어있을 때 같은 부피의 다른 용기 속에 들어있는 산소분자의 수는?
① 3.3×10^{23}개
② 4.5×10^{23}개
③ 6.4×10^{23}개
④ 9.6×10^{23}개

해설 같은 온도와 압력에서, 같은 부피에는 같은 수의 입자가 존재한다(아보가드로의 법칙).
따라서, 산소분자의 수 역시 3.3×10^{23}개이다.

03 다음 중 이상기체의 성질과 가장 가까운 기체는?
① 헬륨 ② 산소

05 A+2B → 3C+4D와 같은 기초반응에서 A, B의 농도를 각각 2배로 하면 반응속도는 몇 배로 되겠는가?
① 2 ② 4
③ 8 ④ 16

해설 A+2B → 3C+4D
반응속도의 차수가 계수와 같다고 할 때,
$v=k[A][B]^2$, $2\times2^2=8$
즉, 반응속도는 8배 증가한다.

06 산화시키면 카르복시산이 되고, 환원시키면 알코올이 되는 것은?
① C_2H_5OH ② $C_2H_5OC_2H_5$
③ CH_3CHO ④ CH_3COCH_3

해설 
$C_2H_5OH \underset{환원}{\overset{산화}{\rightleftarrows}} CH_3CHO \underset{환원}{\overset{산화}{\rightleftarrows}} CH_3COOH$

07 다음 중 수소결합에 대한 설명으로 틀린 것은?
① 원자와 원자 사이의 결합이다.
② 전기음성도가 큰 F, O, N의 수소화합물에 나타난다.
③ 수소결합을 하는 물질은 수소결합을 하지

최근 CBT로 시행된 기출문제는 중복되는 문제 없이 150문제로 재구성하여 풀이하였습니다.

최신 CBT 기출문제 150선

01 알칼리금속에 대한 설명으로 틀린 것은?
① 공기 중에서 쉽게 산화되어 금속광택을 잃는다.
② 원자가 전자가 1개이므로 +1가의 양이온이 되기 쉽다.
③ 할로겐원소와 직접 반응하여 할로겐화합물을 만든다.
④ 염소와 1 : 2 화합물을 형성한다.

해설 알칼리금속은 1가 양이온이고, 할로겐족인 염소이온은 1가 음이온이므로 MCl, 즉 1 : 1로 결합한다.

02 원자번호 3번 Li의 화학적 성질과 비슷한 원소의 원자번호는?
① 8 ② 10
③ 11 ④ 18

해설 같은 족의 경우 화학적 성질이 비슷하다.
원자번호 3번 Li의 경우 1족인 알칼리금속이며, 성질이 비슷한 알칼리금속으로는 Li(3), Na(11), K(19) 등이 있다.

04 실리콘이라고도 하며, 반도체로서 트랜지스터나 다이오드 등의 원료가 되는 물질은?
① C ② Si
③ Cu ④ Mn

해설 문제에서 설명하는 물질은 규소(Si)이다.

05 나트륨(Na)의 원자는 11개의 양성자와 12개의 중성자를 가지고 있다. 원자번호와 질량수는 각각 얼마인가?
① 원자번호 : 11, 질량수 : 12
② 원자번호 : 12, 질량수 : 11
③ 원자번호 : 11, 질량수 : 23
④ 원자번호 : 11, 질량수 : 1

해설 원자번호=양성자수=11
질량수=양성자수+중성자수=23

06 다음 중 삼원자 분자가 아닌 것은?
① 아르곤
② 오존
③ 물

이 책의 제3편에 해당하는 <최신 CBT 기출문제 150선>은 **무료 특강**이 준비되어 있습니다. 저자쌤의 명쾌한 문제풀이로 최신 CBT 기출문제를 완벽하게 마스터 하세요~!

※ 무료 특강 수강방법은 이 책 맨 앞에 수록된 수강권 확인!

실기시험 대비 필답형 기출문제와 작업형 실험자료 완벽 정리!

유형별로 정리한 필답형 기출문제

1 농도 계산

01 용액 1L 중 용질의 몰수를 무엇이라 하는가?

정답 몰농도(M)

02 1,000ppm $K_2Cr_2O_7$(중크롬산칼륨) 표준용액을 이용하여 30ppm의 시료용액 100mL를 제조하고자 한다. 필요한 표준용액은 몇 mL인가?

정답 1,000ppm× x(mL)=30ppm×100mL
x=3mL

03 중크롬산칼륨 1,000ppm은 몇 % 용액인가?

정답 1%는 1/100이고, 1ppm은 1/1,000,000이므로 1%는 10,000ppm이다.
따라서 1,000ppm은 0.1%이다.

그동안 출제되었던 필답형 기출문제를 중복되는 문제 없이 유형별로 정리하고 정확한 정답을 수록하였습니다.

실기 필답형 시험의 경우 필기시험에서 준비한 내용으로도 충분히 풀 수 있지만 주관식으로 출제되어 두려워하시는 분들이 많습니다. 유형별로 정리한 필답형 기출문제를 통해 이론을 확실히 정리하고 효율적으로 필답형 시험을 준비할 수 있습니다.

1 작업형 실기시험 문제지

국가기술자격 실기시험문제

자격종목	화학분석기능사	과제명	분광광도법

※ 문제지는 시험종료 후 본인이 가져갈 수 있습니다.

비번호		시험일시		시험장명	

※ 시험시간 : 2시간

1. 요구사항

※ 지급된 재료 및 시설을 사용하여 아래 작업을 완성하시오.

(1) 분석장비의 Calibration : 분광광도계의 파장이 540nm로 정확하게 맞추어져 있는지, 시료 희석용 순수용액을 사용하여 분석하였을 때 100% T 또는 0.0000A(흡광도)를 정확하게 나타내는지 확인하시오.

수험생들이 실제 고사장에서 받게 되는 문제지와 답안지를 수록하고, 작업형 시험의 과정과 답안지 작성의 예시를 빠짐없이 정리하였습니다.

자격 안내

1 자격 기본정보

- 자격명 : 화학분석기능사(Craftsman Chemical Analysis)
- 관련부처 : 산업통상자원부
- 시행기관 : 한국산업인력공단

화학분석기능사 자격시험은 한국산업인력공단에서 시행합니다.
원서접수 및 시험일정 등 기타 자세한 사항은 한국산업인력공단에서 운영하는 사이트인 큐넷(q-net.or.kr)에서 확인하시기 바랍니다.

(1) 자격 개요

화학반응, 유기화합물, 원자구조 등 화학물질의 성분을 분석하기 위해 필요한 화학적 소양을 갖추고 안전하게 화학물질을 취급할 수 있는 숙련기능인력을 양성하고자 자격제도를 제정하였다.

(2) 수행직무

실험 및 검사 부문에 소속되어 물질을 구성하고 있는 성분의 종류나 그 조성비를 알기 위하여 약품, 기기, 기구를 사용하여 물질을 분석하는 업무를 수행한다.

화학분석기능사는 화학 관련 산업제품이나 의약품, 식품, 고분자, 반도체, 신소재 등 광범위한 분야의 화학제품이나 원료에 함유되어 있는 유기·무기 화합물들의 화학적 조성 및 성분함량을 분석하여 제품 및 원료의 품질을 평가하거나 제품 생산공정의 이상 유무를 파악하며 신제품을 연구하고 개발하는 데 필요한 정보를 제공하는 직무를 수행합니다.

(3) 진로 및 전망

① 석유, 시멘트, 도료, 비누, 화학섬유원사, 고무 등 화학제품을 제조·취급하는 전 산업분야에 진출할 수 있다.

② 「식품위생법」에 의하면 식품 제조·가공업, 즉석판매 제조·가공업 및 식품첨가물 제조업에 해당하는 업체는 식품위생관리인을 의무적으로 고용해야 하는데, 자격증 취득 후에는 2종 식품위생관리인으로서 종사 가능하다.

③ 「대기환경보전법」에서도 산업체의 대기오염물질을 채취하여 대기오염공정시험방법에 의하여 측정분석업무를 하는 데 있어 자격을 취득한 측정대행기술자를 고용하도록 되어 있어 자격증 취득 시 취업이 유리한 편이다. 그리고 자격 취득 후 2년 이상의 실무경력이 있으면 오수처리시설 업체 등에서 기술관리인으로 종사가 가능하며, 화학분석기능사의 진출분야는 다양하다.

화학분석기능사에 도전하는 응시인원은 점점 증가하고 있습니다. 이는 화학분석기능사 자격을 사회에서 많이 필요로 하고 있기 때문이며, 앞으로의 전망 또한 높게 평가되고 있습니다.

(4) 종목별 검정현황 및 합격률

연 도	필 기			실 기		
	응시	합격	합격률	응시	합격	합격률
2019	2,742명	1,489명	54.3%	3,178명	2,111명	66.4%
2018	2,171명	1,209명	55.7%	2,849명	2,346명	82.3%
2017	1,295명	713명	55.1%	2,664명	2,193명	82.3%
2016	1,226명	685명	55.9%	2,758명	2,415명	87.6%
2015	1,239명	571명	46.1%	2,769명	2,480명	89.6%

2 자격증 취득정보

(1) 응시자격

응시자격에는 제한이 없다. 연령, 학력, 경력, 성별, 지역 등에 제한을 두지 않는다.

(2) 취득방법

화학분석기능사는 검정형과 과정평가형의 두 가지 방법으로 자격을 취득할 수 있다.

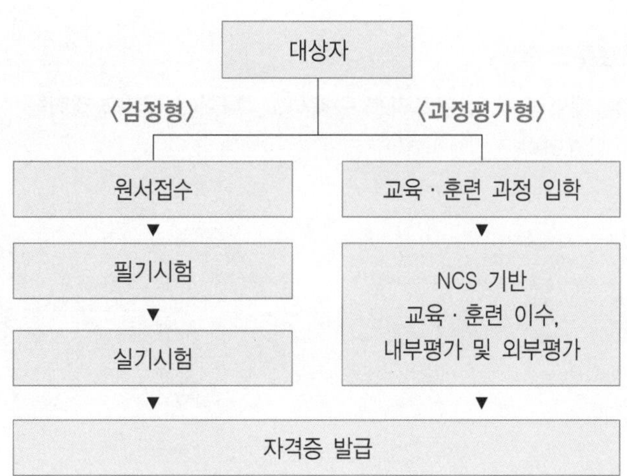

과정평가형 안내

과정평가형 자격은 NCS 능력단위를 기반으로 설계된 교육·훈련 과정을 이수한 후 평가를 통해 국가기술자격을 부여하는 새로운 자격입니다.

1 국가직무능력표준(NCS) 안내

(1) 국가직무능력표준의 개념

국가직무능력표준(NCS ; National Competency Standards)은 산업현장에서 직무를 수행하기 위해 요구되는 지식·기술·태도 등의 내용을 국가가 체계화한 것이다.

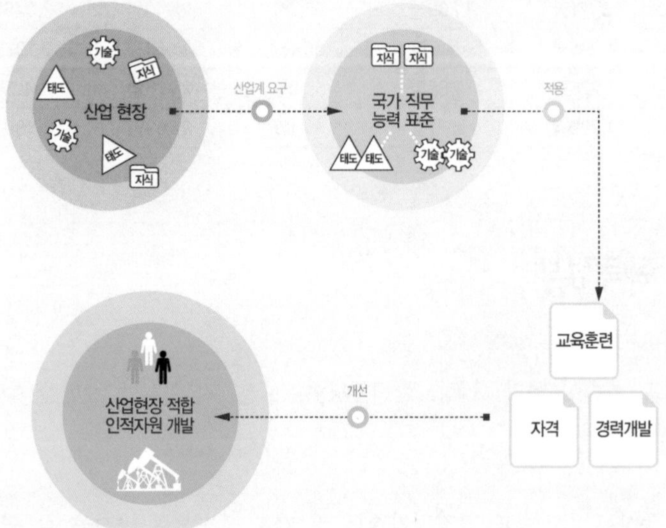

(2) 국가직무능력표준의 적용

능력 있는 인재를 개발해 핵심 인프라를 구축하고, 나아가 국가경쟁력을 향상시키기 위해 국가직무능력표준이 필요하다.

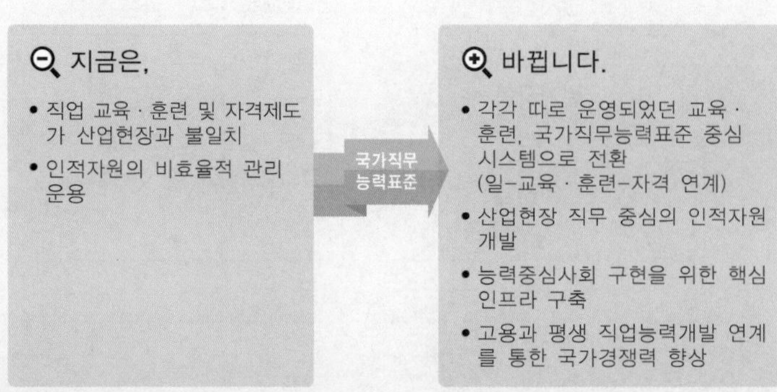

(3) 국가직무능력표준의 활용범위

기업체 활용범위	교육훈련기관 활용범위	자격시험기관 활용범위
• 현장 수요 기반의 인력채용 및 인사관리기준 • 근로자 경력개발 • 직무기술서	• 직업교육훈련과정 개발 • 교수계획 및 매체, 교재 개발 • 훈련기준 개발	• 직업교육훈련과정 개발 • 자격종목의 신설 · 통합 · 폐지 • 출제기준 개발 및 개정 • 시험문항 및 평가방법 • 교수계획 및 매체, 교재 개발 • 훈련기준 개발

2 화학분석기능사 과정평가형 자격 안내

(1) 교육 · 훈련 과정 목표

화학에 대한 기초적인 이론 및 분석능력을 가지고 화학물질의 성분, 조성, 구조, 함량, 특성 등을 확인하기 위해 이화학기구, 분석기기 등을 활용하여 분석계획 수립, 시료 채취 및 전처리, 화학물질 분석, 기초 데이터 확인 등의 직무를 수행할 수 있는 인력을 양성한다.

(2) 교육 · 훈련 시간

구 분	능력단위 총 시간	교육 · 훈련 기준시간
직업기초 능력	30시간	30시간 이상
필수 능력단위	300시간	300시간 이상
선택 능력단위	270시간	70시간 이상

(3) 화학분석기능사 NCS 능력단위

〈필수 능력단위〉

능력단위	최소 교육 · 훈련 시간
시료 전처리	30시간
분석장비 관리	30시간
이화학 분석	60시간
분광 분석	60시간
크로마토그래피 분석	45시간
환경점검	15시간
안전점검	15시간
분석업무지시서 확인	15시간
시험결과보고서 작성	30시간

〈선택 능력단위〉

능력단위	최소 교육 · 훈련 시간
문서관리	30시간
화학물질사고 피해 방지	30시간
GHS-MSDS 파악	30시간
화학물질취급 설비 점검	30시간
화학물질취급 사고 대비 훈련	30시간
화학물질취급 사고 초기대응	30시간
화학물질취급 법규 파악	30시간
정전기 방지대책 수립	30시간
품질분석	30시간

검정형 시험 안내

검정형 시험은 이전부터 시행하여 오던 필기시험과 실기시험으로 나누어진 시험 형태입니다.

1 검정형 자격시험 일반사항

(1) 시험일정

연간 총 3회의 시험을 실시한다.

(2) 시험과정 안내

① 원서접수 확인 및 수험표 출력기간은 접수 당일부터 시험 시행일까지이며, 이외 기간에는 조회가 불가하다. ※ 출력장애 등을 대비하여 사전에 출력 보관할 것

② 원서접수는 온라인(인터넷, 모바일앱)에서만 가능하다.

③ 스마트폰, 태블릿 PC 사용자는 모바일앱 프로그램을 설치한 후 접수 및 취소/환불 서비스를 이용한다.

STEP 01 필기시험 원서접수

- Q-net(q-net.or.kr) 사이트 회원가입 후 접수 가능
- 반명함 사진 등록 필요 (6개월 이내 촬영본, 3.5cm×4.5cm)

STEP 02 필기시험 응시

- 입실시간 미준수 시 시험 응시 불가 (시험 시작 20분 전까지 입실)
- 수험표, 신분증, 필기구 지참 (공학용 계산기 지참 시 반드시 포맷)

STEP 03 필기시험 합격자 확인

- CBT 시험 종료 후 즉시 합격여부 확인 가능
- Q-net 사이트에 게시된 공고로 확인 가능

STEP 04 실기시험 원서접수

- Q-net 사이트에서 원서 접수
- 실기시험 시험일자 및 시험장은 접수 시 수험자 본인이 선택 (먼저 접수하는 수험자가 선택의 폭이 넓음)

(3) 검정방법

① 필기시험(객관식)과 실기시험(복합형 : 작업형+필답형)을 치르게 되며, 필기시험에 합격한 자에 한하여 실기시험을 응시할 기회가 주어진다.

② 필기시험에 합격한 자에 대하여는 필기시험 합격자 발표일로부터 2년간 필기시험을 면제한다.

(4) 합격기준

필기와 실기 모두 100점을 만점으로 하여 60점 이상을 합격으로 본다.

① 필기 : 과목 구분 없이 총 60문제를 100점 만점으로 하여 60점 이상을 합격으로 본다.

② 실기 : 작업형 60점과 필답형 40점을 합산한 100점 만점으로 하여 60점 이상을 합격으로 본다.

※ 필답형의 경우 10문항 내외(문항당 4점 내외)로 출제된다.

- 수험표, 신분증, 필기구, 공학용 계산기, 종목별 수험자 준비물 지참 (공학용 계산기는 허용된 종류에 한하여 사용 가능하며, 수험자 지참 준비물은 실기시험 접수기간에 확인 가능)

- 문자메시지, SNS 메신저를 통해 합격 통보 (합격자만 통보)
- Q-net 사이트 및 ARS (1666-0100)를 통해서 확인 가능

- Q-net 사이트에서 신청 가능
- 상장형 자격증, 수첩형 자격증 형식 신청 가능

- 상장형 자격증은 합격자 발표 당일부터 인터넷으로 발급 가능 (직접 출력하여 사용)
- 수첩형 자격증은 인터넷 신청 후 우편 수령만 가능

2 CBT 안내

(1) CBT란?

CBT란 Computer Based Test의 약자로, 컴퓨터 기반 시험을 의미한다. 정보기기운용기능사, 정보처리기능사, 굴삭기운전기능사, 지게차운전기능사, 제과기능사, 제빵기능사, 한식조리기능사, 양식조리기능사, 일식조리기능사, 중식조리기능사, 미용사(일반), 미용사(피부) 등 12종목은 이미 오래 전부터 CBT 시험을 시행하고 있으며, 화학분석기능사는 2017년 1회 시험부터 CBT 시험이 시행되었다.

CBT 필기시험은 컴퓨터로 보는 만큼 수험자가 답안을 제출함과 동시에 합격여부를 확인할 수 있다.

(2) CBT 시험 과정

한국산업인력공단에서 운영하는 홈페이지 **큐넷(Q-net)**에서는 누구나 쉽게 CBT 시험을 볼 수 있도록 실제 자격시험 환경과 동일하게 구성한 **가상 웹 체험 서비스를 제공**하고 있다.

가상 웹 체험 서비스를 통해 CBT 시험을 연습하는 과정은 다음과 같다.

① 시험시작 전 신분 확인 절차

- 수험자가 자신에게 배정된 좌석에 앉아 있으면 신분 확인 절차가 진행된다.

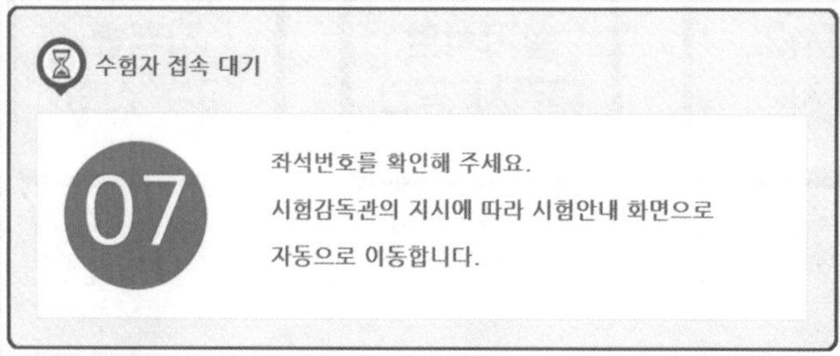

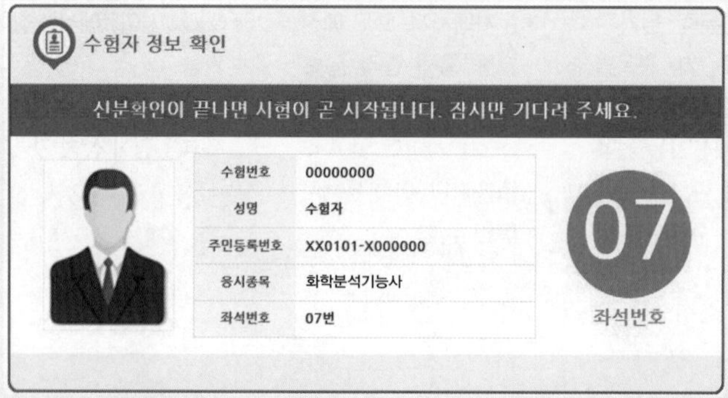

• 신분 확인이 끝난 후 시험시작 전 CBT 시험안내가 진행된다.

안내사항 > 유의사항 > 메뉴 설명 > 문제풀이 연습 > 시험준비 완료

② 시험 [안내사항]을 확인한다.

- 시험은 총 5문제로 구성되어 있으며, 5분간 진행된다.
  자격종목별로 시험문제 수와 시험시간은 다를 수 있다.
  ※ 화학분석기능사 필기 – 60문제/1시간
- 시험 도중 수험자 PC 장애 발생 시 손을 들어 시험감독관에게 알리면 긴급장애조치 또는 자리이동을 할 수 있다.
- 시험이 끝나면 합격여부를 바로 확인할 수 있다.

③ 시험 [유의사항]을 확인한다.
시험 중 금지되는 행위 및 저작권 보호에 관한 유의사항이 제시된다.

④ 문제풀이 [메뉴 설명]을 확인한다.
문제풀이 기능 설명을 유의해서 읽고 기능을 숙지해야 한다.

⑤ 자격검정 CBT [문제풀이 연습]을 진행한다.
실제 시험과 동일한 방식의 문제풀이 연습을 통해 CBT 시험을 준비한다.

- CBT 시험 문제 화면의 기본 글자크기는 150%이다. 글자가 크거나 작을 경우 크기를 변경할 수 있다.
- 화면배치는 '1단 배치'가 기본 설정이다. 더 많은 문제를 볼 수 있는 '2단 배치'와 '한 문제씩 보기' 설정이 가능하다.

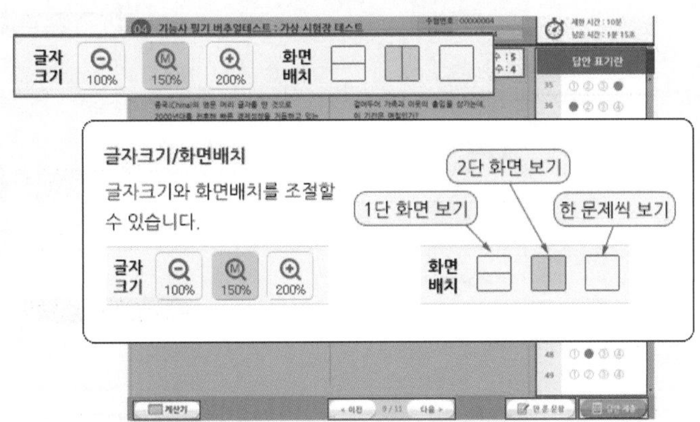

- 답안은 문제의 보기번호를 클릭하거나 답안표기 칸의 번호를 클릭하여 입력할 수 있다.
- 입력된 답안은 문제화면 또는 답안표기 칸의 보기번호를 클릭하여 변경할 수 있다.

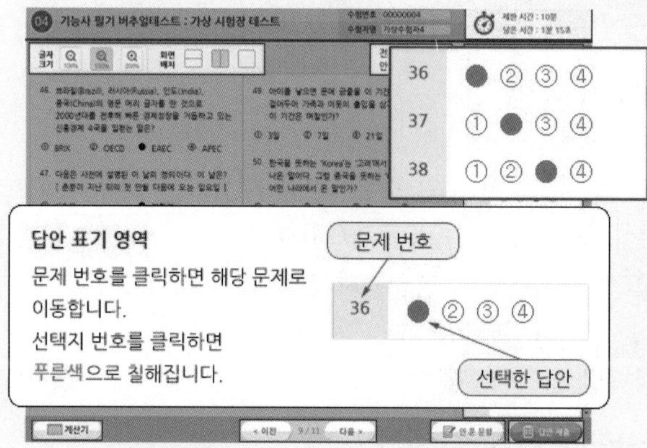

- 페이지 이동은 '페이지 이동' 버튼 또는 답안표기 칸의 문제번호를 클릭하여 이동할 수 있다.

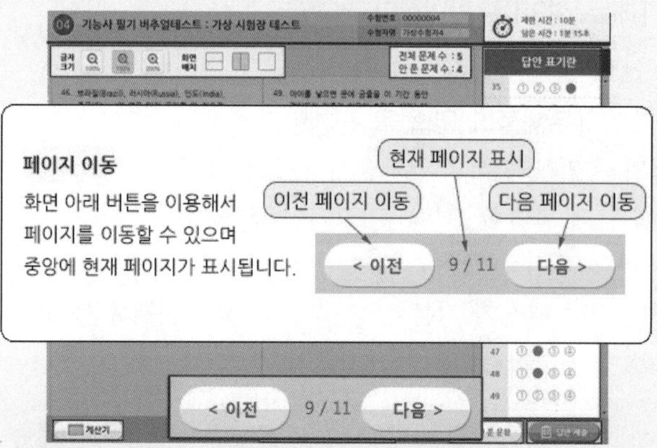

- 응시종목에 계산문제가 있을 경우 좌측 하단의 계산기 기능을 이용할 수 있다.

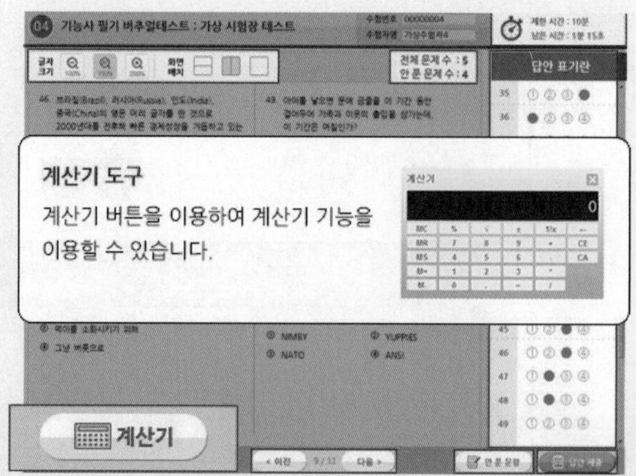

• 안 푼 문제 확인은 답안 표기란 좌측에 안 푼 문제 수를 확인하거나 답안 표기란 하단 '안 푼 문제' 버튼을 클릭하여 확인할 수 있다. 안 푼 문제번호 보기 팝업창에 안 푼 문제번호가 표시된다. 번호를 클릭하면 해당 문제로 이동한다.

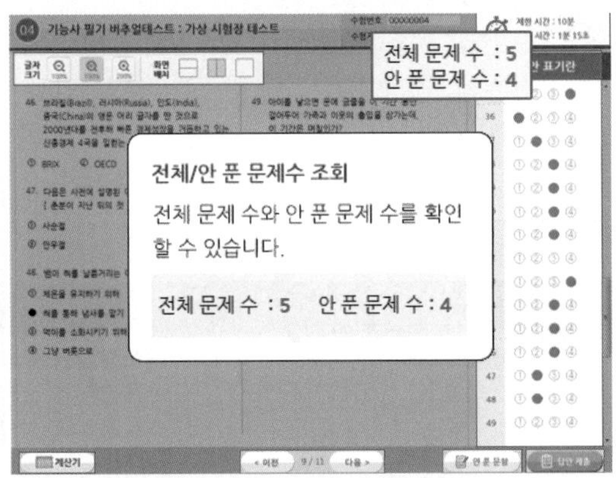

• 시험문제를 다 푼 후 답안 제출을 하거나 시험시간이 모두 경과되었을 경우 시험이 종료되며, 시험결과를 바로 확인할 수 있다.

• '답안 제출' 버튼을 클릭하면 답안 제출 승인 알림창이 나온다. 시험을 마치려면 '예'를, 시험을 계속 진행하려면 '아니오'를 클릭하면 된다. 답안 제출은 실수 방지를 위해 두 번의 확인 과정을 거친다. 이상이 없으면 '예' 버튼을 한 번 더 클릭한다.

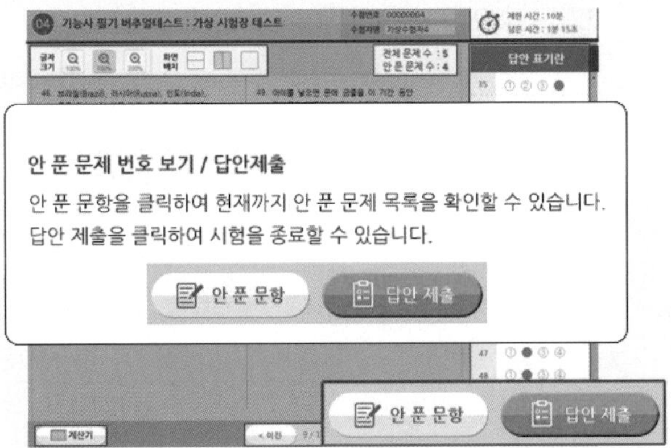

⑥ [시험준비 완료]를 한다.

시험 안내사항 및 문제풀이 연습까지 모두 마친 수험자는 '시험준비 완료' 버튼을 클릭한 후 잠시 대기한다.

⑦ 연습한 대로 CBT 시험을 시행한다.

⑧ 답안 제출 및 합격여부를 확인한다.

3 출제기준

- 직무/중직무 분야 : 화학/화공
- 자격종목 : 화학분석기능사
- 직무내용 : 화학물질의 성분, 조성, 함량 등을 확인하기 위해 화학반응이나 분석기기 등을 활용하여 시료채취, 전처리, 분석, 결과보고서 작성 등의 분석 업무를 수행
- 적용기간 : 2021.1.1. ~ 2021.12.31.

(1) 필기 출제기준

주요 항목	세부 항목	세세 항목
1. 일반화학	(1) 물질의 종류 및 성질	① 물질의 종류 및 구성 ② 물질의 상태와 변화 ③ 용액의 성질 ④ 오차와 유효숫자
	(2) 원자의 구조와 주기율	원소의 주기성과 원자구조
	(3) 화학결합 및 분자 간의 힘	① 이온결합, 금속결합 ② 공유결합과 분자 ③ 분자 간의 힘
2. 무기화학	금속 및 비금속 원소와 그 화합물	① 금속과 그 화합물 ② 비금속원소와 그 화합물 ③ 방사성원소 ④ 기체 ⑤ 액체 및 고체
3. 유기화학	유기화합물 및 고분자화합물	① 유기화합물의 특성 ② 유기화합물의 명명법 ③ 지방족 탄화수소 ④ 방향족 탄화수소 ⑤ 고분자화합물
4. 화학반응	화학반응	① 화학반응속도론 ② 화학평형 ③ 산과 염기의 반응 ④ 산화 · 환원 반응
5. 분석 일반	분석화학 이론	① 실험기구 ② 화학농도, 이온화도 ③ 용해도, 평형상수 ④ 용해도곱 ⑤ 산과 염기 ⑥ 활동도

〈필기시험 안내사항〉

- 필기 검정방법 : 객관식
- 문항 수 : 60문제
- 필기 시험시간 : 1시간
- 필기 과목명 : 일반화학, 분석화학, 기기분석 (전 과목 혼합)

주요 항목	세부 항목	세세 항목
6. 이화학분석	정량 · 정성 분석	① 양 · 음이온 정성분석 ② 양 · 음이온 정량분석 ③ 산 · 염기 평형 ④ 산 · 염기 적정법 ⑤ 산화 · 환원 원리 ⑥ 산화 · 환원 적정법 ⑦ 침전 적정법 ⑧ 킬레이트 적정법 ⑨ 무게분석법
7. 기기분석 일반	(1) 분광광도법	① 빛의 성질 ② 빛의 흡수, 방출 ③ 분광광도기 및 광학부품 ④ 가시-자외선 흡수분광법 ⑤ 원자흡수분광법
	(2) 크로마토그래피	① 기본원리 ② 종이 크로마토그래피 ③ 액체 크로마토그래피 ④ 기체 크로마토그래피 ⑤ 이온 크로마토그래피
	(3) 전기분석법	① 전기분석법 기초이론 ② pH 측정법 및 전위차 적정 ③ 전지의 형성과 전극 ④ 폴라로그래피
8. 실험실 환경 · 안전관리	실험실의 환경 · 안전사항	① 실험실 환경 · 안전관리 ② 유해물질의 관리 ③ 실험실 안전사항

(2) 실기 출제기준

• 수행준거

1. 정량분석 및 정성분석 업무를 수행할 수 있다.
2. 시료 전처리, 이화학·기기분석의 업무를 수행할 수 있다.
3. 분석결과보고서 작성, 문서관리 등의 업무를 수행할 수 있다.
4. 실험실 안전관리 및 응급상황에 대처할 수 있다.

주요 항목	세부 항목	세세 항목
1. 시료 전처리	(1) 전처리 준비하기	① 분석시료의 물리·화학 특성에 따라 적합한 전처리방법을 선택할 수 있다. ② 분석시료의 물리·화학 특성에 따라 분석시험에 필요한 시약과 용매를 선택할 수 있다. ③ 정확한 결과 산출을 위해 전처리 과정 중의 분석대상 물질의 농도 변화를 계산할 수 있다. ④ 선택한 전처리방법, 시약, 용매와 계산한 농도에 따라 전처리 계획을 세우고 준비할 수 있다.
	(2) 전처리 실시하기	① 전처리 계획에 따라 물리적 전처리를 할 수 있다. ② 전처리 계획에 따라 화학적 전처리를 할 수 있다.
2. 이화학·기기분석	(1) 이화학분석 실시하기	① 분석 관련 표준작업지침서에 따라 이화학분석에 필요한 초자, 기구, 시약을 준비할 수 있다. ② 분석 관련 표준작업지침서에 따라 적정, pH, 무게, 밀도 등을 측정할 수 있다. ③ 분석결과에 따른 정밀성, 정확성을 비교할 수 있다.
	(2) 기기분석 실시하기	① 분석장비의 사용설명서에 따라 장비(UV, AAS, GC, HPLC)를 운용할 수 있다. ② 분석장비별 변경 가능한 분석조건을 확인할 수 있다.
	(3) 측정데이터 확인하기	① 분석장비별·항목별 측정데이터를 통계 처리할 수 있다. ② 측정기기와 측정법에 따라 측정데이터를 적절하게 저장할 수 있다. ③ 측정데이터를 정기적으로 백업할 수 있다. ④ 측정데이터를 보고하기 위해 필요한 파라미터를 파악할 수 있다. ⑤ 데이터 조작방지시스템을 사용하여 데이터를 보호할 수 있다. ⑥ 데이터 저장시스템을 활용하여 데이터의 시험이력을 확인할 수 있다.
3. 분석결과보고서 작성	(1) 분석원리 이해하기	① 분석기기에 대하여 분석가능 항목, 분석능력, 분석감도를 해당 기기사용설명서를 통해 파악할 수 있다. ② 측정목적에 따른 분석장비와 측정값과의 상호관계를 이해할 수 있다. ③ 화학물질 분석에 적합한 분석장비를 사용하여 신뢰성 있는 분석이 이루어졌는지 확인할 수 있다. ④ 컴퓨터시스템으로 운용되는 자동화장비는 사용설명서에 따라 소프트웨어의 유효성을 검증하고 이를 문서화할 수 있다.
	(2) 분석결과 종합하기	① 측정데이터를 종합하여 분석시료의 성분, 조성, 구조, 함량, 특성을 확인할 수 있다. ② 화학물질에 함유된 중금속, 부산물, 불순물의 농도를 정량적으로 분석하고 확인할 수 있다. ③ 수집·처리된 분석데이터는 백업하여 보관하고 필요에 따라 이를 활용 가능하도록 할 수 있다.

〈실기시험 안내사항〉

- 실기 검정방법 : 복합형(필답형+작업형)
- 실기 시험시간 : 총 5시간 정도
  (필답형 1시간, 작업형 4시간 정도)
- 실기 과목명 : 화학분석 작업

주요 항목	세부 항목	세세 항목
4. 문서관리	(1) 화학물질 관련 문서 관리하기	① 화학물질의 종류를 파악하고 목록을 작성할 수 있다. ② 화학물질 입출고이력과 사용이력을 기록할 수 있다.
	(2) 분석장비 관련 문서 관리하기	① 분석장비의 관리이력과 사용이력을 기록할 수 있다. ② 분석장비별 소모품의 종류를 파악하고 목록을 작성할 수 있다. ③ 분석장비별 소모품의 사용이력을 기록할 수 있다.
5. 분석장비 관리	(1) 분석장비 유지 · 관리하기	분석장비별 응급조치를 할 수 있다.
	(2) 분석장비 소모품 관리하기	① 분석장비별 소모품 종류를 파악하고 목록을 작성할 수 있다. ② 교체주기에 맞추어 소모품을 교체할 수 있다. ③ 분석장비별 소모품의 사용이력을 기록할 수 있다. ④ 분석장비별 소모품의 재고를 파악할 수 있다.
	(3) 분석장비 관리대장 작성하기	① 분석장비 관리규정에 따라 분석장비 관리이력을 기록할 수 있다. ② 분석장비 관리규정에 따라 분석장비 사용이력을 기록할 수 있다. ③ 분석장비별 사용설명서를 작성할 수 있다.
6. 환경관리	분석환경 관리하기	① 원활한 작업을 위한 작업공간을 확보할 수 있다. ② 분석실 내 유해화학물질의 존재를 확인할 수 있다. ③ 효율적인 분석환경을 위해 정리정돈을 실시할 수 있다.
7. 안전관리	(1) 물질안전보건자료 확인하기	① 물질안전보건자료를 분류하고 보관할 수 있다. ② 물질안전보건자료를 활용하여 분석에 사용되는 화학물질의 유해성을 확인할 수 있다. ③ 분석에 사용되는 유해한 화학물질을 유해정도에 따라 분류할 수 있다. ④ 인체에 노출되었을 경우 위급사항인 물질을 구분할 수 있다.
	(2) 안전장비 사용법 확인하기	① 개인보호장구를 숙달되게 사용할 수 있다. ② 개인보호장구의 내구 유효기간에 따라 개인보호장구를 관리할 수 있다. ③ 안전장비의 위치를 파악할 수 있다. ④ 안전장비의 사용법에 따라 안전장비를 숙달되게 사용할 수 있다.
	(3) 사고 대처하기	① 안전사고 시 자체 방재계획에 따라 응급대처를 할 수 있다. ② 화재발생 시 자체 방재계획에 따라 신속한 대응과 신고를 할 수 있다.

차례

과목별 핵심요점

제1과목 일반화학

제2과목 분석화학

제3과목 기기분석

필기 과년도 기출문제

최신 CBT 기출문제

제 4 편 실기 필답형 기출문제

제 5 편 실기 작업형 실험자료

Craftsman Chemical Analysis

www.cyber.co.kr

제1편

과목별
핵심요점

Craftsman Chemical Analysis

화 / 학 / 분 / 석 / 기 / 능 / 사

- 제1과목 일반화학
- 제2과목 분석화학
- 제3과목 기기분석

제 1 과목 일반화학

핵심요점 1 순물질과 혼합물

물질은 크게 순물질과 혼합물로 나눌 수 있으며, 순물질은 다시 홑원소물질과 화합물로 나뉜다.

(1) 순물질

순수한 하나의 물질로만 구성되어 있는 것으로 끓는점, 어는점, 밀도, 용해도 등의 물리적 성질이 일정한 물질이다.

① 홑원소물질

㉮ 정의 : 한 가지 종류의 원소로만 이루어진 물질이다.

예 산소(O_2), 칼륨(K), 철(Fe), 수소(H_2), 헬륨(He) 등

㉯ 동소체 : 홑원소물질 중에서 같은 종류의 원소로 이루어져 있으나 입자의 조성이나 배열방식이 달라서 성질과 모양이 다른 물질로, 연소 생성물을 비교하여 확인할 수 있다.

동소체의 구성 원소	동소체의 종류	연소 생성물
산소(O)	산소(O_2), 오존(O_3)	–
탄소(C)	다이아몬드, 흑연, 숯, 금강석, 활성탄	이산화탄소(CO_2)
인(P_4)	흰인, 붉은인	오산화인(P_2O_5)
황(S_8)	사방황, 단사황, 고무상황(무정형황)	이산화황(SO_2)

② 화합물

두 종류 이상의 원소가 화합하여 이루어진 순물질이며, 화학적 방법으로 분해가 가능하다.

예 물(H_2O), 소금(NaCl), 염화수소(HCl), 이산화탄소(CO_2) 등

(2) 혼합물

① 두 가지 이상의 순물질이 섞여 있는 물질이다.

② 물리적 조작을 통하여 각각의 성분물질로 나눌 수 있다.

③ 끓는점, 어는점, 밀도, 용해도 등의 물리적 성질이 일정하지 않다.

예 소금물, 공기, 우유, 찰흙 등

핵심요점 2 원자, 분자, 이온

물질을 이루는 기본 입자에는 원자, 분자, 이온이 있다. 여기서 가장 기본이 되는 입자는 원자이며, 원자가 여러 개 모여 분자를 이루고, 원자가 전자를 잃고 얻음에 따라 이온이 된다.

(1) 원자(atom)

물질을 이루는 가장 기본적인 단위의 입자로 돌턴(Dalton)의 원자설에 의해 한동안 더 이상 나눌 수 없는 입자로 생각되었으나, 많은 연구 결과에 의해 더 작은 입자인 원자핵과 전자, 그리고 원자핵은 다시 양성자와 중성자로 이루어져 있다는 것이 밝혀졌다.

돌턴의 원자설

- 물질은 더 이상 쪼갤 수 없는 원자로 이루어져 있다.
- 주어진 원소의 원자들은 질량과 모든 성질에서 동일하고, 다른 원소의 원자들은 다르다.
- 화합물은 서로 다른 원소의 원자들이 일정한 수의 비율로 결합하여 생성된다.
- 화학반응 시 원자들은 재배열되며, 파괴되거나 생성되지 않고 변화되지 않는다.

① 원자의 구조

원자는 중심에 (+)전하를 띠는 원자핵이 있고 (−)전하를 띠는 전자가 그 주위를 돌고 있는 구조이다.

㉮ 원자핵 : 러더퍼드(Rutherford)의 α 입자 산란실험으로 밝혀졌으며, (+)전하를 띠는 양성자(proton)와 전하를 띠지 않는 중성자(neutron)가 강하게 결합되어 있으며 (+)전하를 띤다.

㉯ 전자 : 톰슨(Thomson)의 음극선 실험으로 밝혀졌으며, (−)전하를 띠고 작고 가벼워 원자핵 주위를 빠르게 움직인다.

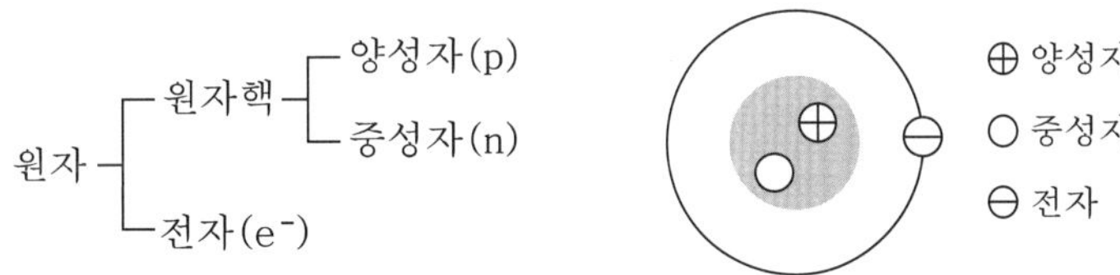

▌원자의 구성 입자▐

② 원자의 전기적 성질

원자는 양성자수와 전자수가 같고, 양성자의 (+)전하량과 전자의 (−)전하량이 같으므로 전기적으로 중성이다.

양성자수 = 전자수

③ 원자번호

많은 연구를 통하여 원자의 종류를 결정하는 것은 원자핵 속의 양성자수라는 것이 밝혀졌다. 즉, 같은 원소의 원자들은 양성자수가 같고, 양성자수가 다르면 서로 다른 종류의 원자, 즉 다른 원소의 원자가 된다. 따라서 양성자수를 원자번호로 사용하며, 원자는 전기적으로 중성이므로 원자번호는 그 원자의 전자수와도 같다.

원자번호 = 양성자수 = 전자수

④ 질량수

전자의 질량은 양성자 질량의 약 $\frac{1}{1,840}$, 중성자 질량의 약 $\frac{1}{1,870}$ 정도로 양성자나 중성자에 비해 무시할 수 있을 정도로 작으므로 원자의 질량은 원자핵의 질량과 거의 같다. 따라서 원자핵 속의 양성자수와 중성자수의 합을 질량수로 정하여 원자의 상대적 질량을 비교한다.

질량수 = 양성자수 + 중성자수

⑤ 원자의 표시법

어떤 원자의 원소기호를 X라고 할 때, 원자 X를 다음과 같이 나타낸다.

$$^{\text{질량수}}_{\text{원자번호}}\mathrm{X}^{\text{전하수}}$$

예 $^{1}_{1}\mathrm{H}$
- 원자번호=1
- 중성자수=0
- 전자수=1

$^{40}_{20}\mathrm{Ca}^{2+}$
- 원자번호=20
- 중성자수=20
- 전자수=18

⑥ 동위원소

양성자수는 같지만 중성자수가 서로 달라 질량수가 다른 원소를 동위원소라고 한다. 동위원소는 양성자수가 같으므로 같은 종류의 원소로 화학적 성질은 거의 같지만, 질량이 차이가 나므로 물리적 성질은 다르다.

예 $^{1}_{1}\mathrm{H}$(수소), $^{2}_{1}\mathrm{H}$(중수소), $^{3}_{1}\mathrm{H}$(삼중수소)
$^{12}_{6}\mathrm{C}$(탄소−12), $^{13}_{6}\mathrm{C}$(탄소−13)

원소

화학적 또는 물리적 방법으로 더 이상 단순한 물질로 분해할 수 없는 물질(홑원소물질), 또는 물질을 이루는 기본성분을 원소(element)라 한다. 원소는 입자의 개념이 아니라 성분의 개념이다. 물질을 이루는 원자의 종류, 즉 원자의 이름이라고 생각하면 된다. 원소는 현재까지 약 110여 종이 알려져 있고 대부분은 자연에 존재하나 인공적으로 만들어지기도 하며 원소기호로 나타낸다.

예 수소(H), 산소(O), 헬륨(He), 염소(Cl) 등

(2) 분자(molecule)

'물질의 특성'을 가지는 최소 입자로 원자 1개 또는 2개 이상이 결합하여 만들어진다. 분자는 구성 성분의 원자와는 전혀 다른 성질을 나타내는 새로운 개체이며, 분자를 이루는 원자수에 따라 다음과 같이 구분된다.

① **일원자 분자** : 헬륨(He), 네온(Ne), 아르곤(Ar) 등(주로 불활성 기체)
② **이원자 분자** : 수소(H_2), 산소(O_2), 염화수소(HCl) 등
③ **삼원자 분자** : 오존(O_3), 물(H_2O), 이산화탄소(CO_2) 등
④ **사원자 분자** : 인(P_4), 암모니아(NH_3) 등
⑤ **고분자** : 녹말, 수지, 단백질 등

(3) 이온(ion)

전기적으로 중성인 원자가 전자를 얻거나 잃으면 전하를 띠게 되는데 이러한 입자를 이온이라 한다.

① **양이온** : 원자가 전자를 잃어서 (+)전하를 띠는 입자
　㉮ 전자 1개를 잃은 경우 : $Na \rightarrow Na^{+} + e^{-}$
　㉯ 전자 2개를 잃은 경우 : $Ca \rightarrow Ca^{2+} + 2e^{-}$
② **음이온** : 원자가 전자를 얻어서 (−)전하를 띠는 입자
　㉮ 전자 1개를 얻은 경우 : $Cl + e^{-} \rightarrow Cl^{-}$
　㉯ 전자 2개를 얻은 경우 : $O + 2e^{-} \rightarrow O^{2-}$
③ **다원자 이온**(라디칼 이온, radical ion) : 원자단(2개 이상의 원자가 결합되어 있는 것)이 하나의 이온처럼 행동하는 이온
　예 H_3O^{+}, NH_4^{+}, SO_4^{2-}, OH^{-} 등

핵심요점 3 화학식(chemical formula)

물질을 이루는 기본 입자인 원자, 분자 또는 이온을 원소기호와 숫자를 사용하여 나타낸 식을 화학식이라고 하며, 화학식에는 실험식, 분자식, 시성식 및 구조식이 있다.

(1) 실험식(empirical formula)

물질을 이루는 원자나 이온의 종류와 수를 가장 간단한 정수비로 나타낸 식으로 조성식이라고도 한다. 어떤 물질의 화학식을 실험적으로 구할 때 가장 먼저 구할 수 있는 식이다.

(2) 분자식(molecular formula)

분자를 구성하는 원자의 종류와 수를 원소기호를 사용하여 나타낸 식으로, 실험식 사이에 다음과 같은 관계가 있다.

$$실험식 \times n = 분자식$$

여기서, n : 정수

(3) 물질의 종류에 따른 분자식과 실험식

① 분자가 있는 물질

• 공유결합물질의 분자식과 실험식 : 원자와 원자가 전자쌍을 공유하여 이루어지는 공유결합은 분자를 형성하므로 공유결합물질은 분자식으로 나타낼 수 있고, 가장 간단한 정수비인 실험식으로도 나타낼 수 있다.

예

물 질	분자식	실험식	
폼알데하이드	CH_2O	CH_2O	(분자식과 실험식이 같음)
포도당	$C_6H_{12}O_6$	CH_2O	$(CH_2O) \times 6$
아세틸렌	C_2H_2	CH	$(CH) \times 2$
벤젠	C_6H_6	CH	$(CH) \times 6$

② 분자가 없는 물질

㉮ 이온결합물질의 실험식 : 양이온과 음이온이 일정한 비율로 규칙적으로 배열되어 있어서 분자가 없으므로 이온들의 결합비율만을 나타내는 실험식으로 나타낸다.

예 NaCl, CaO, $CaCl_2$ 등

㉯ 금속결합물질의 실험식 : 나트륨(Na), 구리(Cu)와 같은 금속은 한 종류의 원자가 계속적으로 질서 있게 결합하고 있어서 분자가 없으므로 금속의 원소기호를 써서 실험식으로 나타낸다.

예 Na, Ca, Fe, Au 등

(4) 시성식(rational formula)

분자가 가지는 특성을 알 수 있도록 작용기를 써서 나타낸 식이다.

예

물 질	분자식	작용기	시성식
아세트산	$C_2H_4O_2$	−COOH	CH_3COOH
메탄올	CH_4O	−OH	CH_3OH
아세톤	C_3H_6O	>CO	CH_3COCH_3
아세트알데하이드	C_2H_4O	−CHO	CH_3CHO

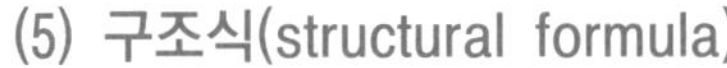

(5) 구조식(structural formula)

분자를 구성하는 원자와 원자 사이의 결합모양이나 배열상태를 결합선을 사용하여 나타낸 식이다.

예

물 질	NH_3 (암모니아)	CH_3COOH (아세트산)	CH_3COCH_3 (아세톤)	H_2O (물)
구조식	H | H−N−H	H O | ‖ H−C−C−O−H | H	O ‖ C CH_3 / \ CH_3	O / \ H H

핵심요점 4 화학식량

물질의 질량을 상대적으로 나타낸 값으로, 화학식에 포함되어 있는 원자의 원자량의 총합을 화학식량이라고 한다. 화학식에 실험식, 분자식, 이온식 등이 있는 것과 같이 화학식량에도 원자량, 분자량, 실험식량, 이온식량 등이 있으며, 상대적인 값이므로 단위가 없다.

(1) 원자량

① 원자량의 기준

질량수 12인 탄소원자 $^{12}_{6}C$의 원자량을 12.00으로 정하고 이를 기준으로 비교한 다른 원자들의 상대적인 질량값이다. 즉, 수소 $^{1}_{1}H$의 원자량이 1이라는 것은 수소원자 한 개의 질량이 1g이라는 것이 아니고, $^{12}_{6}C$ 원자의 질량의 $\frac{1}{12}$임을 의미한다. 또한, $^{16}_{8}O$의 원자량이 16인 것은 산소원자 1개의 질량이 탄소원자 1개의 질량보다 $\frac{4}{3}$배 무겁다는 것을 나타낸다. 실제 탄소원자($^{12}_{6}C$) 한 개의 질량은 1.99×10^{-23}g이고, 수소원자($^{1}_{1}H$) 한 개의 질량은 1.67×10^{-24}g이다. 이러한 실제 값들은 너무 작아 다루기 어려우므로 기준값을 정하여 상대적으로 비교하는 것이 편리하다.

② 주요 원소의 평균 원자량

다음 표는 원자번호 1~20까지의 원소의 평균 원자량이다. 자연계에서 각 원소들은 양성자수가 같아서 원자번호는 같으나 중성자수가 달라서 질량수가 다른 동위원소를 일정한 비율로 가지고 있으므로 정확하게는 동위원소의 존재 비율을 고려하여 구한 평균 원자량을 사용하여야 한다.

▌주요 원소의 평균 원자량▐

1족	2족	13족	14족	15족	16족	17족	18족
H 1.008							He 4.003
Li 6.968	Be 9.012	B 10.814	C 12.010	N 14.006	O 15.999	F 18.998	Ne 20.179
Na 22.989	Mg 24.305	Al 26.981	Si 28.085	P 30.973	S 32.068	Cl 35.452	Ar 39.948
K 39.098	Ca 40.078						

(2) 분자량

① 분자를 구성하는 모든 원자들의 원자량의 합이다.

예 • H_2O의 분자량 : 1×2+16=18
• H_2의 분자량 : 1×2=2
• $C_6H_{12}O_6$의 분자량 : 12×6+1×12+16+6=180

② 분자 1개의 질량도 원자 1개의 질량과 같이 매우 작으므로 ${}^{12}_{6}C$ 1개의 질량에 대한 상대적인 값으로 비교한다. 즉, 물 H_2O의 분자량이 18이라는 것은 물분자 한 개의 질량이 ${}^{12}_{6}C$ 원자의 질량보다 $\frac{3}{2}$배 무겁다는 것을 의미하고, H_2의 분자량이 2인 것은 수소분자 한 개의 질량이 탄소원자 1개 질량의 $\frac{1}{6}$임을 나타낸다.

(3) 실험식량

실험식을 구성하는 모든 원자들의 원자량의 합이다.

예 $C_6H_{12}O_6$의 실험식은 CH_2O이므로, CH_2O의 실험식량 : 12+1×2+16=30

(4) 이온식량

이온식을 구성하는 모든 원자들의 원자량의 합이다. 원자가 이온으로 되면서 잃거나 얻은 전자의 질량은 원자의 질량에 비해 매우 작아 무시할 수 있으므로 고려하지 않는다.

예 • Na^+의 이온량=Na의 원자량=23
• Cl^-의 이온량=Cl의 원자량=35.45
• NO_3^-의 이온량=N의 원자량+O의 원자량=14+16×3=62

핵심요점 5 몰과 아보가드로수

(1) 아보가드로수(Avogadro's number)

아보가드로수는 정확히 $^{12}_{6}C$ 12.0g 속의 탄소원자 수로 정의되며, 그 값은 6.022137×10^{23}이지만 보통 6.02×10^{23}으로 사용한다.

(2) 몰(mole)

몰은 아보가드로수만큼의 입자들로 구성된 물질의 양을 의미하며, 약자로 mol이라 한다. 즉, 어떤 원자 1몰은 그 원자 6.02×10^{23}개를 의미하고, 분자 1몰은 그 분자 6.02×10^{23}개를 의미한다.

주의!!
어떤 물질 1몰을 말할 때 그 입자가 원자인지 분자인지를 명확히 해야 한다. 예를 들어, 수소 1몰이라고 할 때, 수소원자(H) 1몰은 수소원자(H) 6.02×10^{23}개를 의미하지만, 수소기체(H_2) 1몰은 수소분자(H_2) 6.02×10^{23}개를 의미하므로 수소분자 1몰에는 수소원자가 $6.02 \times 10^{23} \times 2$개, 즉 수소원자 2몰이 들어있다.

① 몰과 입자수

㉮ 1몰$=6.02 \times 10^{23}$개

㉯ 입자수$=$몰수$\times 6.02 \times 10^{23}$

② 몰과 질량

어떤 물질을 이루는 입자 6.02×10^{23}개의 질량이 1몰의 질량인데 원자량의 기준이 되는 원소인 탄소원자 $^{12}_{6}C$ 1몰의 질량이 12.0g으로 탄소원자의 원자량 12.00과 같으므로 어떤 물질이든지 1몰의 질량은 그 물질의 화학식량, 즉 원자량, 분자량, 실험식량에 g을 붙인 값이 된다.

예
- 수소원자(H)의 원자량은 1이므로, 수소원자 1몰의 질량은 1g이다.
- 산소분자(O_2)의 분자량은 32이므로, 산소분자 1몰의 질량은 32g이다.
- NaCl의 실험식량은 58.5이므로, NaCl 1몰의 질량은 58.5g이다.

㉮ 몰질량(molar mass) : 어떤 물질 1몰의 질량을 몰질량이라 하며, 단위는 g/mol이다.

㉯ 물질의 질량 = 몰수$\times$몰질량(화학식량)

③ 몰과 부피

표준 온도와 압력(Standard Temperature and Pressure ; STP) 상태(0℃, 1기압)에서 기체 1몰은 그 종류에 상관없이 모두 22.4L의 부피를 차지한다.

㉮ 기체 1몰의 부피$=$22.4L (표준상태)

㉯ 기체의 부피$=$몰수$\times$22.4 (표준상태)

④ 몰수(n) 계산

㉮ 입자수를 알 때 : 몰수$(n) = \dfrac{입자수}{6.02 \times 10^{23}}$

㉯ 질량을 알 때 : 몰수$(n) = \dfrac{질량(g)}{화학식량(원자량, 분자량, 실험식량)}$

㉰ 부피를 알 때 : 몰수$(n) = \dfrac{부피(L)}{22.4}$

예제 01 He 원자 1g 속에 들어있는 원자수는?

▶▶ $원자수 = 몰수(n) \times 6.02 \times 10^{23}$

$= \dfrac{질량(g)}{원자량} \times 6.02 \times 10^{23}$

$= \dfrac{1}{4} \times 6.02 \times 10^{23}$

$\fallingdotseq 1.5 \times 10^{23}$

예제 02 2.5mol의 질산(HNO_3)의 질량은 얼마인가? (단, N의 원자량은 14, O의 원자량은 16이다.)

▶▶ 물질의 질량=몰수×몰질량(화학식량)

질산(HNO_3)의 분자량$=1+14+16\times3=63$

몰질량=63g/mol

따라서, 질량$=2.5\times63=157.5$g

핵심요점 6 원자가와 당량

(1) 원자가

원자가는 어떤 원자가 다른 원자와 이루는 화학결합의 수, 즉 결합선의 수를 말하는 것으로 수소원자는 2개 이상의 원자와 결합할 수 없으므로 수소의 원자가를 1가로 정하고, 수소원자와 결합하는 수를 원자가로 정한다. 또한, 수소와 직접 결합하지 않는 원자의 원자가는 수소와 결합하는 원자로부터 간접적으로 정해진다.

예
- H_2O에서 산소(O)의 원자가는 수소원자 2개와 결합하므로 2이다.
- SO_2에서 황(S)의 원자가는 산소원자 2개와 결합하므로 4이다.
- Fe_2O_3에서 철(Fe)의 원자가는 철원자 2개가 산소원자 3개와 결합하므로 $6\div2=3$이다.

(2) 당량(equivalent)

화학반응에서 화학양론적으로 각 원소나 화합물에 할당된 일정한 물질량으로, 원자량과 같이 단위가 없으며 화학반응의 종류와 성질에 의해 결정된다. 원소의 당량, 산·염기의 당량, 전기화학 당량 등의 세 가지 경우가 있다.

① **원소의 당량** : 원자량을 원자가로 나눈 양(수소 1과 결합 또는 치환할 수 있는 양)

$$\text{원소의 당량} = \frac{\text{원자량}}{\text{원자가}}$$

② **산·염기 당량** : H^+ 또는 OH^- 1mol을 내줄 수 있는 산·염기의 양

$$\text{산·염기의 당량} = \frac{\text{분자량}}{\text{가수}}$$

여기서, 가수 : 산이나 염기의 한 분자가 내놓을 수 있는 H^+ 또는 OH^-의 개수

③ **전기화학(산화제 및 환원제) 당량** : 전자 1mol의 전기량에 의해 반응하는 물질량

예제 03 산소(O)와 탄소(C)의 당량은 얼마인가?

▶▶ 산소(O)는 원자량이 16이고 원자가는 2이므로, 당량은 16÷2=8이다.
탄소(C)는 원자량이 12이고 원자가는 4이므로, 당량은 12÷4=3이다.

예제 04 황산(H_2SO_4)의 당량은 얼마인가? (단, 황산의 분자량은 98g/mol이다.)

▶▶ 황산의 가수가 2이므로, 당량은 98÷2=49이다.

예제 05 산성 용액에서 $KMnO_4$의 산화제로서의 당량은 얼마인가? (단, $KMnO_4$의 분자량은 158.03이다.)

▶▶ 산성 용액에서 MnO^{4-}는 Mn^{2+}가 되므로 Mn의 산화수가 +7에서 +2로 변한다. 즉, 1몰의 MnO^{4-}가 반응하는 데 5몰의 전자가 필요하므로 당량은 분자량의 1/5이 된다.
따라서, 당량은 158.03÷5=31.6이다.

---

(3) g당량

당량에 g을 붙인 값으로 당량만큼의 질량을 의미한다.

예
- 산소(O) : 당량이 8이므로 산소의 1g당량은 8g이고, 2g당량은 16g이다.
- 과망간산칼륨($KMnO_4$) : 당량이 31.6이므로 과망간산칼륨의 1g당량은 31.6g이고, 2g당량은 63.2g이다.
- 황산(H_2SO_4) : 당량이 49이므로 황산의 1g당량은 49g이고, 2g당량은 98g이다.

핵심요점 7 원자의 전자배치

(1) 궤도함수(오비탈, orbital)

원자 내에서 전자는 불연속적인 에너지준위에 따라 정해진 공간에 배치되는데 이러한 주에너지준위 중에서 전자가 분포할 확률을 나타낸 공간을 궤도함수 또는 오비탈이라고 한다. 한 오비탈은 오비탈의 주양자수(n), 방위양자수(l), 자기양자수(m_l)의 조합에 의하여 결정되며 이 양자수에 의해 오비탈의 에너지와 모양 및 방향이 결정된다.

(2) 전자껍질

전자가 가질 수 있는 불연속적인 에너지준위를 기호로 나타낸 것으로, 오비탈의 크기와 에너지를 결정하는 주양자수(n)에 따라 K, L, M, N 등이 있으며 n이 증가할수록 오비탈의 크기와 에너지가 증가한다.

n	1	2	3	4
전자껍질	K	L	M	N

(3) 오비탈의 종류

① 오비탈의 모양과 방향(개수)은 방위양자수와 자기양자수의 조합에 의하여 정해지는데, 이를 전자 부껍질이라고도 한다.

오비탈의 종류	s	p	d	f
오비탈의 개수	1	3	5	7
오비탈의 모양	s	p_x, p_y, p_z		

※ d 오비탈과 f 오비탈은 오비탈의 모양이 일정하지 않다.

② 각 전자껍질에 허용되는 오비탈의 종류는 주양자수에 따라 다음과 같이 달라진다.

▮전자껍질에 따른 오비탈의 종류▮

전자껍질	K(n=1)	L(n=2)	M(n=3)	N(n=4)
오비탈	$1s$	$2s$, $1p$	$3s$, $3p$, $3d$	$4s$, $4p$, $4d$, $4f$
오비탈의 개수	1	1+3	1+3+5	1+3+5+7

(4) 원자의 전자배치

① 한 오비탈에는 최대 2개의 전자만이 들어갈 수 있다(파울리의 배타원리). 따라서 각 오비탈에 채울 수 있는 전자수는 다음과 같다.

▎오비탈에 채울 수 있는 전자수▎

오비탈	s	p	d	f
전자수	2	6	10	14
오비탈의 표시법	s^2	p^6	d^{10}	f^{14}
	[⇅]	[⇅][⇅][⇅]	[⇅][⇅][⇅][⇅][⇅]	[⇅][⇅][⇅][⇅][⇅][⇅][⇅]

② 전자는 에너지가 낮은 오비탈부터 순차적으로 채워지며, 오비탈의 에너지준위는 다음과 같다.

$$1s < 2s < 2p < 3s < 3p < 4s < 3d < 4p < 5s$$

예
- $_{11}$Na의 전자배치 : $1s^2\ 2s^2\ 2p^6\ 3s^1$
- Na^+의 전자배치 : $1s^2\ 2s^2\ 2p^6$
- $_{17}$Cl의 전자배치 : $1s^2\ 2s^2\ 2p^6\ 3s^2\ 3p^5$

핵심요점 8 주기율과 주기율표

(1) 주기율(periodic law)

원소를 원자번호 순으로 배열하였을 때 성질이 비슷한 원소가 주기적으로 나타나는 것을 원소의 주기율이라고 한다.

(2) 주기율표(periodic table)

원자번호가 증가하는 순서로 원소를 배치하되, 비슷한 성질의 원소가 같은 세로줄에 오도록 배열한 표이다.

① 주기(period)

㉮ 주기율표의 수평 행(가로)이며, 1~7주기가 있다.

㉯ 같은 주기의 원소들은 최외각 전자의 전자껍질이 같다.

㉰ 1~7주기에는 순서대로 2, 8, 8, 18, 18, 32, 32개의 원소가 있다.

② 족(group)

㉮ 주기율표의 수직 열(세로)이며, 1~18족이 있다.

㉯ 같은 족의 원소들은 최외각 전자 수가 같아서 화학적으로 유사한 성질을 가진다.

㉰ 1족 원소를 알칼리금속, 2족 원소를 알칼리토금속, 17족 원소를 할로겐, 18족 원소를 비활성 기체(또는 0족 원소)라 한다.

족 / 주기	1 1A	2 2A	3 3B	4 4B	5 5B	6 6B	7 7B	8 8B	9 8B	10 8B	11 1B	12 2B	13 3A	14 4A	15 5A	16 6A	17 7A	18 8A	원소 개수
	알칼리 금속	알칼리 토금속															할로겐 족	비활성 기체	
1	H 수소																	He 헬륨	2
2	Li 리튬	Be 베릴륨											B 붕소	C 탄소	N 질소	O 산소	F 플루오르	Ne 네온	8
3	Na 나트륨	Mg 마그네슘											Al 알루미늄	Si 규소	P 인	S 황	Cl 염소	Ar 아르곤	8
4	K 칼륨	Ca 칼슘												Ge 게르마늄	As 비소	Se 셀렌	Br 브롬	Kr 크립톤	18
5	Rb 루비듐	Sr 스트론튬													Sb 안티몬	Te 텔루르	I 요오드	Xe 크세논	18
6	Cs 세슘	Ba 바륨														Po 폴로늄	At 아스타틴	Rn 라돈	32
7	Fr 프랑슘	Ra 라듐																	32

▌주기율표▐

③ 전형원소와 전이원소

㉮ 전형원소 : 최외각 껍질의 s 또는 p 오비탈에 전자가 채워지는 원소로 1족, 2족 및 13~18족 원소이다.

㉯ 전이원소 : d 또는 f 오비탈에 전자가 채워지는 원소로 3~12족 원소이다.

▌전형원소와 전이원소의 특징▐

전형원소	전이원소
• 원자가 전자 수가 족의 끝 번호와 일치한다. • 금속원소와 비금속원소가 있다. • 화합물이나 이온이 대부분 색깔을 띠지 않는다. • 같은 족 원소들은 화학적 성질이 비슷하다.	• 원자가 전자 수가 족의 끝 번호와 관계없이 1개 또는 2개이다. • 모두 금속이며, 대부분 밀도가 큰 중금속이다. • 색깔을 띤 화합물이나 이온이 대부분이다. • 녹는점이 매우 높은 편이고, 열과 전기전도성이 좋다.

원자가 전자
가장 바깥 껍질(최외각)에 존재하며 반응에 참여하는 전자

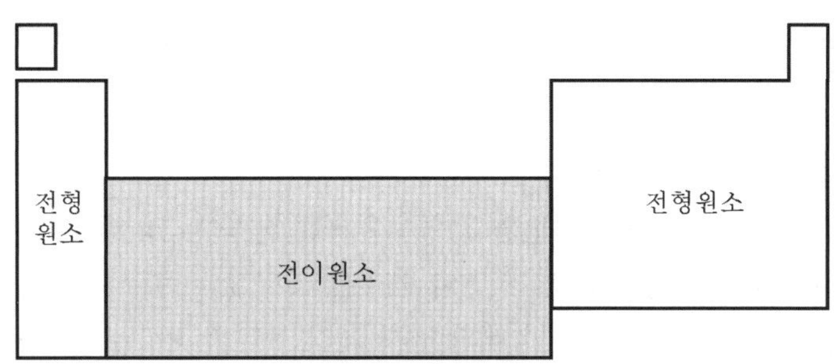

▌주기율표상의 전형원소와 전이원소▐

④ 금속원소와 비금속원소

㉮ 금속원소 : 전자를 쉽게 잃고 양이온으로 잘 되는 원소로, 주기율표의 왼쪽 부분에 배치되어 있다.

㉯ 비금속원소 : 전자를 쉽게 얻어 음이온으로 잘 되는 원소로, 주기율표의 오른쪽 윗부분에 배치되어 있다.

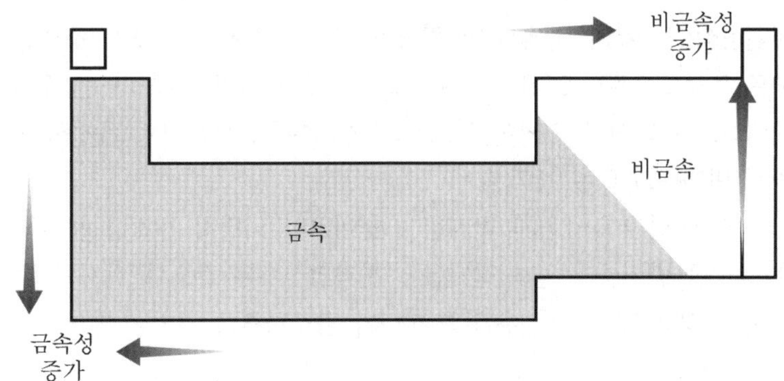

▌주기율표상의 금속원소와 비금속원소▐

(3) 원소의 주기적 성질

주기율표에서 원소가 주기적 경향을 나타내는 이유는 원자의 전자배열뿐만 아니라 족과 주기가 달라짐에 따라 최외각 전자들이 느끼는 유효 핵전하가 달라지기 때문이다.

① 유효 핵전하

㉮ 같은 족에서는 아래로 내려갈수록 전자껍질수가 증가하므로 핵과 전자 사이의 거리가 멀어져 유효 핵전하가 감소한다.

㉯ 같은 주기에서는 전자껍질수는 같은데 오른쪽으로 갈수록 원자번호가 커지므로 양성자수가 많아져 유효 핵전하가 증가한다.

∴ 주기율표의 오른쪽 · 위쪽으로 갈수록

- 원자 반지름 감소(↓)
- 금속성 감소(↓)
- 이온화에너지 증가(↑)
- 전자친화도 증가(↑)
- 전기음성도 증가(↑)

② **금속성과 비금속성**

㉮ 금속성 : 전자를 쉽게 잃고 양이온으로 잘 되는 성질

㉯ 비금속성 : 전자를 쉽게 얻어 음이온으로 잘 되는 성질

③ **이온화에너지(E_I)** : 기체상태의 원자 1몰로부터 전자 1몰을 떼어 +1가의 양이온을 만드는 데 필요한 에너지

$$\mathrm{M}(g) + E_I \rightarrow \mathrm{M}^+(g) + \mathrm{e}^-$$

④ **전자친화도(E_A)** : 기체상태의 원자 1몰에 전자 1몰을 첨가하여 −1가의 음이온을 만들 때 방출하는 에너지

$$\mathrm{M}(g) + \mathrm{e}^- \rightarrow \mathrm{M}^-(g) + E_A$$

⑤ **전기음성도** : 분자 내에서 한 원자가 공유된 전자쌍을 자기 쪽으로 끌어당기는 척도로 F(플루오린), O(산소), N(질소)와 같이 전기음성도가 큰 원자는 전자구름이 상대적으로 많이 분포되어 있어서 분자 내에서 부분적인 음전하를 띠게 된다.

⑥ **원자 반지름과 이온 반지름**

㉮ 양이온 반지름 < 원자 반지름 : 양이온이 되면서 전자껍질수가 감소하므로

㉯ 음이온 반지름 > 원자 반지름 : 전자껍질수는 같으나 전자의 수가 많아져 가리움 효과가 증가하여 유효 핵전하가 감소하므로

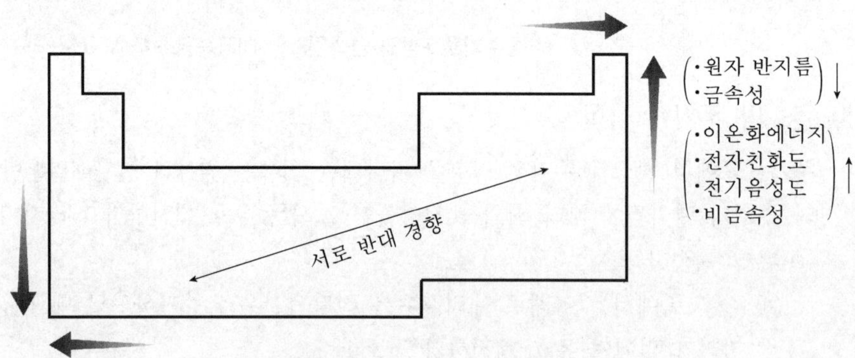

▎주기율표상에서 주기적 성질의 경향▎

가리움 효과
다전자 원자에서 전자와 전자 간 반발력이 원자핵과 전자 사이의 인력을 부분적으로 상쇄시키는 효과를 말한다.

핵심요점 9 화학결합

(1) 옥텟규칙(octet rule)

전형원소들은 최외각의 s오비탈과 p오비탈에 전자를 모두 채워 안정한 비활성 기체의 전자배치를 가지려는 경향이 있는데, 특히 ns^2np^6의 전자배치로 최외각에 8개의 전자를 가짐으로써 안정해지려는 성질을 옥텟규칙이라고 한다. 18족 원소를 제외한 다른 전형원소들은 원자들 간의 화학결합을 통해 옥텟을 이루면서 다양한 화합물을 만든다.

(2) 이온결합

① 금속원소와 비금속원소 사이의 결합이다.

② 금속원소의 양이온과 비금속원소의 음이온 사이에 정전기적 인력이 작용하여 형성되는 결합이다.

예 $Na^+ + Cl^- \rightarrow NaCl$

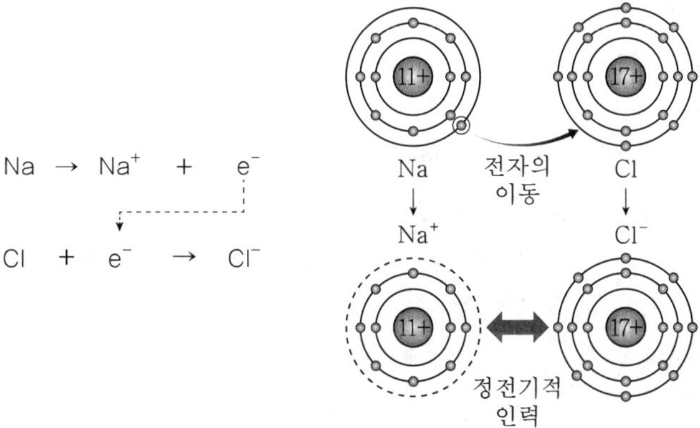

③ 이온결합물질의 특성

㉮ 이온결합물질은 수많은 양이온과 음이온이 정전기적 인력으로 단단하게 결합되어 있어 대부분 상온에서 고체 결정으로 존재한다.

㉯ 극성 용매인 물에 잘 녹는 것이 많다.

㉰ 이온결정은 고체 상태에서는 양이온과 음이온이 강하게 결합되어 있기 때문에 전류가 흐르지 않지만, 수용액 상태와 액체 상태에서는 전류가 흐른다.

㉱ 녹는점과 끓는점이 높다.

(3) 공유결합

① 비금속원소와 비금속원소 사이의 결합이다.

② 비금속원소의 원자들은 전자를 받으려는 경향이 커서 양이온이 되기 어려우므로 2개의 원자가 각각 원자가 전자(최외각 전자)를 내놓아 전자쌍을 만들고 이 전자쌍을 함께 공유하여 옥텟을 이루는 결합이다.

예
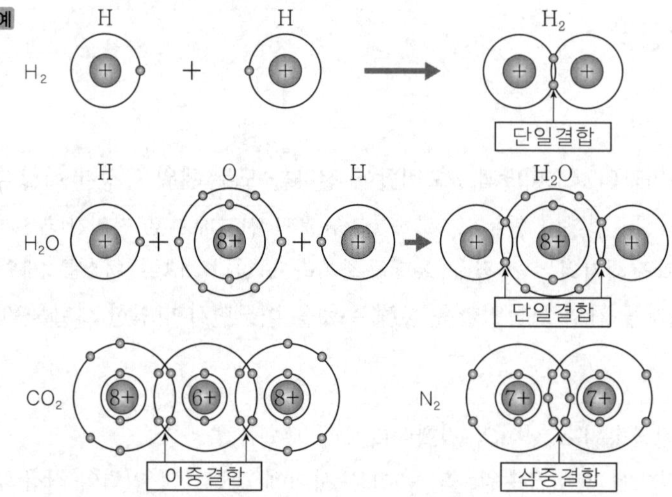

③ 공유결합의 종류

㉮ 단일결합과 다중결합

㉠ 단일결합 : 공유 전자쌍이 1개인 결합

㉡ 이중결합 : 공유 전자쌍이 2개인 결합

㉢ 삼중결합 : 공유 전자쌍이 3개인 결합

㉯ 극성 공유결합과 무극성(비극성) 공유결합

㉠ 극성 공유결합 : 서로 다른 원자들의 결합으로 공유 전자쌍이 전기음성도가 큰 원자 쪽으로 치우치는 공유결합

예 H_2O, HF, CO_2 등

㉡ 무극성 공유결합 : 똑같은 원자끼리의 결합으로 전기음성도가 같으므로 공유 전자쌍의 치우침이 없는 결합

예 H_2, O_2, Cl_2 등

④ 루이스 전자점식(Lewis electron dot formular)

루이스가 화학결합을 설명하기 위하여 원소기호 둘레에 원자가 전자를 점으로 나타낸 것으로, 결합에 참여한 전자와 결합에 참여하지 않은 전자가 드러나도록 표시한 화학식이다.

㉮ 원자의 전자점식

H· He: | Li· ·Be· ·B· ·C· ·N· ·O· ·F· :Ne:

㉯ 화합물의 전자점식

〈H_2O〉 H· + ·O: + ·H → H:O: (H) — 공유 전자쌍, 비공유 전자쌍

〈CO_2〉 O::C::O 또는 O=C=O

〈PCl_3〉 :Cl—P—Cl: (:Cl:)

㉰ 공유 전자쌍과 비공유 전자쌍

㉠ 공유 전자쌍 : 두 원자가 공유하고 있는 전자쌍으로 결합 전자쌍이라고도 한다.

㉡ 비공유 전자쌍 : 공유되지 않고 원자에 남아 있는 전자쌍으로 비결합 전자쌍 또는 고립 전자쌍이라고도 한다.

⑤ **공유결합물질의 특성**

㉮ 상온에서 고체, 액체 또는 기체 상태로 존재하며 개개의 분자로 구성되어 있다.

㉯ 고체 상태와 액체 상태에서 모두 전류가 흐르지 않는다.

㉰ 원자 간 결합은 강하나, 분자 사이의 힘이 약해 녹는점과 끓는점이 낮다.

(4) 금속결합

① 금속원소와 금속원소 사이의 결합이다.

② 금속원소의 원자들은 전자를 내놓으려는 경향이 커서 음이온이 되기 어려우므로 금속원자로부터 떨어져 나와 자유롭게 움직이는 자유전자가 생성된 금속 양이온들을 강하게 결합시키는 역할을 함으로써 형성되는 결합이다.

예

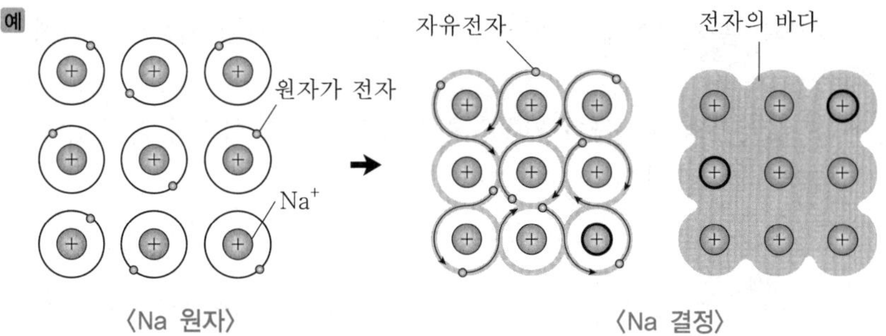

〈Na 원자〉 〈Na 결정〉

③ **금속결합물질의 특성**

㉮ 상온에서 모두 고체로 존재한다. (단, Hg은 액체)

㉯ 고체 상태나 액체 상태에서 모두 전기를 통한다.

㉰ 열전도도와 전기전도도가 크다.

㉱ 연성(가늘고 길게 뽑을 수 있는 성질)과 전성(얇게 펼 수 있는 성질)이 크다.

㉲ 모든 파장의 빛을 반사하므로 고유한 금속 광택을 가진다.

(5) 배위결합

공유결합의 일종으로 결합 자체는 공유결합과 차이가 없으나, 공유하는 전자쌍을 어느 한쪽이 일방적으로 제공한다는 점이 다르다.

예 암모늄이온(NH_4^+)의 형성과 배위결합

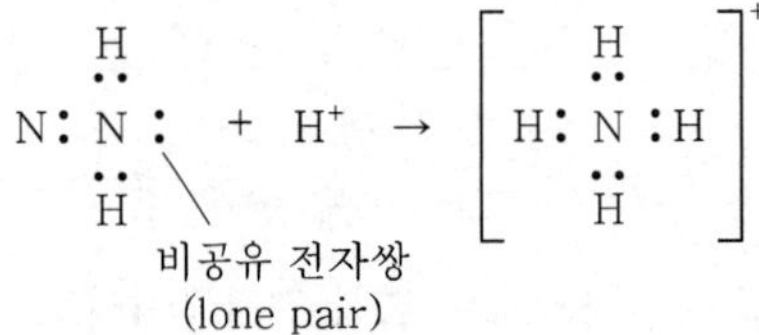

핵심요점 10 분자 간의 힘

공유결합물질인 분자를 서로 잡아당겨 고체 · 액체 상태로 존재하게 하는 분자 간의 힘에는 분산력(반데르발스 힘), 이중극자 간 인력(쌍극자 – 쌍극자 힘), 수소결합 등이 있으며, 이를 통틀어 넓은 의미의 반데르발스 힘(Van der Waals force)이라고도 한다.

(1) 분산력

① 분자들이 접근할 때 서로 영향을 주어 전하의 분포가 비대칭이 되는 편극현상에 의해 나타나는 순간 쌍극자 – 유발 쌍극자에 의한 인력이다.

② 모든 분자와 분자 사이에 존재하며, 특히 무극성 분자 간에는 유일하게 작용하는 힘이다.

③ 일반적으로 분자의 분자량이 커질수록 분자의 크기가 클수록 커진다.

④ 좁은 의미의 반데르발스 힘이다.

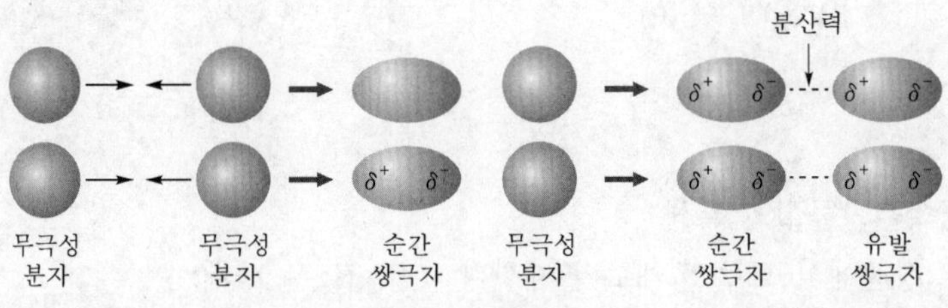

▌분산력의 생성과정▐

(2) 이중극자 간 인력(쌍극자 - 쌍극자 힘)

① 극성 분자 간에 작용하는 힘으로, 극성 분자가 가지고 있는 쌍극자 간에 작용하는 정전기적인 인력을 말한다.

쌍극자
크기가 같고 부호가 반대인 두 전하가 분리되어 있는 것

② 분자의 극성이 클수록 커진다.

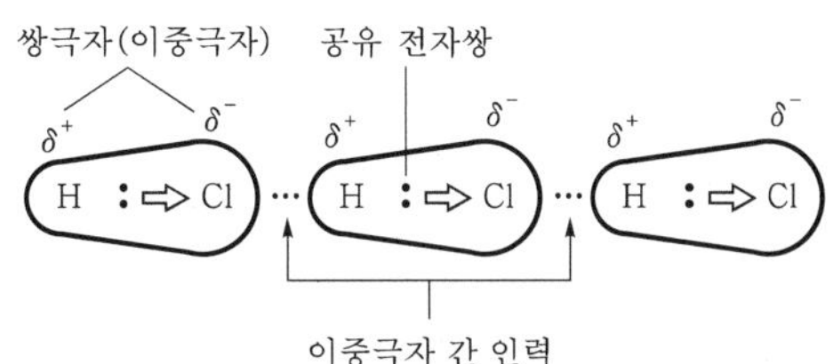

이중극자 간 인력의 예

(3) 수소결합(hydrogen bond)

전기음성도가 매우 큰 F, O, N에 전기음성도가 작은 H원자가 직접 결합되어 있는 분자 사이에 작용하는 힘으로, H원자와 다른 분자 중의 F, O, N의 비공유 전자쌍 사이에 특별히 강한 정전기적 인력이 작용하므로 결합이라고 말한다.

예 HF, H_2O, NH_3, CH_3OH, CH_3COOH 등

※ 전기음성도의 크기 : F > O > N > Cl > Br

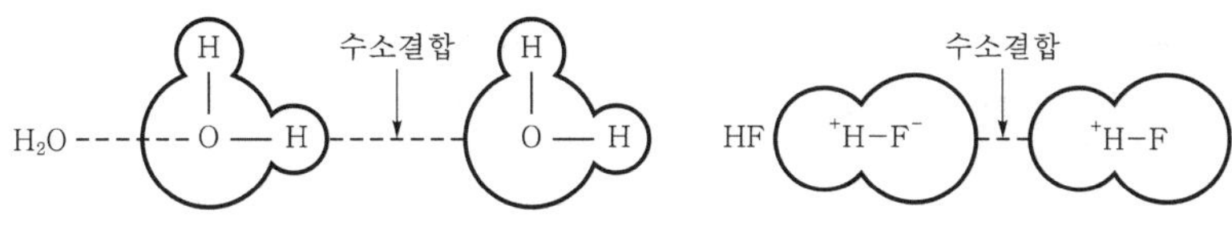

수소결합의 예

(4) 분자의 극성

극성이란 분자 또는 화학결합에서 전자구름이 한쪽으로 치우침으로 인해 전하 분포가 불균일하여 부분적인 양전하(δ^+)와 음전하(δ^-)를 가지는 것을 말한다.

① **극성 분자** : 극성 공유결합을 가지면서 분자구조가 비대칭인 분자

예 HF, H_2O, NH_3, $CHCl_3$, –OH(하이드록시기)를 가지고 있는 분자 등

물 질	HF	H_2O	NH_3	$CHCl_3$
분자 구조	H–F (직선형)	O / H H (굽은형)	H–N̈–H, H (삼각뿔형)	H, Cl–C–Cl, Cl (정사면체형)

② **무극성 분자** : 무극성 공유결합만 가진 분자 또는 극성 공유결합을 가지지만 분자 구조가 대칭인 분자

예 CO_2, BCl_3, CH_4, C_6H_6, H_2, O_2, 대부분의 탄화수소 등

물 질	CO_2	BCl_3	CH_4	C_6H_6
분자 구조	O=C=O (직선형)	(평면삼각형)	(정사면체형)	(정육각형)

핵심요점 11 기체

(1) 압력

압력이란 단위면적당 가해지는 힘의 크기를 의미하며, Pa, atm 등으로 표현한다.

① Pa(파스칼) : $1m^2$의 면적에 1N의 힘이 작용할 때의 압력을 1Pa이라고 한다.

$$1Pa = 1N/m^2$$

② atm(기압) : 기체의 압력을 나타낼 때 사용하는 단위로, 0℃ 해수면 상에서 760mm의 수은기둥이 누르는 압력을 1atm이라고 한다.

$$\begin{aligned} 1atm &= 760mmHg \\ &= 760torr \\ &= 101,325Pa \\ &= 1.01325bar(1bar = 10^5Pa) \end{aligned}$$

(2) 보일의 법칙(Boyle's law)

일정한 온도에서 일정량의 기체가 차지하는 부피는 압력에 반비례한다는 법칙으로, 기체의 압력과 부피의 관계를 나타낸다. 즉, 압력을 P, 부피를 V라 하면, 압력×부피=일정, $PV = k$(k는 상수)이므로 다음과 같은 관계식이 성립한다.

$$P_1V_1 = P_2V_2$$

$$V \propto \frac{1}{P}$$

(3) 샤를의 법칙(Charles's law)

일정한 압력에서 일정량의 기체가 차지하는 부피는 온도가 1℃ 상승할 때마다 0℃일 때 부피의 1/273만큼 증가한다. 즉, 일정한 압력에서 일정량의 기체의 부피는 절대온도에 비례한다는 법칙으로, 기체의 부피와 온도의 관계를 나타낸다.

$$V_t = V_o + V_o \times \frac{t}{273} = V_o\left(1 + \frac{t}{273}\right) = V_o\left(\frac{273+t}{273}\right)$$

여기서, $273+t$를 절대온도 T로 나타내면,

$$V_T = V_o \times \frac{T}{273} = \frac{V_o}{273} \times T = kT\,(k\text{는 상수})$$

즉, 절대온도를 T, 부피를 V라 하면 $\frac{\text{부피}}{\text{절대온도}}$ = 일정, $\frac{V}{T} = k$(k는 상수)이므로 다음의 관계식이 성립한다.

$$\frac{V_1}{T_1} = \frac{V_2}{T_2}$$
$$V \propto T$$

절대온도

열역학 제2법칙에 따라 정해진 온도로, −273℃를 0으로 하며 단위는 K(켈빈)이다.
절대온도(T)와 섭씨온도(t) 사이의 관계식은 다음과 같다.

$$T(\text{K}) = t(℃) + 273$$

(4) 보일-샤를의 법칙

보일의 법칙과 샤를의 법칙의 결합으로, 일정량 기체의 부피는 압력에 반비례하고, 절대온도에 비례한다는 법칙이다.

$$\frac{P_1V_1}{T_1} = \frac{P_2V_2}{T_2}$$
$$V \propto \frac{T}{P}$$

(5) 아보가드로 법칙(Avogadro's law)

온도와 압력이 같을 때 기체의 종류에 관계없이 같은 부피의 기체는 같은 수의 입자를 갖는다. 즉, 일정한 온도와 압력에서 기체의 부피는 그 기체의 몰수에 비례한다는 법칙이다.

$$V \propto n$$

여기서, n : 기체의 몰수

(6) 이상기체 상태방정식

보일-샤를의 법칙과 아보가드로 법칙의 결합으로, n몰의 이상기체에 대해 성립하는 관계식이다.

$$PV = nRT$$

여기서, P : 기체의 압력
V : 기체의 부피
T : 절대온도
R : 기체상수
n : 기체의 몰수

① **이상기체** : 이상기체 상태방정식에 정확하게 적용되는 기체로, 기체 분자의 크기는 무시할 수 있을 정도로 작으며 분자 사이에 인력과 반발력이 작용하지 않는다는 가정에 들어맞는 기체로, 실제로는 존재하지 않는 가상적인 기체이다.

② **기체상수(R)** : 표준상태(0℃, 1기압)에서 모든 기체 1mol이 차지하는 부피는 22.4L이므로 이를 대입하여 구해보면,

$$R = \frac{PV}{nT} = \frac{1\text{atm} \times 22.4\text{L}}{1\text{mol} \times 273\text{K}} = 0.082\,\text{atm} \cdot \text{L/mol} \cdot \text{K}$$

이때, 압력을 Pa로, 부피를 m^3로 바꾸어 주면 다음과 같다.

$$R = \frac{PV}{nT} = \frac{101{,}325\text{Pa} \times 22.4 \times 10^{-3}\text{m}^3}{1\text{mol} \times 273\text{K}} = 8.314\,\text{J/mol} \cdot \text{K}$$

(7) 확산

물질을 이루는 분자들이 빠른 속도로 분자운동을 하여 농도가 짙은 쪽에서 옅은 쪽으로 다른 기체나 액체 속으로 스스로 퍼져 나가는 현상이다.

◆ 그레이엄의 확산법칙

같은 온도와 압력에서 두 기체의 확산속도는 기체 분자량의 제곱근에 반비례한다.

$$\frac{v_1}{v_2} = \frac{\sqrt{M_2}}{\sqrt{M_1}} = \sqrt{\frac{M_2}{M_1}}$$

여기서, v_1, v_2 : 기체 1, 2의 확산속도, M_1, M_2 : 기체 1, 2의 분자량

핵심요점 12 금속 및 비금속 원소와 그 화합물

(1) 알칼리금속(1족)과 그 화합물

주기율표의 1족에 속하는 Li(리튬), Na(나트륨), K(칼륨), Rb(루비듐), Cs(세슘), Fr(프랑슘) 등의 6개 원소로, 화학적 활성이 큰 금속이다.

① 알칼리금속의 일반적인 성질

㉮ 상온에서 은백색의 광택을 가지는 연하고 가벼운 금속으로, 칼로 쉽게 잘라진다.

㉯ 원자가 전자가 1개이므로 +1가의 양이온이 되기 쉽다.

㉰ 공기 중에서 쉽게 산화되어 금속 광택을 잃는다(석유나 파라핀 속에 저장).

㉱ 할로겐원소와 직접 반응하여 1 : 1 화합물을 형성한다.

㉲ 물과 격렬히 반응하여 수소가 발생하며, 수용액은 강염기성이다.

㉳ 알칼리금속 이온은 특유의 불꽃반응으로 검출한다.

▌원소에 따른 불꽃반응색▐

원 소	Li	Na	K	Rb	Cs
불꽃반응색	빨강	노랑	연보라	진한 빨강	연한 파랑

② 수산화나트륨(NaOH)

㉮ 흰색의 반투명한 고체로, 공기 중의 수분을 흡수하여 스스로 녹는 성질(조해성)이 있다.

㉯ 물에 잘 녹아 강한 염기성을 나타내며, 단백질을 부식시킨다.

㉰ 공기 중의 이산화탄소(CO_2)를 흡수하여 탄산나트륨(Na_2CO_3)이 된다.

③ 탄산나트륨(Na_2CO_3, 소다회)

㉮ 흰색 고체이며 물에 잘 녹아 염기성을 나타낸다.

㉯ 유리의 원료이며, 조미료, 비누, 의약품 등 화학공업의 원료로 사용된다.

㉰ 수화물은 공기 중에 방치하면 스스로 결정수를 잃고 부서지는 풍해성이 있다.

(2) 할로겐원소(17족)와 그 화합물

주기율표의 17족에 속하는 F(불소), Cl(염소), Br(브롬), I(요오드), At(아스타틴) 등의 5개 원소이다.

① 할로겐원소의 일반적인 성질

㉮ 최외각 전자가 7개로, 전자 1개를 받아서 −1가의 음이온이 되는 원소이다.

㉯ 자연상태에서 모두 2원자 분자(F_2, Cl_2, Br_2, I_2)로 존재하며, 물에는 거의 녹지 않는다.

㉰ 특유한 색깔을 가지며, 원자번호가 증가함에 따라 색깔이 진해진다.

예 F_2 : 연한 황색, Cl_2 : 황록색, Br_2 : 적갈색, I_2 : 진한 보라색

㉱ 원자번호가 증가함에 따라 분자 간의 인력이 커지므로 녹는점과 끓는점이 높아진다.

예 F_2, Cl_2 : 기체, Br_2 : 액체, I_2 : 고체

㉲ 기체로 변했을 때 모두 독성이 매우 강하다.

㉳ 수소기체와 반응하여 할로겐화수소를 만든다.

㉴ 원자번호가 작을수록 산화력(반응성)이 커진다.

예 반응성의 크기 : $F_2 > Cl_2 > Br_2 > I_2$

② 할로겐화수소(HX)

㉮ 할로겐화수소는 HF(약산)을 제외하고는 모두 강산이다.

예 $HI > HBr > HCl \gg HF$

㉯ 플루오르화수소(HF)는 유리를 부식시킨다.

㉰ 염화수소(HCl)는 암모니아(NH_3)와 반응하여 흰 연기를 발생시킨다(염화수소의 검출법).

(3) 비활성 기체(18족 또는 0족)

주기율표의 18족에 속하는 He(헬륨), Ne(네온), Ar(아르곤), Kr(크립톤), Xe(크세논), Rn(라돈) 등의 6개 원소이다.

• 비활성 기체의 일반적인 성질

㉮ 최외각 전자가 8개(단, He은 2개)로 전자 배열이 안정하여 일원자 분자로 존재한다.

㉯ 반응성이 거의 없어 다른 원소와 화합하여 반응을 일으키기 어려우므로 비활성 기체라고 한다.

㉰ 최외각 전자 중 반응에 참여하는 전자인 원자가 전자는 0개이므로 0족 원소라고도 한다.

㉱ 상온에서 모두 무색 · 무미 · 무취의 기체이다.

㉲ 방전할 때 특유한 색상을 나타내므로 야간 광고용으로 사용된다.

(4) 방사성 원소

원자번호나 질량수가 큰 원자핵의 경우에는 양성자들 사이의 전기적 반발력이 크고, 핵력이 상대적으로 작아져서 불안정한 상태가 된다. 이러한 불안정한 원자핵들은 입자나 전자기파를 방출하면서 스스로 붕괴하여 보다 안정한 원자핵이 되는데, 이와 같이 원자핵이 불안정하여 방사능을 가진 원소를 방사성 원소라 한다.

① 방사선

방사성 원소가 붕괴될 때 방출하는 입자와 전자기파를 방사선이라고 하며, 방사선의 종류에는 α선, β선, γ선이 있다.

▌방사선의 종류와 성질▐

방사선	본 체	전기량	질 량	투과력
α선	헬륨의 원자핵, ^4_2He	+2	4	가장 약함
β선	전자, e^-	−1	H의 $\frac{1}{1,840}$	중간
γ선	극초단파의 전자기파	0	0	가장 강함

② 방사능

㉮ 방사선을 방출하는 물질의 성질 또는 그 방사선의 세기를 방사능이라고 한다.

㉯ 큐리(Curie, Ci) : 방사능의 강도 및 방사성 물질의 양을 나타내는 단위로 현재는 Bq(Becquerel)을 사용한다.

※ 1초에 370억 개의 원자핵이 붕괴하여 방사선을 낼 때 방사능의 세기 또는 방사능 물질의 양을 1큐리라고 한다. 라듐(Ra) 1g의 방사능이 1Ci이다.

㉰ 렘(rem) : 방사선에 의한 생체에의 효과를 나타내는 단위로서 1g의 라듐으로부터 1m 떨어진 거리에서 1시간 동안 받는 방사선의 영향을 '1렘'이라 한다.

③ 반감기(half-life)

㉮ 한 반응물의 농도가 초깃값의 절반으로 줄어드는 데 걸리는 시간을 말한다.

㉯ 방사성 붕괴의 경우 반감기는 방사능 물질의 양에 따라 변하지 않고 일정한 값을 갖는다.

예 어떤 방사성 원소 2g이 1g이 되는 데 5년이 걸렸다면, 10g이 5g이 되는 데에도 5년이 걸린다.

㉰ 반감기는 방사성 원자핵의 종류에 따라 고유한 값을 가지므로 방사성 핵종의 특징이 된다.

핵심요점 13 화학반응

(1) 균형 화학반응식

화학반응식은 반응 전과 후의 원자수가 일치하도록 반응물과 생성물의 계수를 맞추고 계수의 비가 몰수비임을 이용해 반응물과 생성물의 몰수를 구하여 질량, 부피 및 입자수를 구한다.

> 계수비 = 몰수비 = 부피비 = 입자수비 ≠ 질량비

예제 06 16g의 탄화수소 메탄(CH_4)을 16g의 산소(O_2)와 반응시킬 때 생성되는 이산화탄소(CO_2)의 질량은 얼마인가?

▶▶ 질량 = 몰수×분자량이므로 생성되는 이산화탄소(CO_2)의 몰수를 구한다.
먼저 균형 화학반응식의 계수를 맞추고 반응물의 몰수를 구하면,

- 메탄(CH_4)의 몰수 $= \frac{16}{16} = 1\text{mol}$
- 산소(O_2)의 몰수 $= \frac{16}{32} = 0.5\text{mol}$

	CH_4	+ $2O_2$	→ CO_2	+ $2H_2O$
몰수비	1	: 2	: 1	: 2
반응 전(몰수)	1	0.5	0	0
반응	−0.25	−0.5	+0.25	+0.5
반응 후(몰수)	0.75	0	0.25	0.5

반응 후 생성되는 이산화탄소(CO_2)의 몰수가 0.25mol이고, 분자량은 12+16×2=44이므로, 질량=0.25×44=1.1g이다.

---

(2) 화학반응과 에너지

화학반응이 일어나면 반응물과 생성물의 에너지 차이에 따른 열의 출입(열의 발생 또는 흡수)이 일어나는데, 이때 출입하는 열을 반응열 또는 반응엔탈피라 한다.

① 반응열과 반응엔탈피

㉮ 반응열(Q) : 화학반응이 일어날 때 방출하거나 흡수하는 열량을 말하며, Q로 나타낸다.

㉯ 엔탈피(H) : 어떤 물질이 가지고 있는 고유한 에너지의 총 함량을 말하며, H로 나타낸다.

㉠ 어떤 물질의 엔탈피 값은 그 자체로는 측정이 불가능하다.

㉡ 화학반응에서는 엔탈피의 변화량이 중요하다.

㉢ 엔탈피의 변화량은 일정한 압력에서 화학반응 시 출입하는 열에너지와 같다.

㉰ 반응엔탈피(ΔH) : 생성물질의 엔탈피 합에서 반응물질의 엔탈피 합을 뺀 값으로 엔탈피 변화라고도 하며, ΔH로 나타낸다.

$$\text{반응엔탈피}(\Delta H) = \sum H_{\text{생성물질}} - \sum H_{\text{반응물질}}$$

② 발열반응과 흡열반응

㉮ 발열반응(exothermic) : 반응이 일어날 때 열을 방출하는 화학반응으로, 반응물질의 에너지 합이 생성물질의 에너지 합보다 큰 반응이다.

$$\text{반응열}(Q) > 0$$
$$\text{반응엔탈피}(\Delta H) < 0$$

예 $H_2(g) + \frac{1}{2}O_2(g) \rightarrow H_2O(l) + 68.3\text{kcal}$ (여기서, $Q = +68.3\text{kcal}$)

$H_2(g) + \frac{1}{2}O_2(g) \rightarrow H_2O(l)$, $\Delta H = -68.3\text{kcal}$

㉯ 흡열반응(endothermic) : 반응이 일어날 때 열을 흡수하는 화학반응으로, 반응물질의 에너지 합이 생성물질의 에너지 합보다 작은 반응이다.

$$\text{반응열}(Q) < 0$$
$$\text{반응엔탈피}(\Delta H) > 0$$

예 $\frac{1}{2}N_2(g) + \frac{1}{2}O_2(g) \rightarrow NO(g) - 21.6\text{kcal}$ (여기서, $Q = -21.6\text{kcal}$)

$\frac{1}{2}N_2(g) + \frac{1}{2}O_2(g) \rightarrow NO(g)$, $\Delta H = +21.6\text{kcal}$

③ 열화학반응식

화학반응식에 반응열 또는 반응엔탈피를 포함시켜 나타낸 식을 열화학반응식이라고 한다.

㉮ 반응엔탈피는 물질의 상태에 따라 달라지므로 열화학반응식에는 물질의 상태, 즉 고체(s), 액체(l), 기체(g) 및 수용액(aq) 등을 반드시 표시한다.

㉯ 반응엔탈피는 화학반응식의 계수가 변하면 비례하여 변한다.

예 $2H_2(g) + O_2(g) \rightleftarrows 2H_2O(g)$, $\Delta H = -136\text{kcal}$

$H_2(g) + \frac{1}{2}O_2(g) \rightleftarrows H_2O(g)$, $\Delta H = -68\text{kcal}$

㉰ 반응엔탈피는 온도와 압력에 따라 변하므로 반응이 일어나는 온도와 압력을 표시해야 한다. 일반적으로 반응조건이 따로 주어지지 않은 경우에는 표준상태인 25℃, 1기압으로 간주한다.

표준엔탈피($\Delta H°$)

표준상태인 25℃, 1기압에서의 반응엔탈피

(3) 반응속도

단위시간당 반응물의 농도변화를 화학반응속도 또는 반응속도(reaction rate)라 하고, 반응속도의 단위는 단위시간당 몰농도(M/s)로 나타낸다.

• 반응속도에 영향을 주는 인자

㉮ 농도 : 농도가 증가하면 단위부피 속의 입자수가 증가하므로 입자 간의 충돌횟수가 증가하여 반응속도가 빨라진다.

㉯ 기체의 압력 : 기체의 경우 압력이 증가하면 부피가 감소하므로 단위부피당 입자수가 증가하여 입자 간의 충돌횟수가 증가하므로 반응속도가 빨라진다.

㉰ 고체의 표면적 : 고체의 경우 반응은 표면에서만 일어나므로 표면적이 클수록 충돌횟수가 증가하여 반응속도가 빨라진다.

㉱ 촉매 : 촉매란 화학반응에 참여하여 자신은 소비되지 않고 반응속도만 변화시키는 물질이다.

㉠ 정촉매 : 활성화에너지를 낮게 하여 반응속도를 빠르게 하는 물질

㉡ 부촉매 : 활성화에너지를 높게 하여 반응속도를 느리게 하는 물질

활성화에너지

화학반응이 일어나기 위해 필요한 최소한의 에너지로, 생성물로 가기 위한 중간 상태인 활성화물이 가지는 에너지와 반응물질이 가지는 에너지의 차이

㉲ 온도 : 온도가 상승하면 활성화에너지보다 큰 운동에너지를 갖는 분자수가 증가하기 때문에 반응속도는 증가한다. 일반적으로 기체의 경우 온도가 10℃ 상승할 때마다 반응속도는 약 2배 증가한다.

핵심요점 14 화학평형

가역반응에서 정반응의 속도와 역반응의 속도가 같아서 반응물과 생성물의 농도가 일정하게 유지되어 겉보기에는 반응이 정지된 것처럼 보이는 상태를 화학평형 상태라고 한다.

(1) 가역반응

온도, 압력, 농도 등 반응조건에 따라 정반응과 역반응이 모두 일어날 수 있는 반응을 가역반응이라고 한다.

① **정반응** : 화학반응에서 반응물질(왼쪽)로부터 생성물질(오른쪽)로 가는 반응

② **역반응** : 화학반응에서 생성물질(오른쪽)로부터 반응물질(왼쪽)로 가는 반응

$$aA + bB \underset{\text{역반응}}{\overset{\text{정반응}}{\rightleftarrows}} cC + dD$$

(2) 평형상수(equilibrium constant, K)

① 화학평형 상태에서 생성물질 농도의 곱과 반응물질 농도의 곱에 대한 비는 일정하며, 이 일정한 값을 평형상수(K)라 한다.

$$aA + bB \rightleftarrows cC + dD$$

$$K = \frac{[C]^c[D]^d}{[A]^a[B]^b}$$

② 순수한 고체와 액체는 몰농도가 일정한 상수 값이 되므로 평형상수식에 나타내지 않는다.

③ 온도가 일정하면 평형상수는 변하지 않는다. 즉 평형상수는 온도에 의해서만 변하는 함수이다.

㉮ 흡열반응($\Delta H > 0$) : 온도가 올라가면 평형상수(K) 값이 증가한다.

㉯ 발열반응($\Delta H < 0$) : 온도가 올라가면 평형상수(K) 값이 감소한다.

(3) 평형의 이동

① 르 샤틀리에의 원리

동적 평형에 있는 계에 자극이 가해지면 그 자극의 영향을 최소화하는 방향으로 평형이 이동한다는 법칙을 '르 샤틀리에의 원리'라고 한다.

② 평형의 이동에 영향을 주는 인자 : 농도, 온도, 압력

㉮ 농도 증가(↑) → 농도 줄이는(↓) 방향으로 진행

㉯ 압력 증가(↑) → 압력을 줄이는(↓) 방향으로 진행
부피 감소(↓)　기체의 분자수를 감소시키는(↓)

㉰ 온도 증가(↑) → 온도를 낮추는(↓) 방향으로 진행
흡열반응 쪽

예제 07 평형상태에 있는 다음 반응에 ㉠ 압력을 높였을 때, ㉡ 온도를 낮췄을 때, ㉢ $NO_2(g)$를 첨가했을 때의 평형의 이동을 말하여라.

$$N_2(g) + 2O_2(g) \rightleftarrows 2NO_2(g),\ \Delta H = +66\text{kJ}$$

▶▶ ㉠ 압력을 높였을 때 : 기체 분자의 수를 감소시키는 방향인 정반응 쪽으로 이동
㉡ 온도를 낮췄을 때 : 온도를 높여야 하므로 발열반응인 역반응 쪽으로 이동
㉢ $NO_2(g)$를 첨가했을 때 : $NO_2(g)$의 농도를 감소시키는 방향인 역반응 쪽으로 이동

핵심요점 15 산과 염기

산은 수용액 중에서 H_3O^+(hydroniumion) 농도를 증가시키는 물질이며, 염기는 H_3O^+의 농도를 감소시키거나 OH^-(수산화이온)의 농도를 증가시키는 물질이다.

(1) 정의

구 분	산	염 기
아레니우스 (Arrhenius)	H^+를 내놓는 물질(수용액)	OH^-를 내놓는 물질(수용액)
브뢴스테드-로우리 (Brønsted-Lowry)	H^+(양성자) 주개	H^+(양성자) 받개
루이스 (Lewis)	비공유 전자쌍 받개	비공유 전자쌍 주개

(2) 성질

구 분	산	염 기
맛	신맛	쓴맛
리트머스시험지	푸른 리트머스시험지 → 붉게	붉은 리트머스시험지 → 푸르게
반응	이온화경향이 H보다 큰 금속과 반응 → H_2↑	양쪽성 원소와 반응 → H_2↑

(3) 짝산-짝염기

브뢴스테드-로우리의 정의에 따라 H^+의 이동에 의하여 산과 염기로 되는 한 쌍의 물질이다.

예

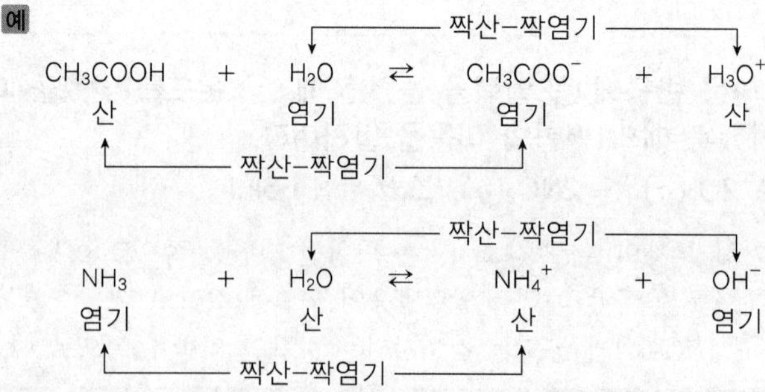

(4) 산과 염기의 이온화상수

수용액에서 산과 염기가 이온화하여 평형을 이룰 때의 평형상수를 산과 염기의 이온화상수라 한다.

① 산의 이온화상수(K_a)

$HA + H_2O \rightleftarrows H_3O^+ + A^-$

$$K_a = \frac{[H_3O^+][A^-]}{[HA]}$$

② 염기의 이온화상수(K_b)

$B + H_2O \rightleftarrows BH^+ + OH^-$

$$K_b = \frac{[BH^+][OH^-]}{[B]}$$

③ 물의 이온곱상수(K_w)

물은 자체가 산과 염기로 작용하여 H^+를 주고받아 H_3O^+와 OH^-를 생성하는데 이를 물의 자동이온화라고 하며, 이 반응의 평형상수를 물의 이온곱상수라 한다.

㉮ 물의 자동이온화 : $H_2O(l) + H_2O(l) \rightleftarrows H_3O^+(aq) + OH^-(aq)$

㉯ 물의 이온곱상수 : $K_w = [H_3O^+][OH^-] = 1.0 \times 10^{-14}$

(5) 수소이온지수(pH)

① $pH = -\log[H_3O^+]$

㉮ 중성 : $[H_3O^+] = [OH^-]$, $pH = 7$

㉯ 산성 : $[H_3O^+] > [OH^-]$, $pH < 7$

㉰ 염기성 : $[H_3O^+] < [OH^-]$, $pH > 7$

② $pK_w = -\log K_w$

$K_w = [H_3O^+][OH^-] = 1.0 \times 10^{-14}$, $pOH = -\log[OH^-]$이므로,

$-\log K_w = -\log([H_3O^+][OH^-]) = -\log(1.0 \times 10^{-14})$

$\therefore\ pK_w = pH + pOH = 14$

(6) 산과 염기의 세기

산과 염기의 세기는 해리도(이온화도)를 통해 가늠할 수 있는데, 강산과 강염기는 물에서 완전히 또는 거의 완전히 이온화되므로 K_a, K_b 값이 크고, 약산과 약염기는 부분적으로 이온화되므로 K_a, K_b 값이 작다.

① **강산** : $HI > HBr > HClO_4 > HCl > HClO_3 > H_2SO_4 > HNO_3$

약산 : $HF > CH_3COOH > H_2CO_3 > H_2S > HClO$

② **강염기** : $NaOH$, KOH, $Ca(OH)_2$

약염기 : $NH_3(NH_4OH)$, $Mg(OH)_2$, 아민류

(7) 자주 출제되는 산소산과 이온의 이름

산소산	이 름	이 온	이 름
$HClO$	하이포아염소산	ClO^-	하이포아염소산 이온
$HClO_2$	아염소산	ClO_2^-	아염소산 이온
$HClO_3$	염소산	ClO_3^-	염소산 이온
$HClO_4$	과염소산	ClO_4^-	과염소산 이온
H_2SO_3	아황산	SO_3^{2-}	아황산 이온
H_2SO_4	황산	SO_4^{2-}	황산 이온
HNO_2	아질산	NO_2^-	아질산 이온
HNO_3	질산	NO_3^-	질산 이온

핵심요점 16 산화와 환원

(1) 정의

산 화	환 원
전자를 잃음	전자를 얻음
산화수 증가	산화수 감소
산소와 결합	산소와 분리

① **산화제** : 다른 물질을 산화시키고 자신은 환원되는 물질

② **환원제** : 다른 물질을 환원시키고 자신은 산화되는 물질

(2) 산화수

물질 중의 원자가 어느 정도 산화되었는가를 나타내기 위하여 물질 내의 원자에 간편한 가상적인 전하량을 부여할 수 있는데, 이를 산화수라 부른다.

① **산화수 규칙**

㉮ 홑원소물질의 산화수는 0이다.

㉯ 중성분자 또는 화합물에서 원자들의 산화수의 합은 0이다.

㉰ 이온인 경우 산화수의 합은 이온의 전하량과 같다.

② 산화수 계산의 우선순위

❶ 알칼리금속, 알칼리토금속, 플루오린(F)의 산화수는 항상 일정하다.

- 알칼리금속(Li, Na, K) → +1
- 알칼리토금속(Mg, Ca) → +2
- F → −1

❷ H → +1

❸ O → −2

❹ 할로겐원소(Cl, Br, I) → −1

❺ 위에 나온 원소들의 산화수를 우선순위에 맞춰 먼저 부여한 후, 다른 원소들의 산화수를 규칙에 맞게 계산한다.

예제 08 다음 화합물에서 각 원소의 산화수는 얼마인가?

㉠ $KMnO_4$

㉡ H_2SO_4

㉢ $Ca(HCO_3)_2$

▶▶ ㉠ $KMnO_4$: K이 알칼리금속이므로 +1, 다음 우선순위인 O는 −2, 화합물에서 원자들의 산화수 총합은 0이어야 하므로 Mn은 +7이다. Mn의 산화수를 x라 하면,

$(+1)+x+(-2)\times 4=0$

$\therefore\ x=+7$

㉡ H_2SO_4 : 우선순위가 가장 높은 H가 +1, 그 다음 O가 −2, 산화수의 총합이 0이 되려면 S은 +6이다. S의 산화수를 x라 하면,

$(+1)\times 2+x+(-2)\times 4=0$

$\therefore\ x=+6$

㉢ $Ca(HCO_3)_2$: Ca은 알칼리토금속이므로 +2, 그 다음 H는 +1, 그 다음 O는 −2이다. C의 산화수를 x라 하면,

$(+2)+(+1)\times 2+x\times 2+(-2)\times 6=0$

$\therefore\ x=+4$

예제 09 다음 반응에서 산화제와 환원제는 무엇인가?

$$2Mg + O_2 \rightarrow 2MgO$$

▶▶ 산화수 : $2Mg + O_2 \rightarrow 2MgO$

0　　0　　+2 −2

(Mg: 0 → +2 산화, O: 0 → −2 환원)

산화 : $2Mg \rightarrow 2Mg^{2+} + 4e^-$

환원 : $O_2 + 4e^- \rightarrow 2O^{2-}$

㉠ Mg : 전자를 잃고 산화수가 증가되어 산화되었으므로 환원제이다.

㉡ O_2 : 전자를 얻고 산화수가 감소되어 환원되었으므로 산화제이다.

핵심요점 17 유기화합물

원래 유기화합물은 광물체로부터 얻어지는 무기화합물에 대하여 생물체(유기체)의 구성 성분을 이루는 화합물 또는 생물의 체내에서만 만들어지는 화합물로 분류되었으나, 뵐러(Wöhler)가 생물계에서만 발견되었던 요소를 무기화합물인 시안산암모늄을 가열하여 실험실에서 합성한 이후 많은 유기화합물이 합성되면서 탄소가 유기화합물의 특징을 이루는 원소인 것이 주목되어 현재는 탄소화합물로 불리고 있다.

(1) 탄소화합물의 특징

① 구성원소는 대부분 C, H, O이며, N, P, S 등의 원소도 약간 있다.

② 대부분 무극성이거나 극성이 약한 분자로 존재하므로 분자 간 인력이 약해 녹는점, 끓는점이 낮다.

③ 주성분원소가 탄소와 수소이므로 가연성이 있어 연소반응에 의해 이산화탄소(CO_2)와 물(H_2O)이 생성된다.

④ 탄소화합물에서 원자 간 결합은 공유결합이므로 강하기 때문에 잘 끊어지지 않아 화학반응을 하기 어렵다.

⑤ 일반적으로 물에 용해되기 어렵고, 알코올이나 에테르 등의 유기용매에 용해되는 것이 많다.

⑥ 물에 용해되어도 대부분 이온화되지 않는 비전해질이다.

⑦ 탄소의 원자가가 4이므로 공유결합을 통해 다양한 배열이 가능하여 화합물의 종류가 많다.

⑧ 탄소의 수가 증가할수록 다양한 구조를 이룰 수 있어 이성질체수가 증가한다.

(2) 탄화수소

탄소와 수소로만 구성되어 있는 화합물로, 다음과 같이 분류한다.

탄화수소
- 포화 탄화수소 : 단일결합만 포함
- 불포화 탄화수소 : 이중결합 또는 삼중결합을 포함
- 사슬 모양 탄화수소 : 탄소 골격이 사슬 모양
- 고리 모양 탄화수소 : 탄소 골격이 고리 모양
- 지방족 탄화수소 : 벤젠 고리가 없음
- 방향족 탄화수소 : 벤젠 고리가 있음

(3) 지방족 탄화수소

① 지방족 탄화수소의 구분

㉮ 알케인(alkane) : C_nH_{2n+2}

단일결합만 갖는 탄화수소 → 포화 탄화수소(파라핀계 탄화수소)

㉯ 알켄(alkene) : C_nH_{2n}

이중결합을 갖는 탄화수소 → 불포화 탄화수소(올레핀계 탄화수소)

㉰ 알카인(alkyne) : C_nH_{2n-2}

삼중결합을 갖는 탄화수소 → 불포화 탄화수소

② 지방족 탄화수소의 명명법

탄소수에 따라 어근을 결정하고, 결합의 종류에 따라 −ane, −ene, −yne 어미를 붙여서 명명한다.

탄소수에 따른 명칭

- 1개 : meta−
- 2개 : etha−
- 3개 : propa−
- 4개 : buta−
- 5개 : penta−
- 6개 : hexa−
- 7개 : hepta−
- 8개 : octa−
- 9개 : nona−
- 10개 : deca−

예
- CH_4 : metane(메테인, 메탄)
- H_3C-CH_3 : ethane(에테인, 에탄)
- $H_2C=CH_2$: ethene(에텐, 에틸렌)
- $H_2C=CH-CH_3$: propene(프로펜, 프로필렌)
- $HC\equiv CH$: ethyne(에타인, 에틴, 아세틸렌)
- $HC\equiv C-CH_2-CH_3$: butyne(부타인, 부틴)
- 시클로프로판(C_3H_6), 시클로부탄(C_4H_8), 시클로펜탄(C_5H_{10}), 시클로헥산(C_6H_{12})

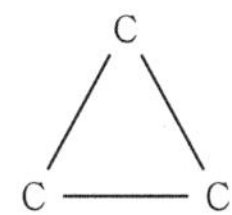
〈시클로프로판〉

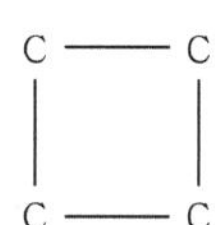
〈시클로부탄〉

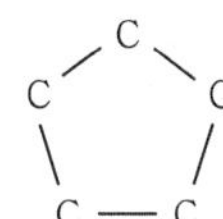
〈시클로펜탄〉

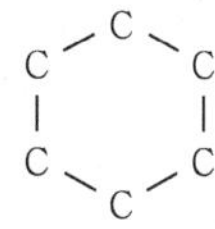
〈시클로헥산〉

③ 브로민수 탈색반응 : 불포화 결합의 검출법

탄소원자 사이의 이중결합(C=C)이나 삼중결합(C≡C)에 브로민이 첨가되는 반응으로, 적갈색의 브로민이 첨가되어 무색의 첨가 생성물이 얻어진다.

$$H_2C=CH_2 + Br_2 \rightarrow H-\underset{H}{\overset{Br}{C}}-\underset{Br}{\overset{H}{C}}-H$$

적갈색 무색

(4) 지방족 탄화수소의 유도체

지방족(사슬 모양) 탄화수소의 수소원자 일부가 여러 가지 작용기로 치환되어 새로운 성질을 갖게 된 탄소화합물을 탄화수소 유도체라고 하며, 다음과 같이 분류할 수 있다.

▌탄화수소 유도체▐

작용기	작용기 이름	화합물 이름	화합물의 예
$-OH$	하이드록시기	알코올	C_2H_5OH(에틸알코올, 에탄올) CH_3OH(메틸알코올, 메탄올)
$-\overset{O}{\overset{\Vert}{C}}-H$ ($-CHO$)	알데하이드기 포르밀기	알데하이드	$HCHO$(폼알데하이드) CH_3CHO(아세트알데하이드)
$-\overset{O}{\overset{\Vert}{C}}-O-H$ ($-COOH$)	카르복시기	카르복시산	$HCOOH$(포름산) CH_3COOH(아세트산)
$-\overset{O}{\overset{\Vert}{C}}-O-$ ($-COO-$)	에스테르기	에스테르	$HCOOCH_3$ (메틸포르메이트, 포름산메틸) $CH_3COOC_2H_5$ (에틸아세테이트, 아세트산에틸)
$-\overset{O}{\overset{\Vert}{C}}-$ ($-CO-$)	카르보닐기	케톤	CH_3COCH_3(아세톤, 다이메틸케톤) $CH_3COC_2H_5$(에틸메틸케톤)
$-O-$	에테르기	에테르	CH_3OCH_3(다이메틸에테르) $CH_3COC_2H_5$(에틸메틸에테르)
$-NH_2$	아미노기	아민	CH_3NH_2(메틸아민) $C_6H_6NH_2$(아닐린)

① 알코올

지방족 탄화수소의 수소원자 일부가 하이드록시기($-OH$)로 치환된 것이다.

㉮ 알코올의 분류

㉠ 1차 · 2차 · 3차 알코올 : 하이드록시기가 붙어 있는 탄소에 결합된 다른 탄소 원자의 수에 따른 분류

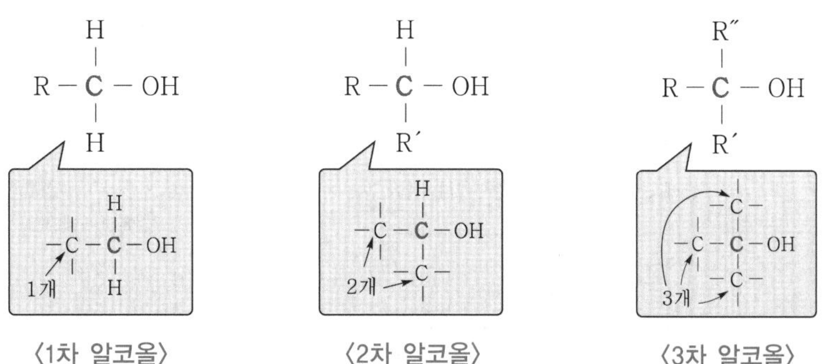

〈1차 알코올〉 〈2차 알코올〉 〈3차 알코올〉

㉡ 1가 · 2가 · 3가 알코올 : 한 분자에 포함된 하이드록시기의 개수에 따른 분류

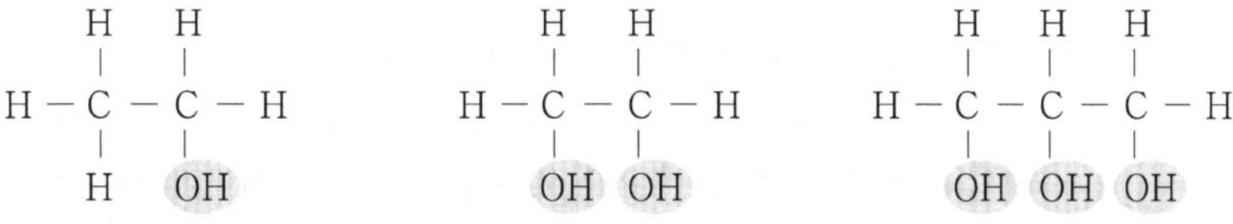

〈에탄올(1가 알코올)〉 〈에틸렌글리콜(2가 알코올)〉 〈글리세롤(3가 알코올)〉

㉯ 알코올의 반응

㉠ 알칼리금속과의 반응 : 알칼리금속(Na, K 등)과 반응하여 수소(H_2)가 발생한다.

예 $2C_2H_5OH + 2Na \rightarrow 2C_2H_5ONa + H_2$

㉡ 에스테르화 반응 : 산 촉매 하에서 카르복시산과 반응하여 물과 에스테르를 만든다.

$$R-O\boxed{H}+R-CO\boxed{OH} \xrightarrow[\text{에스테르화}]{c-H_2SO_4} R-COO-R + H_2O$$

예 $C_2H_5OH + CH_3COOH \rightarrow CH_3COOC_2H_5 + H_2O$
에탄올 아세트산 아세트산에틸

㉢ 산화 반응 : 1차 알코올은 산화되어 알데하이드를 거쳐 카르복시산이 되고, 2차 알코올은 케톤이 된다.

$$\text{제1차 알코올} \xrightarrow{\text{산화}} \text{알데하이드} \xrightarrow{\text{산화}} \text{카르복시산}$$

예 $CH_3CH_2OH \xrightarrow{\text{산화}} CH_3CHO \xrightarrow{\text{산화}} CH_3COOH$

$$\text{제2차 알코올} \xrightarrow{\text{산화}} \text{케톤}$$

예 $CH_3-CH(OH)-CH_3 \xrightarrow{\text{산화}} CH_3-CO-CH_3$

㉣ 탈수 반응 : 알코올 2분자에 $c-H_2SO_4$을 가한 후에 130℃로 가열하면 에테르(R−O−R)가 생기고, 알코올 1분자에 $c-H_2SO_4$을 가한 후 160℃로 가열하면 에틸렌(C_2H_4)이 생성된다.

$$CH_3CH_2-\boxed{H}+CH_3CH_2\boxed{OH} \xrightarrow[130℃]{c-H_2SO_4} CH_3CH_2-O-CH_2CH_3 + H_2O$$

디에틸에테르

$$H-\underset{\boxed{H}}{\overset{H}{C}}-\underset{H}{\overset{H}{C}}-\boxed{OH} \xrightarrow[160℃]{c-H_2SO_4} CH_2=CH_2 + H_2O$$

에틸렌

㉤ 요오드포름 반응(에탄올 검출법)

- 아세틸기(CH_3CO^-) 또는 산화하면 아세틸기가 되는 옥시에틸기[$CH_3CH(OH)^-$]를 가지는 화합물에 아이오딘을 염기성 조건에서 작용시키면 독특한 냄새를 가진 CHI_3(요오드포름)의 노란색 침전이 생기는 반응이다.

  예 $C_2H_5OH + KOH + I_2 \rightarrow CHI_3\downarrow$(노란색 침전)

- 에탄올이나 아세톤 검출반응에 사용된다.

요오드포름 반응을 하는 물질의 예

CH_3CHO(아세트알데하이드), CH_3COCH_3(아세톤, 디메틸케톤), C_2H_5OH(에탄올), $CH_3CH(OH)CH_3$(이소프로필알코올) 등

② 알데하이드

지방족 탄화수소의 수소원자 일부가 포르밀기(−CHO)로 치환된 것이다.

㉮ 일반적 성질

㉠ 1차 알코올($R-CH_3OH$)을 산화시켜 얻으며, 알데하이드(R−CHO)는 계속 산화하여 카르복시산(R−COOH)이 된다.

$$R-CH_3OH \xrightarrow{[O]} R-CHO \xrightarrow{[O]} RCOOH$$

㉡ 반응성이 크므로 햇빛에 노출되어 산화되는 것을 막기 위해 갈색병에 보관해야 한다.

㉢ 알데하이드는 쉽게 산화하므로 강한 환원성을 가지며, 은거울 반응과 펠링 반응(알데하이드의 검출법)을 한다.

폼알데하이드(HCHO)

자극성의 무색 기체로 물에 잘 녹고, 쉽게 산화되어 포름산(HCOOH)이 되며 환원력이 강하므로 은거울 반응과 펠링 반응을 한다. 폼알데하이드를 물에 녹인 40%의 수용액을 포르말린(Formalin)이라 하며, 방부제나 합성수지의 원료로 사용된다.

㉯ 알데하이드의 반응

㉠ 산화반응과 환원반응 : 알데하이드는 산화시키면 카르복시산이 되고, 환원시키면 알코올이 된다.

$$\underset{\text{1차 알코올}}{RCH_2OH} \xleftarrow{\text{환원}} \underset{\text{알데하이드}}{RCHO} \xrightarrow{\text{산화}} \underset{\text{카르복시산}}{RCOOH}$$

㉡ 은거울 반응 : 암모니아성 질산은 용액에 알데하이드를 가하면 은이온(Ag^+)이 은(Ag)으로 환원되어 석출되는 반응으로, 이때 석출된 은이 시험관 벽에 달라붙어 거울이 만들어지므로 이를 은거울 반응이라고 한다.

$$R-CHO + 2[Ag(NH_3)_2]^+ + 2OH^- \rightarrow RCOOH + 2Ag\downarrow + 4NH_3 + H_2O$$

㉢ 펠링용액 환원반응 : 황산구리와 염기성 타타르산칼륨나트륨의 혼합용액인 펠링용액에 알데하이드를 넣고 가열하면 청남색의 펠링용액 속에 들어있는 구리이온(Cu^{2+})이 환원되어 붉은색 침전인 산화구리(I)(CuO)를 형성한다.

$$R-CHO + 2Cu^{2+} + 4OH^- \rightarrow RCOOH + Cu_2O\downarrow + 2H_2O$$

은거울 반응과 펠링용액 환원반응을 하는 분자
환원성(자신은 산화하면서 반응물질을 환원시키는 성질)이 있는 물질이어야 하므로, 알데하이드(RCHO), 포름산(HCOOH), 포름산의 에스터(HCOOR), 단당류, 이당류 등이 있다.

(5) 방향족 탄화수소와 유도체

방향족 탄화수소는 벤젠 고리 또는 나프탈렌 고리를 가진 탄화수소이다.

대표적인 방향족 탄화수소와 유도체

벤 젠	톨루엔	페 놀	벤조산	아닐린	나프탈렌
	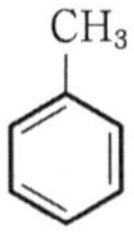 CH_3	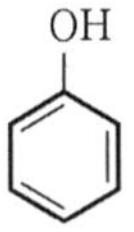 OH	 COOH	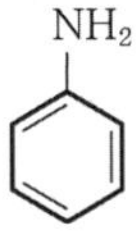 NH_2	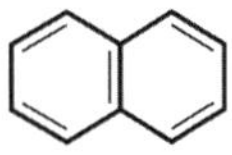

① 벤젠

㉮ 벤젠의 구조

벤젠의 C-C 결합은 단일결합과 이중결합의 중간형태인 약 1.5중결합이라고 할 수 있으며, 다음과 같이 공명구조로 나타낸다.

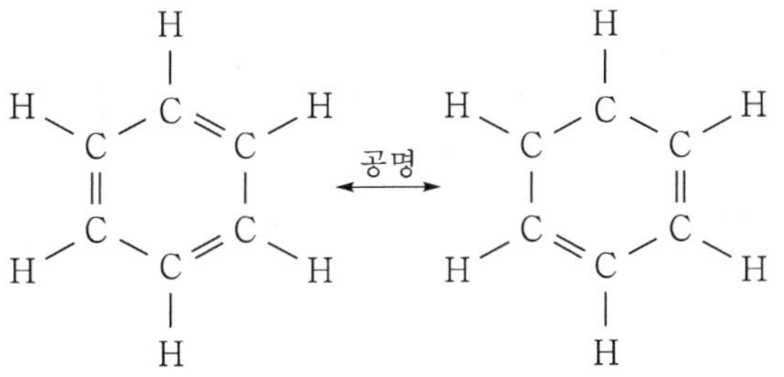

(Ⅰ) ← 공명 → (Ⅱ)

120°, 1.39Å

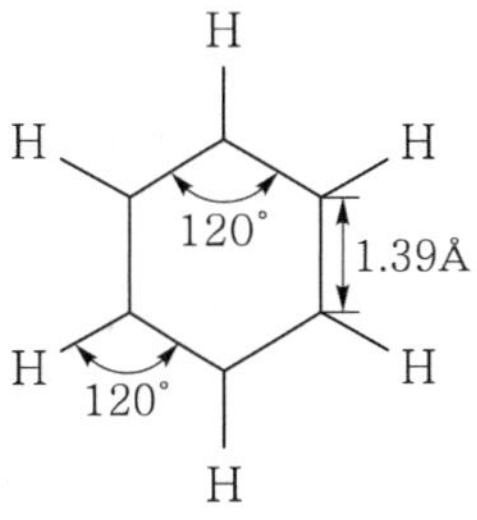

㉯ 벤젠의 치환반응

㉠ 할로겐화(halogenation) : 소량의 철이 존재하는 상황에서 벤젠과 염소가스를 반응시키면 수소원자와 염소원자의 치환이 일어나 클로로벤젠(C_6H_5Cl)을 생성한다.

$$C_6H_5-H + Cl-Cl \xrightarrow{Fe} C_6H_5-Cl + HCl$$

클로로벤젠

㉡ 니트로화(nitration) : 진한 황산을 촉매로 하여 벤젠과 진한 질산을 반응시키면 수소원자와 니트로기의 치환이 일어나 니트로벤젠($C_6H_5NO_2$)을 생성한다.

$$C_6H_5-H + HONO_2 \xrightarrow{H_2SO_4} C_6H_5-NO_2 + H_2O$$

니트로벤젠

㉢ 설폰화(sulfonation) : 벤젠을 발연 황산(진한 황산)과 가열하면 벤젠설폰산($C_6H_5SO_3H$)을 생성한다.

$$C_6H_5-H + HOSO_3H \xrightarrow[\text{가열}]{SO_3} C_6H_5-SO_3H + H_2O$$

벤젠설폰산

㉣ 알킬화(alkylation, 프리델－그라프츠 반응) : 무수염화알루미늄($AlCl_3$)을 촉매로 하여 벤젠과 할로겐화알킬(RX)을 반응시키면 수소원자와 알킬기(R)가 치환되어 알킬벤젠(C_6H_5R)이 생성된다.

$$C_6H_5-H + Cl-R \xrightarrow{AlCl_3} C_6H_5-R + HCl$$

알킬벤젠

③ 페놀

벤젠의 수소원자 하나가 하이드록시기(－OH)로 치환된 것이다.

㉮ 페놀의 일반적 성질

㉠ 하이드록시기를 가지고 있으므로 알칼리금속(Na, K 등)과 반응하여 수소(H_2)가 발생한다.

㉡ 에스테르화 반응 : 산 촉매하에서 카르복시산과 반응하여 물과 에스테르를 만든다.

㉢ 특유의 강한 냄새를 가진 무색의 결정이며, 알코올과 달리 하이드록시기(－OH)로부터 수소이온이 전리될 수 있어서 물에 약간 녹아 약산성을 나타낸다.

㉣ 중화반응 : 산성 물질이므로 염기(NaOH)와 중화반응을 하여 염과 물을 만든다.

㉯ 페놀류의 정색반응

페놀성 하이드록시기(－OH)를 갖고 있는 화합물은 염화철(Ⅲ)($FeCl_3$) 수용액과 반응하여 청자색이나 적자색을 띠는 정색반응을 한다.

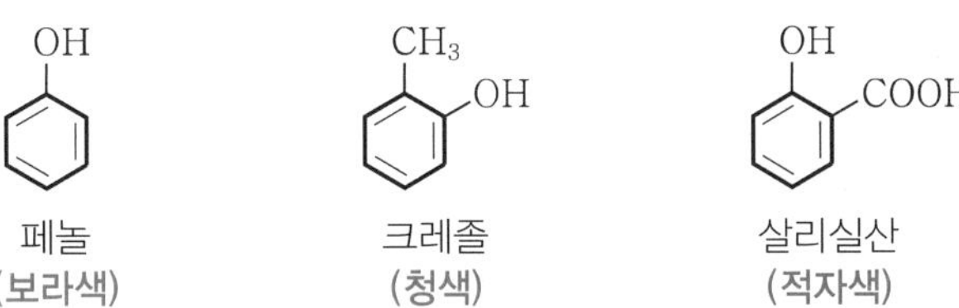

④ 오르토($o-$), 메타($m-$), 파라($p-$) 형태의 3가지 이성질체

예 크실렌[자일렌, xylene, $C_6H_4(CH_3)_2$]

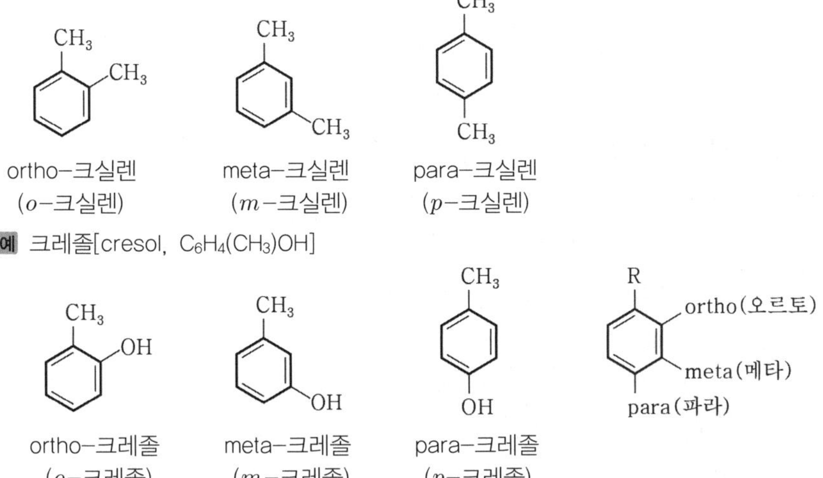

예 크레졸[cresol, $C_6H_4(CH_3)OH$]

(6) 고분자 화합물

분자량이 작고 구조가 간단한 작은 분자(단위체)들이 중합반응을 통해 연속적으로 화학결합하여 생성된 화합물(중합체)을 말하며, 천연에서 산출되는 천연 고분자 화합물과 화학적으로 합성되는 합성 고분자 화합물이 있다.

천연 고분자와 합성 고분자의 종류

- 천연 고분자 : 탄수화물, 단백질, 천연고무 등
- 합성 고분자 : 합성수지(플라스틱), 합성섬유, 합성고무 등

① 고분자 화합물의 생성반응

㉮ 첨가중합(addition polymerization) : 이중결합 또는 삼중결합을 가지는 단위체가 같은 종류의 분자와 첨가반응을 반복하여 단위체의 단위에서 분자나 원자가 이탈하지 않고 중합체를 생성하는 반응으로, 부가중합이라고도 한다.

예 에틸렌의 첨가중합

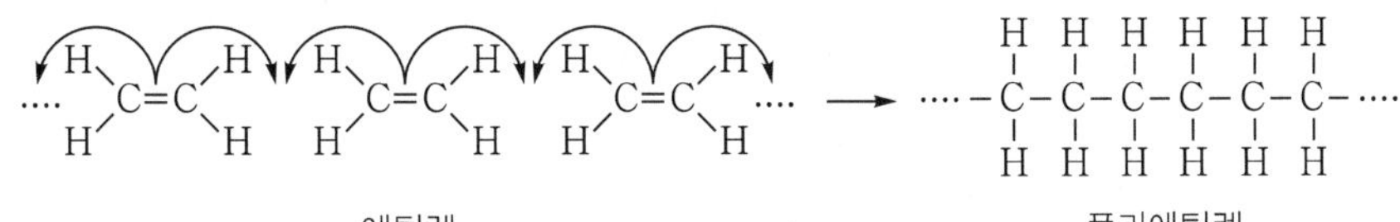

㉯ 축합중합(condensation polymerization) : 단위체인 두 분자가 반응하여 물(H_2O), 염화수소(HCl) 등과 같은 작은 분자가 빠지면서 중합체를 생성하는 반응을 말한다.

예 축합중합에 의한 6,6-나일론의 생성

$$n\,\boxed{H}-\overset{H}{\overset{|}{N}}-(CH_2)_6-\overset{H}{\overset{|}{N}}-\boxed{H}\;+\;n\,\boxed{HO}-\overset{O}{\overset{\|}{C}}-(CH_2)_4-\overset{O}{\overset{\|}{C}}-\boxed{OH}$$

헥사메틸렌다이아민 아디프산

$$\xrightarrow{\text{축합중합}}\left[-\overset{H}{\overset{|}{N}}-(CH_2)_6-\overset{H}{\overset{|}{N}}-\overset{O}{\overset{\|}{C}}-(CH_2)_4-\overset{O}{\overset{\|}{C}}-\right]_n+2nH_2O$$

6,6-나일론

② 천연 고분자 화합물

㉮ 탄수화물

C, H, O의 3가지 원소로 되어 있으며, 일반식이 $C_m(H_2O)_n$으로 표시되는 탄소와 물의 화합물로, 생물체의 에너지원이다.

탄수화물의 종류

- 단당류($C_6H_{12}O_6$) : 탄수화물의 기본성분이 되는 물질
  - 예 포도당, 과당, 갈락토오스 등
- 이당류($C_{12}H_{22}O_{11}$) : 2개의 단당류로 이루어진 물질
  - 예 설탕(=포도당+과당), 맥아당(엿당)(=포도당+포도당) 등
- 다당류[$(C_6H_{10}O_5)_n$] : 여러 개의 단당류로 이루어진 물질
  - 예 녹말(전분), 셀룰로오스 등
    - 녹말 : α-포도당의 축합중합체로 녹색식물이 저장하고 있는 탄수화물이다.
    - 셀룰로오스 : β-포도당의 축합중합체로 식물 세포벽의 주성분이다.

㉯ 단백질

아미노산 단위체가 탈수 축합되어 생성된 펩티드(peptide) 결합으로 된 고분자 물질로 생체 구성물질이다.

단백질의 검출반응

- 뷰렛(biuret) 반응 : 단백질용액 + NaOH $\xrightarrow{1\%\ CuSO_4}$ 적자색
- 크산토프로테인(xanthoprotein) 반응 : 단백질용액 $\xrightarrow{HNO_3}$ 노란색 $\xrightarrow{NaOH}$ 주황색
- 닌하이드린(ninhydrin) 반응 : 단백질용액 + 1% 닌하이드린 용액 → 끓인 후 냉각 → 보라색 또는 적자색

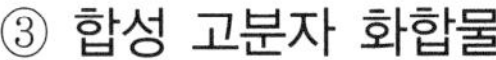

③ 합성 고분자 화합물

㉮ 합성수지(플라스틱)

㉠ 열가소성 수지 : 첨가중합(부가중합)에 의한 중합체로 가열하면 쉽게 변형되고, 식으면 다시 굳어져 가공하기 쉬운 수지이다.

단위체	첨가중합체
$CH_2=CH_2$(에틸렌)	폴리에틸렌(PE)
$CH_2=CHCH_3$(프로필렌)	폴리프로필렌(PP)
$CH_2=CHCl$(염화바이닐)	폴리염화바이닐(PVC)
$CH_2=CH-C_6H_5$(스타이렌)	폴리스타이렌(PS)
$CF_2=CF_2$(테트라플루오로에틸렌)	테플론

㉡ 열경화성 수지 : 축합중합에 의한 중합체로, 한 번 성형되어 경화된 후에는 다시 가열해도 녹지 않는 수지이다.

예 페놀수지(베이클라이트, bakelite), 요소수지, 멜라민수지 등

㉯ 합성섬유

길고 가늘게 뽑을 수 있는 합성 고분자 화합물이다.

단위체	축합중합체
헥사메틸렌디아민 + 아디프산	6,6-나일론
테레프탈산 + 에틸렌글리콜	테릴렌
아크릴로니트릴	올론

㉰ 천연고무와 합성고무

단위체	첨가중합체
이소프렌	천연고무
클로로프렌	네오프렌고무
부타디엔과 스타이렌	부나-S
부타디엔과 아크릴로니트릴	부나-N

분석화학

핵심요점 1 용액과 용해도

(1) 용액의 의미

① **용해** : 두 종류 이상의 물질이 균일하게 섞이는 현상을 말하며 '녹는다.'라고 한다.

② **용액** : 용해의 결과 생성된 균일 혼합물을 말한다.

$$용매 + 용질 \underset{석출}{\overset{용해}{\rightleftharpoons}} 용액$$

- 용매 : 녹이는 물질
- 용질 : 녹는 물질

(2) 용액의 분류

① **포화(saturated) 용액**

일정한 온도 및 압력 하에서 용매에 녹을 수 있는 용질의 최대량이 용해된 용액으로, 더는 용질을 용해시킬 수 없는 용액이다.

② **불포화(unsaturated) 용액**

일정한 온도 및 압력 하에서 용질이 용매에 용해도 이하로 용해된 용액으로, 용액의 농도가 용액의 최대용해도보다 작은 용액이다.

③ **과포화(supersaturated) 용액**

일정한 온도 및 압력 하에서 용질이 용해도 이상으로 용해된 용액으로, 특별한 조건에서 용액의 최대용해도를 초과한 용액이다.

㉮ 높은 온도에서 많은 양의 용질이 용해되었다가 온도를 갑자기 낮추는 특별한 조건에서 용질이 석출되지 않고 과포화 상태가 되는 경우가 있다.

㉯ 따라서 불안정하며, 작은 입자만 있어도 쉽게 결정화가 된다.

(3) 용해도

① **정의** : 용해도란 일정한 온도 및 압력 하에서 일정량의 용매에 녹을 수 있는 용질의 최대량이다.

② 일반적으로 용매 100g에 녹아서 포화 용액이 되는 데 필요한 용질의 g수를 말한다.

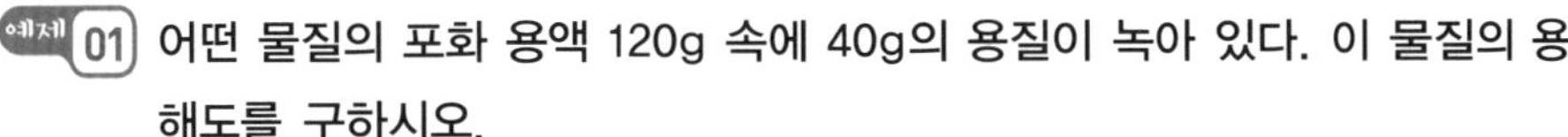

예제 01 **어떤 물질의 포화 용액 120g 속에 40g의 용질이 녹아 있다. 이 물질의 용해도를 구하시오.**

▶▶ 용액 120g 속에 40g의 용질이 녹아 있으므로 용매의 질량은 120−40=80g이다.
따라서, 용해도를 x라 하면, 80 : 40 = 100 : x로부터 $80x=4,000$
∴ $x=50$

예제 02 **30℃에서 소금의 용해도는 37g NaCl/100g H_2O이다. 이 온도에서 포화되어 있는 소금물 100g 중에 함유되어 있는 소금의 양은 얼마인가?**

▶▶ 30℃에서 소금의 용해도만큼 녹아 있는 포화 용액의 질량은 137g이므로,
137 : 37 = 100 : x로부터 $137x=3,700$
∴ $x=27.0$g

예제 03 **25℃에서 용해도가 35인 염 20g을 50℃의 물에 완전 용해시킨 다음 25℃로 냉각하면 약 몇 g의 염이 석출되는가?**

▶▶ 25℃에서 물의 밀도는 1g/mL이고, 25℃에서 용해도가 35인 염은 물 100mL에는 35g이, 물 50mL에는 17.5g이 용해된다. 따라서, 20−17.5=2.5g이 석출된다.

(4) 용해도에 영향을 주는 인자

① 고체

㉮ 용해반응이 흡열과정인 대부분의 고체는 온도를 높여주면(↑) 용해도가 증가한다.

㉯ 외부 압력은 고체의 용해도에 거의 영향을 주지 않는다.

㉰ 고체 표면적의 크기를 줄이거나 교반속도를 증가시키면, 용해속도는 증가하나 용해도에는 영향을 주지 않는다.

② 기체

온도가 낮을수록(↓), 압력이 높을수록(↑) 기체의 용해도는 증가한다.

헨리(Henry)의 법칙
- 용해도가 크지 않은 기체의 용해도는 그 기체의 압력에 비례한다는 법칙이다.
- O_2, H_2, CO_2, CH_4 등의 무극성 기체에 잘 적용된다.

③ 액체

㉮ 액체의 용해도는 용매와 용질의 극성 유무와 관계가 깊다.

㉯ 극성은 극성끼리, 무극성은 무극성끼리, 즉 극성 물질은 극성 용매에 잘 녹고, 비극성 물질은 비극성 용매에 잘 녹는다.

(5) 용해도곱 상수(K_{sp})

고체 염이 용액 내에서 녹아 성분 이온으로 나누어지는 반응에 대한 평형상수로, 용해도적이라고도 한다. 대부분의 난용성 염은 포화 수용액 중에서 일부만이 해리한다. 예를 들어, 불용성 염인 Hg_2I_2를 물에 용해하면 다음과 같은 평형을 이룬다.

$$Hg_2I_2(s) \rightleftarrows Hg_2^{2+} + 2I^-$$

$$K = \frac{[Hg_2^{2+}][I^-]^2}{[Hg_2I_2]}$$

여기서, 고체 염의 농도는 항상 일정하므로,

$$K_{sp} = K[Hg_2I_2] = [Hg_2^{2+}][I^-]^2$$

이온곱과 용해도곱 상수(K_{sp})의 관계

$AB(s) \rightleftarrows A^+ + B^-$의 용해 평형에서,

- $[A^+][B^-]$ (이온곱) $> K_{sp}$이면, 석출(침전 형성)
- $[A^+][B^-]$ (이온곱) $= K_{sp}$이면, 평형
- $[A^+][B^-]$ (이온곱) $< K_{sp}$이면, 용해

핵심요점 2 용액의 농도

(1) 몰농도(M, molarity)

몰농도란 용액 1L 중에 녹아 있는 용질의 몰수를 말한다.

$$\text{몰농도}(M,\ \text{mol/L}) = \frac{\text{용질의 몰수}(n,\ \text{mol})}{\text{용액의 부피}(V,\ \text{L})}$$

$$n = MV$$

여기서, M : 몰농도

V : 용액의 부피

n : 용질의 몰수

※ 용액의 부피는 온도에 따라 변하므로, 몰농도는 온도에 의존한다.

(2) 몰랄농도(m, molality)

몰랄농도란 '용매' 1kg 중에 녹아 있는 용질의 몰수를 말한다.

$$\text{몰랄농도}(m, \text{mol/kg}) = \frac{\text{용질의 몰수(mol)}}{\text{용매의 질량(kg)}}$$

※ 용매의 질량은 온도에 따라 변하지 않으므로, 몰랄농도는 온도에 의존하지 않는다.

(3) 규정농도(N, normality)

규정농도란 용액 1L 중에 녹아 있는 용질의 g당량수이다.

$$\text{규정농도}(N) = \frac{\text{g당량수}}{\text{용액의 부피(L)}}$$

① **g당량수**

주어진 질량 안에 들어있는 g당량의 수로, 산 · 염기의 경우 주어진 질량 안에 들어있는 H^+ 또는 OH^-의 몰수를 의미한다.

② **산 · 염기의 규정농도**

$$\text{규정농도}(N) = \frac{\text{g당량수}}{\text{용액의 부피(L)}}$$

$$= \frac{H^+ \text{ 또는 } OH^- \text{의 몰수(mol)}}{\text{용액의 부피(L)}}$$

$$= \frac{\text{산 또는 염기의 몰수(mol)} \times \text{가수}(n)}{\text{용액의 부피(L)}}$$

$$= n \times M$$

여기서, 가수(n) : 산이나 염기 한 분자가 내놓을 수 있는 H^+ 또는 OH^-의 개수

(4) 질량백분율

질량백분율이란 용액 내에서 각 용질의 질량퍼센트를 말한다.

$$\text{질량백분율} = \frac{\text{용질의 질량}}{\text{용액의 질량}} \times 10^2$$

(5) 용액을 묽힐 때의 관계식

용액을 묽히기 전과 묽힌 후의 용질의 몰수(n)에는 변화가 없고 $n = MV$이므로 다음의 관계식이 성립한다.

$$MV = M'V'$$

여기서, M, M' : 몰농도

V, V' : 용액의 부피

예제 04 2M NaOH 30mL에는 몇 mg의 NaOH가 있는가? (단, Na의 원자량 = 23)

▶▶ NaOH의 질량=몰수(n)×화학식량
=(M × V)×화학식량
=2×30mL×40
=2,400mg

예제 05 물 90.0g에 포도당($C_6H_{12}O_6$) 4.80g이 녹아 있다. 이때 몰랄농도(m)와 몰농도(M)를 구하여라. (단, 비중은 1.2g/mL이다.)

▶▶ ㉠ 몰랄농도$(m) = \dfrac{\text{용질의 몰수(mol)}}{\text{용매의 질량(kg)}}$

물의 질량 $= \dfrac{90\text{g}}{1{,}000\text{g/kg}} = 0.090\text{kg}$

포도당($C_6H_{12}O_6$)의 몰수 $= \dfrac{4.80\text{g}}{(12\times6+12+16\times6)\text{g/mol}} = \dfrac{4.80}{180}\text{mol}$

$\therefore$ 몰랄농도$(m) = \dfrac{\frac{4.80}{180}}{0.090} = \dfrac{4.80}{0.090\times180} = 0.296\text{m}$

㉡ 몰농도$(M) = \dfrac{\text{용질의 몰수(mol)}}{\text{용액의 부피(L)}}$

용액의 질량 = 물 90.0g+포도당 4.80g=94.80g

• 비중(밀도)$= \dfrac{\text{질량}}{\text{부피}}$ → 부피 $= \dfrac{\text{질량}}{\text{밀도}}$

용액의 부피$= \dfrac{94.80\text{g}}{1.2\text{g/mL}\times1{,}000\text{mL/L}} = \dfrac{94.8}{1{,}200}\text{L}$

포도당의 몰수 $= \dfrac{4.80\text{g}}{180\text{g/mol}} = \dfrac{4.80}{180}\text{mol}$

$\therefore$ 몰농도$(M) = \dfrac{\frac{4.80}{180}}{\frac{94.80}{1{,}200}} = \dfrac{4.80\times1{,}200}{94.8\times180} = 0.34\text{M}$

예제 06 0.3M 황산(H_2SO_4)용액의 N농도는?

▶▶ 규정농도(N)=가수(n)×몰농도(M), $N=nM$
황산(H_2SO_4)은 가수가 2이므로,
$\therefore$ N= 2×0.3=0.6N

핵심요점 3 용액의 성질

(1) 용액의 총괄성(결속성, colligative property)

일정량의 용매 중에 존재하는 용질의 입자 수에 의하여 결정되는 성질로, 용질의 종류와는 무관하고 용질 입자의 농도에만 의존하는 묽은 용액의 네 가지 특성을 말한다. 증기압 내림, 끓는점 오름, 어는점 내림 및 삼투압 현상이 있다.

① **증기압 내림** : 묽은 용액 위의 증기압은 순수한 용매의 증기압보다 항상 낮아진다.

㉮ 원리 : 비휘발성 용질이 녹아 있는 경우, 용액 표면의 일부를 용질이 차지하게 되어 증발하는 용매 입자 수가 줄어들게 되므로 증기압이 낮아진다.

㉯ 증기압 : 일정한 온도에서 액체 또는 고체 표면에서는 항상 증발과 응결이 일어나 동적 평형상태에 이르는데, 이때 그 증기가 나타내는 압력을 증기압력 또는 증기압이라고 한다. 증기압은 온도가 높을수록, 분자 간 인력이 작을수록 커진다.

동적 평형상태
증발속도와 응결속도가 같아서 더 이상 아무런 변화가 일어나지 않는 것처럼 보이는 상태

② **끓는점 오름** : 묽은 용액의 끓는점은 순수한 용매의 끓는점보다 항상 높아진다.

㉮ 원리 : 같은 온도에서 용액의 증기압은 용매의 증기압보다 작아지므로 증기압이 외부 압력과 같아지려면 온도를 더 높여야 한다. 즉, 더 높은 온도에서 끓게 된다.

㉯ 끓는점 오름은 몰랄농도에 비례한다.

$$\Delta T_b = K_b m$$

여기서, ΔT_b : 끓는점 오름(용액과 용매의 끓는점 차이)
m : 용액의 몰랄농도
K_b : 몰랄 오름상수

㉰ 끓는점 : 액체나 용액의 증기압이 외부 압력과 같아져서 액체나 용액의 표면뿐만 아니라 내부에서도 기화가 시작되는 온도이다.

③ **어는점 내림** : 묽은 용액의 어는점은 순수한 용매의 어는점보다 항상 낮아진다.

㉮ 원리 : 용액의 증기압 내림 현상은 고체와 액체의 평형온도를 낮추어 어는점도 낮아지게 된다. 즉, 더 낮은 온도로 냉각시켜야 얼게 된다.

㉯ 어는점 내림은 몰랄농도에 비례한다.

$$\Delta T_f = K_f m$$

여기서, ΔT_f : 어는점 내림(용액과 용매의 어는점 차이)
m : 용액의 몰랄농도
K_f : 어는점 내림상수

㉰ 어는점 : 액체가 고체로 상태변화가 일어나는 동안 일정하게 유지되는 온도를 말한다.

※ 반대로 고체가 액체로 상태 변화가 일어나는 경우는 녹는점이라 하며, 어는점과 녹는점은 같다.

④ 삼투압

㉮ 삼투 : 묽은 용액과 용매가 반투막으로 나뉘어져 있을 때 용매 분자가 용액 쪽으로 이동하는 현상으로, 일반적으로 농도가 낮은 쪽에서 높은 쪽으로의 용매 흐름을 말한다.

반투막
물처럼 작은 용매는 통과시키지만, 용질은 통과시키지 않는 막

㉯ 삼투압 : 삼투 현상에 의해 용액 쪽에서 막에 가하는 압력과 순수한 용매 쪽에서 막에 가하는 압력에 차이가 생기게 되는데, 이 압력의 차이를 삼투압이라 하며 반투막 사이에 용매가 흐르지 않도록 용액에 가하는 추가적인 외부 압력과 같다.

㉰ 반트호프의 법칙(Van't Hoff's law)
묽은 용액의 삼투압(Π)은 용매와 용질의 종류와 관계없이 용액의 몰농도와 절대온도에 비례한다는 법칙이다.

$$\Pi = cRT$$

여기서, Π : 삼투압
R : 기체상수
c : 용액의 몰농도
T : 절대온도

(2) 콜로이드 용액

① 콜로이드 용액의 정의
보통의 분자나 이온보다는 크지만 육안으로는 볼 수 없는 지름 10^{-7}~10^{-5}cm 정도의 입자가 기체 또는 액체 중에 분산되어 있는 용액을 콜로이드 용액이라 한다.
예 녹말 용액, 점토 용액, 수산화알루미늄 용액, 우유 등

① 콜로이드 용액의 성질

㉮ 틴들(Tyndall) 현상 : 콜로이드 입자의 크기가 빛의 파장과 비슷해서 산란되기 때문에 빛의 진로가 밝게 보이는 현상

㉯ 브라운 운동(Brownian motion) : 콜로이드 입자가 용매 분자의 불균일한 충돌에 의해 지속적으로 무질서하게 운동하는 현상

㉰ 엉김과 염석 : 콜로이드 입자가 표면에 양전하 또는 음전하를 띠고 있어서 전해질을 넣어 주었을 때 침전하는 현상

핵심요점 4 전해질과 전리도

(1) 전해질과 비전해질

① **전해질** : 물 등의 극성을 띤 용매에 녹아서 이온으로 해리되어 전류를 흐르게 하는 물질

② **비전해질** : 물 등의 용매에 녹기는 하지만 이온으로 해리되지 않고 분자상태로 존재하여 전류를 흐르게 하지 않는 물질

예 설탕, 에탄올(C_2H_5OH), 포도당($C_6H_{12}O_6$) 등

(2) 전해질의 종류

① **강전해질** : 용매(보통 물)에 녹였을 때 거의 완전히 이온화되는 물질

㉮ 용액의 희석과 상관없이 보통 농도의 수용액에서도 거의 완전히 이온화한다.

㉯ 전리도(이온화도)가 크다.

예 강산(HCl, H_2SO_4, HNO_3, $HClO_4$ 등), 강염기[$NaOH$, KOH, $Ca(OH)_2$ 등], 가용성 염($NaCl$, $CaCl_2$ 등)

② **약전해질** : 용매(보통 물)에 녹였을 때 조금만 이온화되는 물질

㉮ 용액을 희석하여 농도가 묽어질수록 이온화가 잘 된다.

㉯ 전리도(이온화도)가 작다.

예 약산(CH_3COOH, H_2CO_3, HF 등), 약염기[NH_3, $Mg(OH)_2$ 등], 난용성 염($AgCl$, $CaSO_4$ 등)

(3) 전리도(이온화도)

용액 내에서 용질의 전체 분자수에 대한 전리된 분자수의 비율, 또는 전체 몰농도에 대한 전리된 몰농도의 비율을 전리도라고 한다.

$$\text{전리도}(a) = \frac{\text{전리된 분자수}}{\text{전체 분자수}} = \frac{\text{전리된 몰농도}}{\text{전체 몰농도}}$$

예제 07 **어떤 전해질 5mol이 녹아 있는 용액 중에서 0.2mol이 전리되었다면 전리도는 얼마인가?**

▶▶ $\text{전리도} = \frac{\text{전리된 분자수}}{\text{전체 분자수}}$

$= \frac{0.2}{5}$

$= 0.04$

---

(4) 이온화상수(전리상수)

산과 염기의 이온화상수와 같이, 전해질이 용액 내에서 이온화되어 이온화평형을 이루고 있을 때의 평형상수를 이온화상수 또는 전리상수라고 한다.

예를 들어, 어떤 전해질이 다음과 같은 이온화평형 상태에 있다고 할 때 이온화상수는 다음과 같다.

$$AB \rightleftarrows A^+ + B^-$$

$$\text{이온화상수 } K = \frac{[A^+][B^-]}{[AB]}$$

여기서, $[AB]$, $[A^+]$, $[B^-]$: 각 화학종의 농도

※ 이온화상수의 값이 크면 강전해질이고, 작으면 약전해질이다.

(5) 활동도(Activity)

이온평형의 경우에는 같은 용액 내에 공존하는 다른 전해질이 화학평형에 영향을 끼쳐 평형상수값이 달라지므로 평형상수식을 농도 대신 활동도로 나타내야 한다.

$$\text{활동도 } A_c = \gamma_C[C]$$

여기서, γ_C : 화학종 C의 활동도계수

$[C]$: 화학종 C의 농도

① 활동도는 용액 중에 녹아 있는 화학종의 유효농도 또는 실제 농도를 나타낸다.

② 활동도계수는 화학종이 포함된 평형에서 그 화학종이 평형에 미치는 영향의 척도이다.

③ 전하를 띠지 않는 중성분자의 활동도계수는 1이다.

핵심요점 5 양이온 정성분석

양이온 정성분석은 금속이온의 각종 화학반응(산 · 염기 반응, 산화 · 환원 반응, 침전반응, 착물형성반응 등)을 토대로 하여 혼합용액으로부터 각 이온을 분리시키고 확인하는 분석방법의 한 종류이다.

여기서는 침전반응을 이용한 양이온 계통분석에 대해 알아본다.

(1) 양이온 계통분석

일반적인 화학반응에 많이 이용되는 약 25종의 양이온들을 이들 화합물의 용해도를 고려하여 6족으로 분류하고, 순차적으로 적당한 침전시약을 가했을 때 침전되는 것과 이온으로 용해되는 것들을 나누어 각 족을 구분하고, 각 족의 양이온들을 다시 침전 여부로 분리시키고 확인하는 방법을 양이온 계통분석이라 한다.

① 양이온의 분류

구 분	정 의
양이온 제1족	염화물 침전을 형성하는 이온들
양이온 제2족	산성 용액에서 황화물 침전을 형성하는 이온들
양이온 제3족	암모니아 완충용액에서도 수산화물 침전을 형성하는 이온들
양이온 제4족	염기성 용액에서 황화물 침전을 형성하는 이온들
양이온 제5족	탄산염 침전을 형성하는 이온들
양이온 제6족	좀처럼 침전을 형성하지 않는 이온들

② 분족시약(group reagent) : 각 족별 침전반응에 사용되는 침전시약

③ 분석은 일반적으로 양이온 제1족→제2족→제3족… 순으로 순차적으로 진행한다.

④ 양이온을 구분하는 족은 주기율표의 족과는 상관이 없는 다른 의미의 족이다.

▌양이온의 분류▐

족		양이온	분족시약	침 전
제1족		Ag^{+}, Pb^{2+}, Hg_2^{2+}	묽은 HCl	염화물
제2족	구리족	Pb^{2+}, Bi^{3+}, Cu^{2+}, Cd^{2+}, Hg^{2+}	H_2S(0.3N-HCl)	황화물 (산성 조건)
	주석족	As^{3+} 또는 As^{5+}, Sb^{3+} 또는 Sb^{5+}, Sn^{2+} 또는 Sn^{4+}		
제3족		Fe^{2+}, Fe^{3+}, Al^{3+}, Cr^{3+}	$NH_4OH(NH_4Cl)$	수산화물
제4족		Co^{2+}, Ni^{2+}, Mn^{2+}, Zn^{2+}	H_2S와 NH_4OH	황화물 (염기성 조건)
제5족		Ba^{2+}, Sr^{2+}, Ca^{2+}	$(NH_4)_2CO_3(NH_4OH)$	탄산염
제6족		Mg^{2+}, K^{+}, Na^{+}, NH_4^{+}	없음	없음

(2) 족별 침전반응

① 양이온 제1족

- 분족시약 : $HCl \rightarrow H^{+}+Cl^{-}$

㉮ $Ag^{+}+Cl^{-} \rightarrow AgCl\downarrow$ (흰색)

㉯ $Pb^{2+}+2Cl^{-} \rightarrow PbCl_2\downarrow$ (흰색)

㉰ $Hg_2^{2+}+2Cl^{-} \rightarrow Hg_2Cl_2\downarrow$ (흰색)

② 양이온 제2족

- 분족시약 : $H_2S \rightleftarrows 2H^{+}+S^{-}$와 0.3N-HCl

㉮ $Pb^{2+}+S^{2-} \rightarrow PbS\downarrow$ (검은색)

㉯ $2Bi^{3+}+3S^{2-} \rightarrow Bi_2S_3\downarrow$ (흑갈색)

㉰ $Cu^{2+}+S^{2-} \rightarrow CuS\downarrow$ (검은색)

㉱ $Cd^{2+}+S^{2-} \rightarrow CdS\downarrow$ (노란색)

㉲ $Hg^{2+}+S^{2-} \rightarrow HgS\downarrow$ (검은색)

㉳ $2As^{3+}+3S^{2-} \rightarrow As_2S_3\downarrow$ (노란색)

㉴ $2Sb^{3+}+3S^{2-} \rightarrow Sb_2S_3\downarrow$ (주황색)

㉵ $Sn^{2+}+S^{2-} \rightarrow SnS\downarrow$ (갈색)

③ 양이온 제3족

- 분족시약 : $NH_4OH \rightleftarrows NH_4^{+}+OH^{-}$와 NH_4Cl

㉮ $Fe^{3+}+3OH^{-} \rightarrow Fe(OH)_3\downarrow$ (갈색)

㉯ $Fe^{2+}+2OH^{-} \rightarrow Fe(OH)_2\downarrow$ (흰색)

㉰ $Al^{3+}+3OH^{-} \rightarrow Al(OH)_3\downarrow$ (흰색)

㉱ $Cr^{3+}+3OH^{-} \rightarrow Cr(OH)_3\downarrow$ (회녹색)

④ 양이온 제4족

- 분족시약 : $H_2S \rightleftarrows 2H^{+}+S^{-}$와 NH_4OH

㉮ $Co^{2+}+S^{2-} \rightarrow CoS\downarrow$ (검은색)

㉯ $Ni^{2+}+S^{2-} \rightarrow NiS\downarrow$ (검은색)

㉰ $Mn^{2+}+S^{2-} \rightarrow MnS\downarrow$ (연한 주황색)

㉱ $Zn^{2+}+S^{2-} \rightarrow ZnS\downarrow$ (흰색)

⑤ 양이온 제5족

- 분족시약 : $(NH_4)_2CO_3 \rightleftarrows 2NH_4^{+}+CO_3^{2-}$와 NH_4OH

㉮ $Ba^{2+}+CO_3^{2-} \rightarrow BaCO_3\downarrow$ (흰색)

㉯ $Sr^{2+}+CO_3^{2-} \rightarrow SrCO_3\downarrow$ (흰색)

㉰ $Ca^{2+}+CO_3^{2-} \rightarrow CaCO_3\downarrow$ (흰색)

⑥ 양이온 제6족 : 침전시키는 분족시약이 없다.

(3) 족별 분석방법

① 양이온 제1족

㉮ 양이온 혼합용액에 6N HCl을 가한 후 침전물(염화물)을 거른다.

㉯ 침전물을 뜨거운 물에 녹인다. → $PbCl_2$만 녹는다. → K_2CrO_4 또는 H_2SO_4로 확인한다.

- $Pb^{2+} + CrO_4^{2-} \rightarrow PbCrO_4 \downarrow$ (노란색)
- $Pb^{2+} + H_2SO_4 \rightarrow PbSO_4 \downarrow$ (흰색) $+ 2H^+$

㉰ 남은 침전물(AgCl, Hg_2Cl_2)에 암모니아수(NH_4OH)를 가한다. → $Ag(NH_3)_2^{2+}$ 착이온 형성으로 AgCl만 녹는다. → 6N HNO_3를 첨가한다. → $Ag(NH_3)_2^{2+}$ 착이온이 파괴되어 다시 AgCl↓(흰색)을 생성한다.

㉱ Hg_2Cl_2은 $HgNH_2Cl$과 Hg이 혼합된 회색 고체로 남는다.

② 양이온 제2족

㉮ 1족 분석 후 남은 용액에 H_2S와 0.3N HCl를 가한 후 침전물(황화물)을 거른다.

※ 염산의 농도가 너무 묽으면 제4족 양이온이 황화물로 침전할 수 있으므로 약산성 상태를 유지할 수 있도록 주의한다.

㉯ 침전물을 0.1N NH_4Cl과 H_2S로 세정한다. → 주석족만 녹고 구리족은 침전으로 남는다.

㉰ 구리족 침전은 6N HNO_3을 첨가하고 가열하면 녹는데, 진한 황산을 가하고 흰 연기가 날 때까지 증발 · 건조시켜 질산을 제거한 후 확인반응을 진행한다.

③ 양이온 제3족

㉮ 2족 분석 후 남은 용액을 가열하여 잔여 H_2S를 제거하고 NH_4OH과 NH_4Cl을 가한 후 침전물(수산화물)을 거른다.

※ 염기성 용액에서 양이온 제5족의 황화물 침전 형성을 방지하기 위하여 잔여 H_2S를 확실하게 제거해 주어야 한다.

㉯ pH 6.0~8.0의 암모니아 완충용액에서 침전이 가장 잘 생성된다.

㉰ NH_4Cl은 $Al(OH)_3$이 콜로이드로 되는 것을 방지하는 역할을 한다.

㉱ Fe^{3+}의 확인은 $K_4Fe(CN)_6$과의 반응으로 청색 침전을 형성하는 것으로 알 수 있다.

④ 양이온 제4족

㉮ 3족 분석 후 남은 용액에 H_2S와 NH_4OH을 가한 후 침전물(황화물)을 거른다.

㉯ 2족과는 산성도의 차이로 나누어져 4족으로 분류된다.

㉰ Ni^{2+}의 확인은 다이메틸글리옥심(dimethylglyoxime)과의 반응을 통해 빨간색 침전을 형성하는 것으로 알 수 있으며, 발견자의 이름을 따서 추가에프 반응이라고 한다.

⑤ 양이온 제5족

㉮ 4족 분석 후 남은 용액에 $(NH_4)_2CO_3$과 NH_4OH을 가한 후 침전물(탄산염)을 거른다.

㉯ CH_3COOH로 $SrCO_3$, $BaCO_3$ 및 $CaCO_3$을 모두 녹인다.

㉰ 위 용액에 K_2CrO_4을 가하여 $BaCrO_4$↓(노란색) 형성으로 Ba^{2+}을 확인한다.

⑥ 양이온 제6족

㉮ 공통으로 침전시키는 분족시약이 없으므로 각각의 확인반응으로 분석한다.

㉯ 불꽃반응 : Na^+(노란색), K^+(보라색)

㉰ 리트머스 종이 : NH_4^+(푸른색)

㉱ $(NH_4)_2HPO_4$과 NH_4OH : Mg^{2+}과 반응하여 흰색 침전 형성

핵심요점 6 음이온 정성분석

음이온은 적절한 분족시약을 찾기 어려워 양이온과 같이 전체적인 계통분석은 할 수 없으므로 몇 개의 이온에 공통으로 반응하는 침전반응이나 각 이온에 맞는 침전반응을 통해 확인한다.

① $Ba(NO_3)_2$ 또는 $Ca(NO_3)_2$: SO_4^{2-}, SO_3^{2-}, CrO_4^{2-}, $C_2O_4^{2-}$ 등의 침전에 이용

※ 단, 황산바륨($BaSO_4$)의 침전을 얻기 위해서는 질산기가 황산바륨의 용해도를 크게 하기 때문에 $BaCl_2$를 사용해야 하며, Fe^{3+}은 황산바륨의 침전물에 흡착하기 쉽기 때문에 황산바륨의 침전물을 생성시키기 전에 제거해 주어야 한다.

② $AgNO_3$: I^-, Cl^-, Br^-, NCS^- 등의 침전에 이용

③ HCl : CO_3^{2-}의 확인에 이용

※ $CO_3^{2-} + 2HCl \rightarrow CO_2 + H_2O + Cl^-$ 반응으로 이산화탄소가스를 발생시킨다.

④ $Zn(CH_3COO)_2$: S^{2-}, $Fe(CN)_6^{4-}$, $Fe(CN)_6^{3-}$, CN^- 등의 침전에 이용

핵심요점 7 적정법의 개요

적정법은 분석물질과 화학양론적으로 반응하는 데 필요한 적정시약의 부피를 측정하여 이 부피로부터 분석물질의 양을 결정하는 방법이다.

(1) 적정

① 적정은 분석물질과 시약 사이의 반응이 완결되었다고 판단될 때까지 표준시약을 가하는 과정이다.

② 적정법에는 산 · 염기 적정, 산화 · 환원 적정, 킬레이트(착물 형성) 적정, 침전 적정 등이 있다.

③ 적정법은 화학조성과 순도가 정확하게 알려진 1차 표준물질에 근거한다.

(2) 1차 표준물질(primary standard substance)

1차 표준물질이란 순수하고 쉽게 변하지 않아 그 양을 정확히 알고 있는 물질로, 적정법에서 기준물질로 사용되는 물질이다.

① 순도가 99.9% 이상으로, 시약의 무게를 재면 곧바로 사용할 수 있을 정도로 조성이 순수하고 일정해야 한다.
② 건조 중 조성이 변하지 않아야 하며, 실온과 대기 중에서는 무한히 안정해야 한다.
③ 습기, CO_2 등의 흡수가 없어야 한다.
④ 가급적 큰 분자량을 가져야 질량 측정 시 상대오차가 작아진다.
⑤ 적정 매질에서 용해도가 커야 표준용액을 쉽게 만들 수 있다.

(3) 표준용액과 적정반응의 요건

① 표준용액 또는 표준적정시약은 적정법 분석에 사용되는 농도를 알고 있는 용액이다.
② 적정에서 표준용액은 분석물질과 빠르게 선택적으로 반응해야 한다.
③ 분석물질은 화학양론적으로 반응이 완결되어야 하므로 평형상수 K가 커야 한다.
④ 부반응 또는 역반응이 일어나지 않아야 한다.
⑤ 반응의 종말점을 외부에서 명확하게 인정할 수 있어야 한다.

(4) 당량점과 종말점

① **당량점(equivalence point)** : 분석물질과 가해준 적정액의 화학양론적 양이 정확하게 동일한 점으로 이론적인 값을 말하며, 적정에서 얻고자 하는 이상적인 결과이다.
② **종말점(end point)** : 용액의 물리적 성질이 갑자기 변하는 점으로, 실질적으로 적정이 끝난 점을 말한다. 보통 지시약이 변색되는 것을 기준으로 나타나는 적정의 끝지점이다.
③ **적정오차** : 당량점과 종말점의 차이를 적정오차라 하며, 적정오차는 바탕 적정(blank titration)을 통해 보정할 수 있다.

(5) 적정법의 종류

① **직접 적정** : 적정시약(titrant)을 시료에 가하면서 지시약의 색이 바뀌는 부피를 직접 관찰하는 방법이다.
② **역적정** : 분석물질에 농도를 알고 있는 첫 번째 표준용액을 과량 가해 분석물질과의 반응이 완결된 다음 두 번째 표준시약을 가하여 첫 번째 표준용액의 남은 양을 적정하는 방법으로, 분석물과 표준시약 사이의 반응속도가 느리거나 표준시약이 불안정할 때 자주 사용한다.
③ **바탕 적정(blank test, 공실험)** : 적정오차를 보정하기 위해 분석물질만 빼고 똑같은 적정 과정을 실행하는 것이다.

(6) 지시약(indicator)

적정이 완결되는 부근에서 물리적 특성이 갑자기 변하는 화합물이다.

핵심요점 8 침전 적정

분석물질을 침전시켜 적정하는 방법으로, 정량해야 할 이온과 화학양론적으로 반응해서 난용성 침전이 생기는 물질을 적정제로 하여 그 표준액을 사용해서 적정을 한다.

은 적정, 수은(I) 적정, 티오시안산염 적정, 페로시안화물 적정 등이 있다.

(1) 은법 적정(은 적정)

할로겐족 원소인 염소, 불소, 요오드의 각 이온을 질산은($AgNO_3$) 표준용액으로 적정하는 것으로, Ag^+으로 적정하는 것을 말한다.

(2) 침전 적정(은법 적정)의 종류

① 모르(Mohr)법

염소이온(Cl^-)을 질산은($AgNO_3$) 용액으로 적정할 때 중성용액하에서 지시약으로 크롬산염(K_2CrO_4)을 사용하는 방법으로, 종말점에서 K_2CrO_4이 과량의 은이온과 반응하여 붉은색 침전을 형성한다.

㉮ 적정 반응 : $Ag^+ + Cl^- \rightarrow AgCl(s,$ 흰색$)$

㉯ 지시약 반응 : $2Ag^+ + K_2CrO_4 \rightarrow Ag_2CrO_4(s,$ 붉은색$) + 2K^+$

② 폴하르트(Volhard)법

질산(HNO_3) 산성 용액 안의 염소이온(Cl^-)을 과량의 표준 질산은($AgNO_3$) 용액으로 모두 침전시켜 걸러낸 후 남아 있는 Ag^+을 표준 KSCN(티오시안산칼륨) 용액으로 역적정하는 방법으로, Fe^{3+}을 지시약으로 사용한다. 종말점에서 Fe^{3+}는 SCN^-과 반응하여 붉은색 착물을 형성한다.

㉮ 침전 반응 : $Ag^+ + Cl^- \rightarrow AgCl(s,$ 흰색$)$

㉯ 역적정 반응 : $Ag^+ + SCN^- \rightarrow AgSCN(s)$

㉰ 지시약 반응 : $Fe^{3+} + SCN^- \rightarrow FeSCN^{2+}$(붉은색 착물)

③ 파얀스(Fajans)법

플루오레세인, 다이클로로플루오레세인, 에오신, 브로모페놀블루와 같은 흡착 지시약을 사용하는 방법으로, 종말점에서 지시약이 침전물 표면에 흡착되면 색깔이 변한다.

핵심요점 9 산 · 염기 적정

산 · 염기 적정은 중화반응을 이용하여 모르는 산 또는 염기 수용액의 농도를 알아내는 방법으로 중화적정이라고도 한다.

(1) 중화반응

① **정의** : 산과 염기가 반응하여 염과 물을 생성하는 반응을 말한다.

$$\text{산} + \text{염기} \rightarrow \text{염} + \text{물}$$

예 $HCl + NaOH \rightarrow NaCl + H_2O$
$H_2CO_3 + Ca(OH)_2 \rightarrow CaCO_3 + 2H_2O$

② **알짜이온반응식**

$$H^+ + OH^- \rightarrow H_2O$$

③ **중화반응의 양적 관계**

$$H^+\text{의 몰수} = OH^-\text{의 몰수}$$
$$nMV = n'M'V'$$
$$NV = N'V' \ (\because N = nM)$$

여기서, n, n' : 산 · 염기의 가수
M, M' : 산 · 염기의 몰농도
V, V' : 산 · 염기의 부피
N, N' : 산 · 염기의 규정농도

산 · 염기의 가수
산이나 염기 한 분자가 내놓을 수 있는 H^+ 또는 OH^-의 개수를 의미한다.
- 가수가 1인 산 · 염기 : HCl, HNO_3, $NaOH$, KOH 등
- 가수가 2인 산 · 염기 : H_2CO_3, H_2SO_4, $Ca(OH)_2$, $Mg(OH)_2$ 등

(2) 염의 종류

염을 구성하는 이온 중에 수소이온(H^+)이나 수산화이온(OH^-)이 포함되어 있는지에 따라 나누어지며, 수용액의 액성과는 무관하다.

① **정염(중성염)** : 수소이온이나 수산화이온이 포함되지 않은 염

예 $NaCl$, $CaCO_3$, $MgSO_4$

② **산성염** : 수소이온이 포함되어 있는 염

예 $NaHCO_3$, $NaHSO_4$, K_2HPO_4

③ 염기성염 : 수산화이온이 포함되어 있는 염

예 $Ca(OH)Cl$, $Mg(OH)Cl$

(3) 염의 가수분해

염이 수용액에서 이온화할 때 생기는 이온의 일부가 물과 반응하여 수소이온(H^+)이나 수산화이온(OH^-)을 냄으로써 수용액이 산성이나 염기성을 나타내는 것을 가수분해라 한다.

① 약염기와 강산의 반응으로 생성된 염

가수분해되어 산성을 나타낸다.

예 NH_4Cl, NH_4NO_3

$NH_4Cl \rightarrow NH_4^+ + Cl^-$, $NH_4^+ + H_2O \rightarrow NH_3 + H_3O^+$(산성)

② 약산과 강염기의 반응으로 생성된 염

가수분해되어 염기성을 나타낸다.

예 CH_3COONa, $NaHCO_3$, K_2HPO_4

$CH_3COONa \rightarrow CH_3COO^- + Na^+$, $CH_3COO^- + H_2O \rightarrow CH_3COOH + OH^-$(염기성)

(4) 산 · 염기 지시약

지시약은 그 자체가 H^+의 결합과 해리에 따라 서로 다른 색깔을 띠는 여러 가지 양성자성 화학종의 산 또는 염기이다.

① 지시약의 원리

산 · 염기 지시약의 색 변화는 다음과 같은 평형에 의해 산성 용액에서는 주로 HIn의 형태로, 염기성에서는 주로 In^-의 형태로 존재함에 따라 일어난다.

$$\text{HIn(산성 색)} + H_2O \rightleftarrows H_3O^+ + In^- \text{(염기성 색)}$$

$$K_a = \frac{[H_3O^+][In^-]}{[HIn]}$$

② 지시약 오차

종말점을 지시약의 변색으로 관찰했을 때의 적정오차를 지시약 오차라 하며, 지시약은 그 자체가 산 또는 염기로서 분석물질 또는 적정용액과 반응하므로 지시약의 몰수가 분석물질의 몰수에 비해 무시할 수 있을 정도의 양만 첨가해야 한다.

③ 지시약의 선택

지시약은 그 색깔 변화가 당량점에서의 이론적 pH에 최대한 근접하는 것을 선택하는 것이 바람직하다.

| 적정에 따른 산 · 염기 지시약의 선택 |

지시약	변색범위	적정 형태
• 메틸오렌지 • 브로모크레졸그린 • 메틸레드	산성에서 변색	• 약염기를 강산으로 적정하는 경우 • 약염기의 짝산이 약산으로 작용 • 당량점에서 pH<7
• 브로모티몰블루 • 페놀레드	중성에서 변색	• 강산을 강염기로, 또는 강염기를 강산으로 적정하는 경우 • 짝산 · 짝염기가 산 · 염기로 작용 못함 • 당량점에서 pH=7
• 크레졸퍼플 • 페놀프탈레인 • 알리자린옐로 GG	염기성에서 변색	• 약산을 강염기로 적정하는 경우 • 약산의 짝염기가 약염기로 작용 • 당량점에서 pH >7

(5) 1차 표준물질

염기 표준액의 1차 표준물질	산 표준액의 1차 표준물질
• 프탈산수소칼륨($C_6H_4COOKCOOH$) • 옥살산($H_2C_2O_4$) • 설파민산($HOSO_2NH_2$) • 벤조산(C_6H_5COOH) • 아이오딘산수소칼륨[$KH(IO_3)_2$]	• TRIS[트리스(하이드록시메틸)아미노메테인] • 산화수은(HgO) • 탄산나트륨(Na_2CO_3) • 붕사($Na_2B_4O_7 \cdot 10H_2O$, 사붕산나트륨10수화염)

(6) 완충용액

완충용액이란 산이나 염기가 첨가되어도 르샤틀리에의 원리에 의해 pH 변화가 거의 없는 용액이다.

① '약산+그 짝염기의 염' 또는 '약염기+그 짝산의 염'으로 만들 수 있다.

예 $CH_3COOH + CH_3COO^-Na^+$
$NH_3 + NH_4^+Cl^-$

② 완충작용

약산 HA가 다음과 같은 평형을 이루고 있을 때,

$HA + H_2O \rightleftarrows H_3O^+ + A^-$

완충용액에는 HA와 A^-가 공존하고 있으므로,

㉮ 강산이 첨가되면 : [H_3O^+]가 증가하므로 역반응이 진행되어 A^-가 HA로 바뀐다.

㉯ 강염기가 첨가되면 : [H_3O^+]가 감소하므로 정반응이 진행되어 HA가 A^-로 바뀐다.

따라서, 강산이나 강염기를 너무 많이 첨가하여 HA나 A^-가 모두 소모되지 않는 한 헨더슨-하셀바흐 식의 로그항의 변화가 크지 않아 pH의 변화도 크지 않게 된다.

핵심요점 10 킬레이트(EDTA) 적정

분석물질인 금속이온과 여러 자리 리간드의 킬레이트 반응을 이용해 분석성분을 정량하는 방법으로, 주로 EDTA 표준용액을 사용한다.

(1) 금속 킬레이트

① 킬레이트는 두 자리 이상의 리간드가 중심 금속이온과 배위결합하여 고리모양을 이룬 착화합물이다.

예

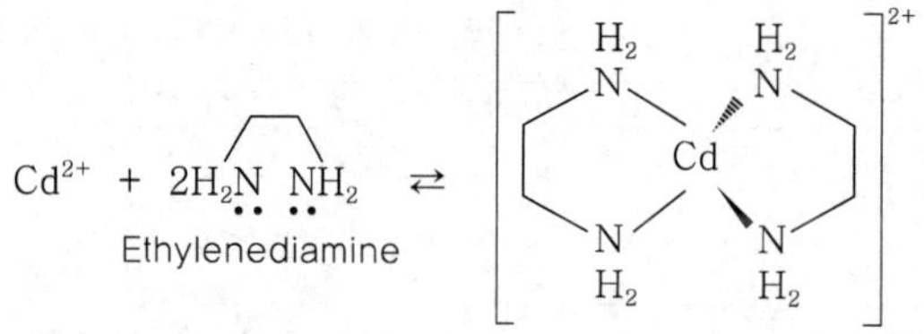

Cd^{2+} + $2H_2N\ NH_2$ ⇄ $[Cd(H_2N-CH_2-CH_2-NH_2)_2]^{2+}$

Ethylenediamine

두 자리 리간드　　　킬레이트

② 금속은 전자쌍을 받으므로 루이스(Lewis) 산이다.

③ 리간드는 전자쌍을 주므로 루이스(Lewis) 염기이다.

④ 여러 자리(multidentate) 리간드가 한 자리(monodentate) 리간드보다 금속과 강하게 결합한다.

착화합물(착물)

중심 금속이온에 리간드(비공유 전자쌍을 갖는 분자나 이온)가 배위결합하여 생성된 이온인 착이온을 포함하는 물질을 말한다.

예

$Cu^{2+} + 4:NH_3 \rightarrow [Cu(NH_3)_4]^{2+}$ ⟶ $[Cu(NH_3)_4]^{2+}$ (H_3N, NH_3, H_3N, NH_3 → Cu)

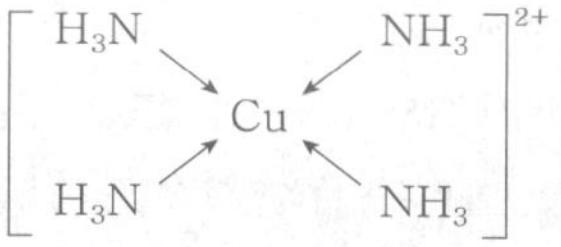

사암민구리(Ⅱ)이온

(2) EDTA 적정

① EDTA(Ethylenediaminetetraacetic acid)는 여섯 자리 리간드이다.

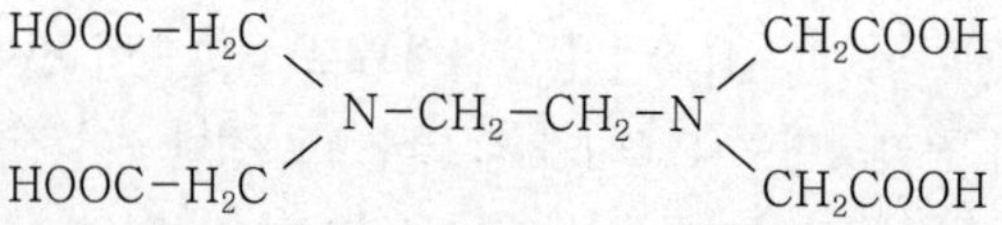

$$(HOOC-H_2C)_2N-CH_2-CH_2-N(CH_2COOH)_2$$

| EDTA |

② Li^+, Na^+, K^+와 같은 1가 양이온을 제외한 모든 금속이온과 전하와는 무관하게 1 : 1 착물을 형성한다.

③ EDTA 적정은 보통 pH 10 이상의 용액에서 진행되는데, 적정의 진행에 따라 수소이온의 생성으로 인한 pH 변화를 조절하고 pH를 일정하게 유지하기 위하여 완충용액(buffer solution)을 사용한다.

※ 완충용액은 주로 $NH_4OH + NH_4Cl$ 용액을 사용한다.

(3) 금속 지시약

① 금속 지시약은 킬레이트 적정에서 당량점의 판정에 쓰이는 지시약이다.

② 유기염료로서 금속이온과 결합할 때 색깔이 변하는 화합물이다.

③ 금속이온과 결합하여 킬레이트를 형성하여 고유한 색을 나타낸다.

④ 지시약은 EDTA보다 약하게 금속과 결합해야 한다.

⑤ **금속 지시약의 종류**

㉮ EBT(Eriochrome Black T)

㉯ MX(Murexide)

㉰ PV(Pyrocatechol Violet)

㉱ Xylenol orange

㉲ PC(Phthalein Complexone)

(4) 가리움제(은폐제)

분석물질 중 어떤 성분이 EDTA와 반응하지 못하게 막는 시약으로, 한 원소를 분석하는 데 다른 원소가 방해하는 것을 막기 위해 가림을 이용한다.

대표적인 가리움제

대표적인 가리움제는 CN^-으로, Cd^{2+}과 Pb^{2+}을 포함하는 용액에 CN^-을 넣어주면 Cd^{2+}만 착물을 형성하여 Pb^{2+}만이 EDTA와 반응할 수 있게 된다.

핵심요점 11 산화 · 환원 적정

(1) 산화 · 환원 적정

① **산화** : 전자를 잃음, 산화수가 증가, 환원제로 작용, 환원성 물질로 작용

② **환원** : 전자를 얻음, 산화수가 감소, 산화제로 작용, 산화성 물질로 작용

③ **산화 · 환원 적정** : 산화제를 적정용액으로 써서 환원성 분석물질을 적정한다. 대부분의 환원제의 표준용액은 공기 중의 산소(O_2)와 반응하기 때문에 산화되는 분석물의 직접 적정에는 거의 사용되지 않는다.

(2) 과망간산칼륨($KMnO_4$)에 의한 산화

① 진한 자주색을 띤 산화제이다.

② 산성 용액에서 자체 지시약으로 작용한다.

③ 센 산성 용액에서 무색의 Mn^{2+}으로 환원된다.

$MnO_4^- + 8H^+ + 5e^- \rightleftarrows Mn^{2+} + 4H_2O$ (MnO_4^-에서 Mn의 산화수는 +7)

④ 분석액을 산성화하기 위해서는 황산(H_2SO_4)을 사용한다. 염산(HCl)은 산화되어 Cl_2가 발생하므로 사용하면 안 된다.

(3) 중크롬산칼륨($K_2Cr_2O_7$)에 의한 산화

① 주황색을 띠는 강력한 산화제이다.

② 일반적으로 산성 용액에서 초록색의 크롬(Ⅲ)이온(Cr^{3+})으로 환원된다.

$Cr_2O_7^{2-} + 14H^+ + 6e^- \rightleftarrows 2Cr^{3+} + 7H_2O$ ($Cr_2O_7^{2-}$에서 Cr의 산화수는 +6)

(4) 요오드에 의한 산화 적정

① I_2는 센 환원제를 정량하는 데 사용되는 약한 산화제이다.

② 요오드 적정액은 I_2에 과량의 I^-가 첨가된 I_3^- 용액이다.

③ 녹말(전분)은 I_2와 반응하여 짙은 파란색을 나타내므로 녹말을 지시약으로 사용한다.

핵심요점 12 실험기구

(1) 주요 실험기구

① **피펫** : 가장 정확하게 시료를 채취할 수 있는 실험기구이다. 피펫 필러를 피펫에 끼워 일정량의 액체나 기체를 빨아올려 사용하며, 눈금이 있는 메스피펫과 눈금이 없는 홀피펫이 있다.

② **용량(메스)플라스크** : 정확한 농도의 표준용액을 제조할 때 사용하는 실험기구이다. 가늘고 긴 목에 표시선을 새겨 눈금을 정확하게 읽을 수 있다.

③ **뷰렛** : 적정 시 표준용액을 담아 첨가하는 데 사용하는 실험기구이다. 콕을 조절하여 필요한 양만큼 첨가할 수 있다.

④ **메스실린더** : 액체의 부피를 측정할 때 사용하는 실험기구이다.

⑤ **데시케이터** : 시약의 건조나 보존을 위해 사용하는 실험기구이다. 내부에 건조제를 넣고 뚜껑을 밀폐하여 건조시킨다.

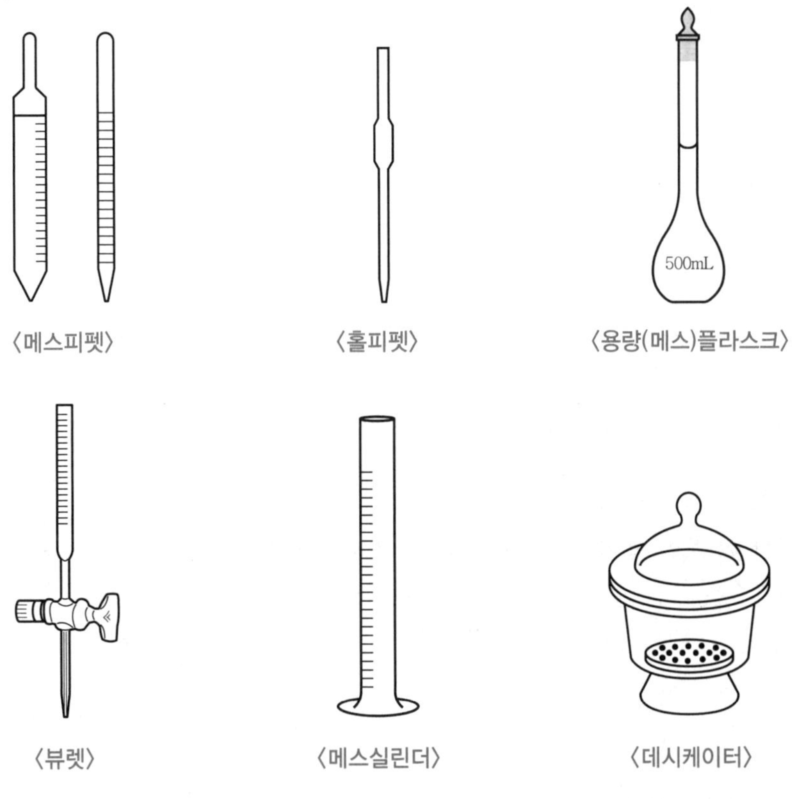

〈메스피펫〉 〈홀피펫〉 〈용량(메스)플라스크〉

〈뷰렛〉 〈메스실린더〉 〈데시케이터〉

▮ 주요 실험기구 ▮

(2) 유리기구의 취급방법

① 유리기구는 철제, 스테인리스강 등 금속으로 만든 실험실습기구와 따로 보관하며, 유리기구를 세척할 때에는 중크롬산칼륨과 황산의 혼합용액을 사용한다.

② 뷰렛, 메스실린더, 피펫 등 눈금이 표시된 유리기구는 가열하지 않는다.

③ 두꺼운 유리용기를 급격히 가열하면 파손되므로, 불에 서서히 가열한다.

④ 밀봉한 관이나 마개를 개봉할 때에는 내압이 걸려 있으면 내용물이 분출하거나 폭발하는 경우가 있으므로 주의한다.

⑤ 깨끗이 세척된 유리기구는 유리기구의 벽에 물방울이 없으며, 깨끗이 세척되지 않은 유리기구의 벽에는 물방울이 남아 있다.

⑥ 유리기구를 다룰 때에는 필히 안전수칙을 따른다.

제3과목 기기분석

핵심요점 ① 분광광도법의 개요

(1) 분광광도법의 정의

분광광도법은 광원에서의 빛을 프리즘 혹은 회절발을 이용하여 스펙트럼으로 나누어 시료물질에 투사하고, 그 시료의 광 흡수정도를 측정하여 그것으로부터 물질의 물리적인 성질을 정성 및 정량 분석하는 방법이다.

(2) 분광광도법의 구분

분광광도법은 빛을 흡수하는 입자가 원자인지 분자인지에 따라 원자흡수분광법과 분자흡수분광법으로 나뉘며, 분자흡수분광법에는 투사하는 빛의 종류에 따라 자외선-가시선(UV-VIS) 흡수분광법, 적외선(IR) 흡수분광법 등이 있다.

핵심요점 ② 빛의 성질

빛은 전기장과 자기장이 시간에 따라 변할 때 발생하는 파동으로서의 성질과 광자(photon)라는 불연속적인 에너지 입자의 흐름으로서의 성질을 동시에 가지는 전자기복사선(전자기파)이다.

(1) 파동성

① 파동의 표시

㉮ 파장(wave length, λ) : 파동에서 연속되는 두 개의 동일한 점 사이, 즉 마루에서 마루 또는 골에서 골 사이의 직선적 거리

㉯ 진폭(amplitude, A) : 진동의 중심으로부터 최대로 움직인 거리, 즉 진동 중심에서 마루나 골까지의 거리(최대변위)

㉰ 주기(period, T) : 한 파장이 지나는 데 걸리는 초 단위의 시간

㉱ 진동수(frequency, f) : 1초당 진동하는 수로 주파수라고도 하며, 단위는 Hz (Hertz, 헤르츠)이다. 주기의 역수$\left(\frac{1}{T}\right)$와 같다.

㉲ 파수(wave number, $\bar{\nu}$) : 파장(cm)의 역수(cm^{-1})이며, 적외선분광법에서 널리 사용한다.

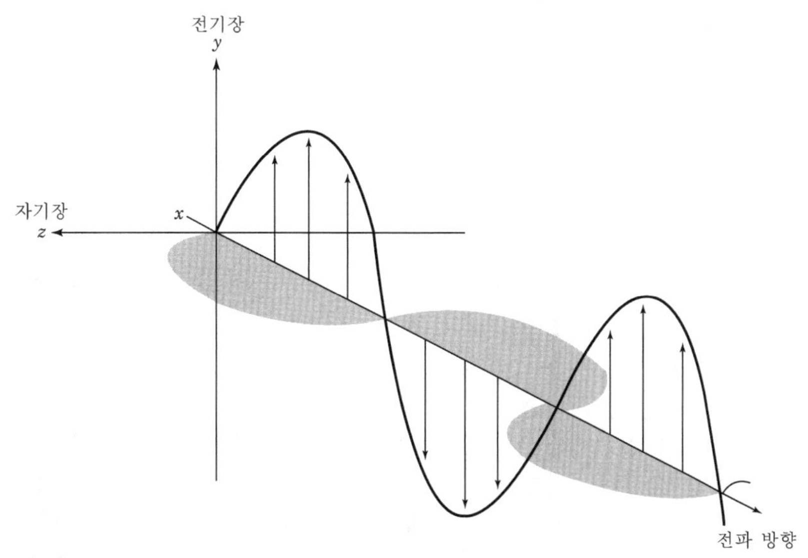

▌서로 90° 방향으로 나타나는 전기장과 자기장▐

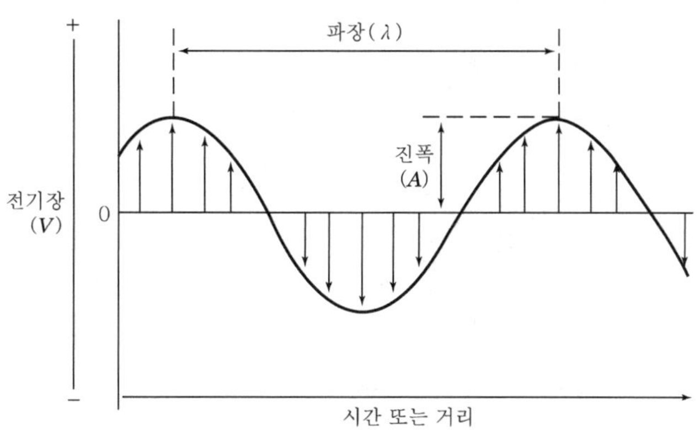

▌파동의 2차원적 표현▐

② 빛의 반사와 굴절

㉮ 반사(reflection) : 빛이 진행하다가 다른 매질의 경계면을 지날 때 항상 반사가 일어나는데, 물체에서 반사된 빛이 우리 눈에 들어옴으로써 물체를 볼 수 있다.

㉯ 굴절(refraction) : 상태가 다른 두 매질 사이의 경계면을 빛이 비스듬히 통과하면 진행방향이 변하는데, 이를 굴절이라고 한다.

③ 빛의 간섭과 회절

㉮ 간섭(interference) : 똑같은 두 파동이 진행 도중 서로 만나면 두 파동이 서로 중첩되어 합성파의 진폭이 달라져 더 강해지거나 약해지는 현상이다. 빛의 경우 두 광파의 위상차에 의해 어둡게 보일 때와 밝게 보일 때가 있는데, 이를 빛의 간섭이라 한다.

㉯ 회절(diffraction) : 파동이 진행 도중 장애물을 만나면 그 주위를 돌아서 진행하여 장애물의 뒷부분에까지 전달되는 현상으로, 빛을 좁은 슬릿이나 작은 구멍에 통과시키면 회절되어 밝고 어두운 띠 모양의 간섭무늬를 볼 수 있다.

※ 간섭과 회절은 입자들의 충돌에서는 볼 수 없는 파동만의 특성으로, 파동 이론으로만 명확하게 설명할 수 있다.

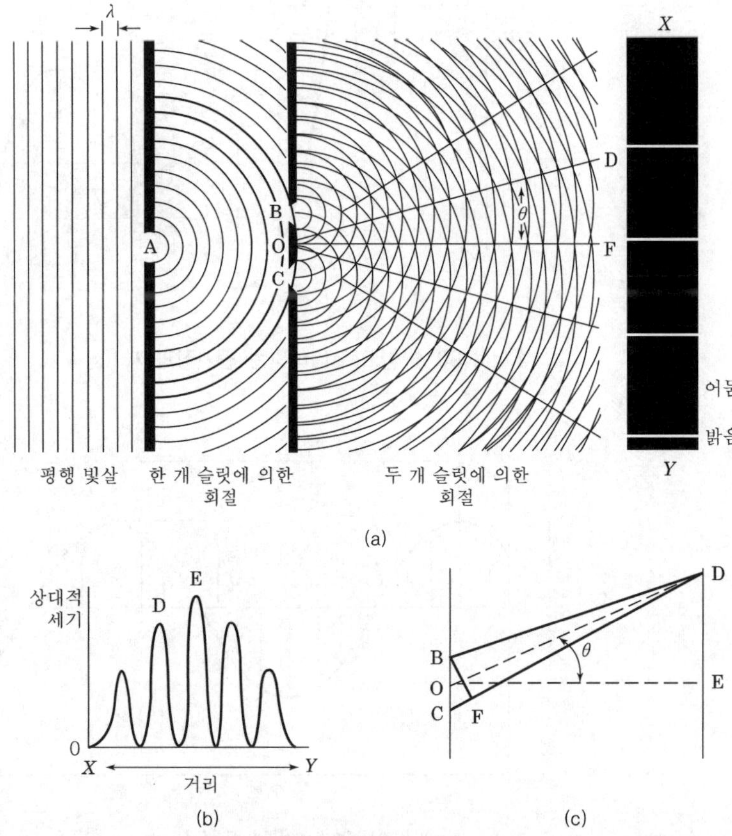

▮슬릿에 의한 단색 복사선의 회절▮

④ 편광

빛(자연광)은 여러 가지 파장의 빛이 모여 있고 가능한 모든 방향으로 진동하는데, 편광판을 통과시키면 빛의 진동면이 같은 것으로만 이루어진 빛이 되며, 이를 편광이라 한다.

(2) 입자성

① 광전효과(photoelectric effect)

㉮ 금속 표면에 파장이 짧은 빛이 닿으면 빛의 에너지를 흡수하여 금속 중의 자유전자가 표면에서 방출되는 현상이다.

㉯ 광전효과의 여러 가지 성질들은 빛의 파동성으로는 설명할 수 없으며, 빛을 광자라는 불연속적인 에너지 입자의 흐름으로 가정했을 때 설명할 수 있다.

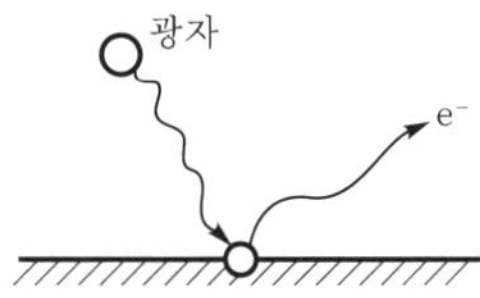

② 물질에 의한 흡수

원자, 분자 또는 이온은 일정한 수의 불연속적으로 양자화된 에너지준위를 가지고 있으며 한 화학종이 그 에너지 상태를 바꾸게 될 때 빛을 흡수 또는 방출하게 되는데, 이때 흡수하거나 방출하는 빛의 에너지는 두 에너지준위 사이의 에너지 차이와 같다.

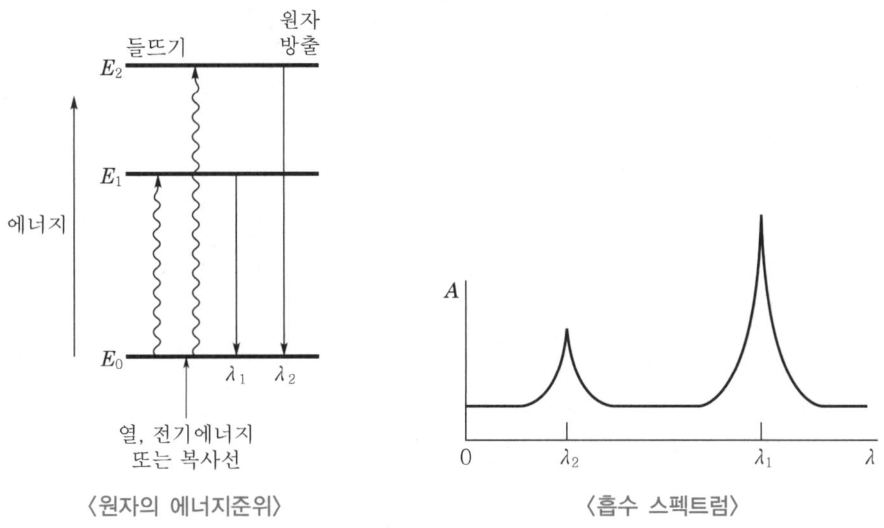

〈원자의 에너지준위〉 〈흡수 스펙트럼〉

▌원자의 에너지준위와 흡수 스펙트럼▐

(3) 전자기복사선

→ **파장 증가 · 에너지 감소**

γ-선	X-선	자외선	가시광선	적외선	마이크로파	라디오파
Gamma-ray	X-ray	Ultraviolet (UV)	Visible (VIS)	Infrared (IR)	Microwave	Radio wave

0.1Å 10nm 400nm 780nm 1mm 1m

• $1\mu m = 10^{-6}m$
• $1nm = 10^{-9}m$
• $1Å = 10^{-10}m$

핵심요점 3 람베르트-비어(Lambert-Beer)의 법칙

(1) 의의

람베르트-비어의 법칙은 흡광도는 농도에 비례함을 나타내는 비어(Beer) 법칙과 흡광도는 액층의 두께에 비례함을 나타내는 람베르트(Lambert) 법칙을 합한 법칙이다.

(2) 흡광도

흡광도(A)는 분석물질의 농도와 액층의 두께(셀의 길이)에 직접 비례한다는 법칙으로, 식으로 나타내면 다음과 같다.

$$A = \varepsilon bc$$

여기서, ε : 몰흡광계수
b : 액층의 두께
c : 시료의 농도

(3) 투광도

$$T = \frac{P}{P_0}$$

여기서, P_0 : 시료를 통과하기 전 빛의 세기
P : 시료를 통과한 후 빛의 세기

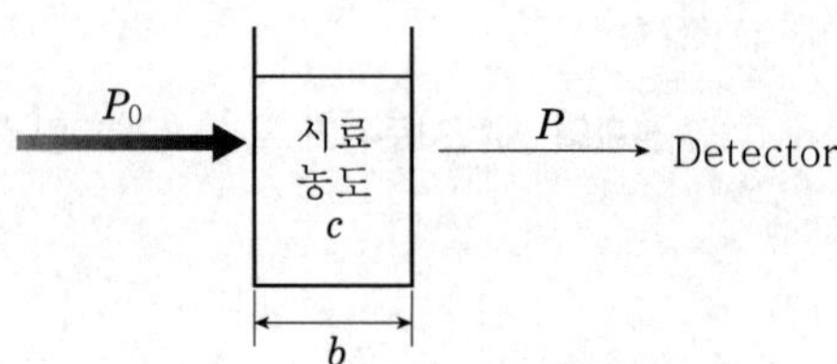

(4) 흡광도와 투광도 사이의 관계식

$$A = -\log T = \varepsilon bc$$

핵심요점 4 분광광도기 및 광학부품

(1) 분광광도계의 부분장치

① 안정한 복사에너지 광원
② 흡수용기
③ 제한된 스펙트럼을 제공하는 장치(파장 선택기)
④ 복사선 검출기

(2) 분광광도계의 구조

① **자외선-가시선 분광광도계**
연속광원을 쓰는 일반적인 자외선-가시선 분광광도계에서는 시료가 흡수하는 특정 파장의 흡광도를 측정해서 정량하는 것이므로 파장 선택기가 광원 뒤에 놓인다.
광원 → 파장 선택기 → 시료 → 검출기

② **원자 흡광광도계**
시료와 똑같은 금속에서 나오는 선광원을 쓰는 원자 흡광광도계에서는 광원보다 원자화 과정에서 발생되는 방해 복사선을 제거하는 것이 중요하므로 파장 선택기가 시료 뒤에 놓인다.
광원 → 시료 → 파장 선택기 → 검출기

(3) 광원과 시료용기

① **연속광원** : 넓은 범위의 파장을 포함하고 있으며 파장에 따라 세기가 변하는 복사선을 방출하는 광원으로, 대부분의 광원이 여기에 속한다.
② **선광원** : 매우 제한된 범위의 파장을 가진 한정된 수의 선 또는 띠의 복사선을 방출하는 광원으로, 속빈 음극등과 전극 없는 방전등, 수은 증기등과 나트륨 증기등이 여기에 속한다.
③ **복사선에 따른 광원과 시료용기**

구 분	자외선	가시광선	적외선
광원	수소(H_2) 방전등 중수소(D_2) 방전등 아르곤(Ar)등	텅스텐등 크세논(제논)등	네른스트 백열등 니크롬선 글로바
시료용기	용융실리카 석영	플라스틱 유리	KBr NaCl

(4) 파장 선택기

분광분석을 위해서는 분석물에 적합한 매우 좁은 폭의 파장을 가지는 빛(단색광)이 필요하다. 파장 선택기는 연속광원으로부터 나오는 넓은 범위의 혼합된 파장의 빛으로부터 좁은 띠나비를 가지는 제한된 영역의 파장의 복사선을 선택하는 장치로, 필터와 단색화 장치가 있다.

① 필터

㉮ 원하는 한 영역의 복사선 띠를 선택하는 장치이다.

㉯ 간섭필터, 간섭쐐기, 홀로그래피필터, 흡수필터 등이 있다.

② 단색화 장치

㉮ 광원으로부터 들어온 여러 파장의 빛을 각 파장별로 분산하여 한 가지 색에 해당하는 파장의 빛을 얻어내는 장치로, 단색광의 빛을 변화하면서 주사(scanning)할 수 있다.

㉯ 부분장치 : 부분장치에는 입구 슬릿, 평행화렌즈 또는 거울, 회절발 또는 프리즘, 초점장치, 출구 슬릿이 있다.

㉠ 슬릿 : 인접 파장을 분리하는 역할을 하는 장치로, 단색화 장치의 성능 특성과 품질을 결정하는 데 중요한 역할을 한다.

㉡ 회절발(회절격자) : 다이아몬드 기구에 의해 많은 수의 평행하고 조밀한 간격의 홈을 가지도록 만든 단단하고, 광학적으로 평평하며, 깨끗한 표면으로 구성된 장치로, 복사선을 그 성분 파장으로 분산시키는 역할을 한다.

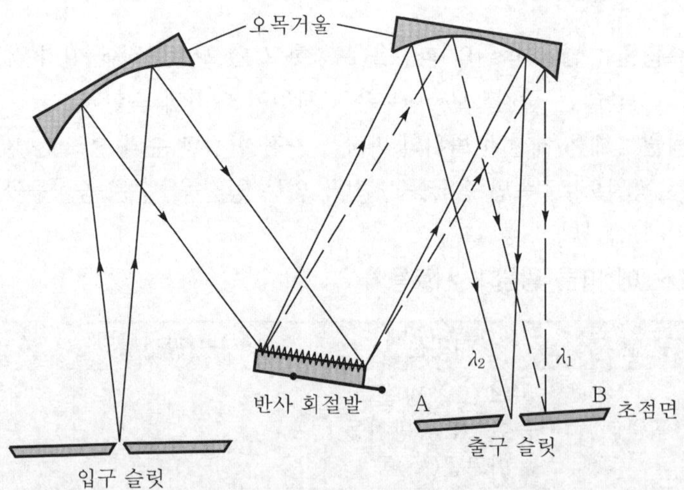

▌Czerney－Turner의 회절발 단색화 장치▐

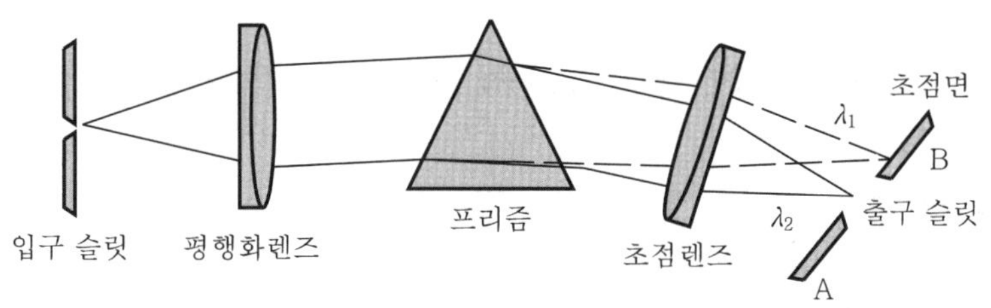

▌Bunsen의 프리즘 단색화 장치▐

(5) 복사선 검출기

빛을 전기적 신호로 바꾸는 장치로, 광자에 감응하는 광자검출기와 열에 감응하는 열검출기로 크게 2가지로 구분한다.

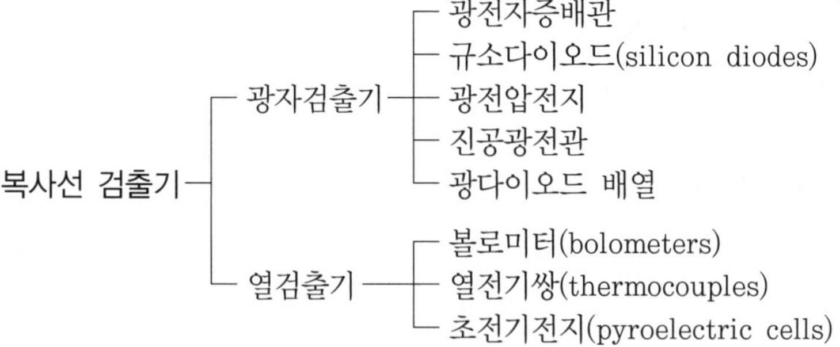

① 광자검출기

㉮ 복사선을 흡수하여 전자를 방출할 수 있는 활성표면을 가지고 있어서 복사선에 의해 광전류가 생성된다.

㉯ 가시선이나 자외선 및 근적외선을 측정하는 데 주로 사용된다.

② 열검출기

㉮ 열검출기는 복사선에 의한 온도변화를 감지한다.

㉯ 주로 적외선을 검출하는 데 이용되는데, 적외선의 광자는 전자를 광 방출시킬 수 있을 만큼 에너지가 크지 못하기 때문에 광자검출기로 검출할 수 없다.

핵심요점 5 원자흡수분광법(Atomic Absorption Spectrometry ; AAS)

원자흡수분광법이란 시료에 들어있는 원소들을 원자화 과정을 통해 기체 상태의 중성원자로 만들고 복사선을 투과시켜 바닥 상태에 있는 최외각 전자를 들뜨게 하여 흡수 스펙트럼을 얻어 분석원소를 정량하는 방법이다.

(1) 원자흡광광도계의 특징

① 공해물질의 측정에 사용된다.
② 금속의 미량 분석에 편리하다.
③ 조작이나 전처리가 비교적 용이하다.
④ 선택성이 좋으며, 감도가 좋다.
⑤ 방해물질의 영향이 비교적 적다.
⑥ 반복하는 유사 분석을 단시간에 할 수 있다.
⑦ 분석시료에 들어있는 한 가지 원소를 정량하는 데 가장 널리 사용된다.

(2) 광원

① **선광원** : 속빈 음극등, 전극 없는 방전등

속빈 음극등
Ne(네온)이나 Ar(아르곤) 등의 비활성 기체로 채워진 유리관에 텅스텐 양극과 분석하고자 하는 금속으로 이루어진 원통형 음극이 들어있다.

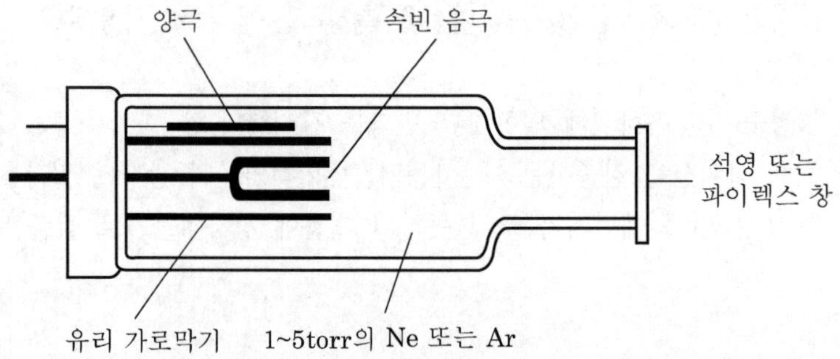

▮속빈 음극등의 단면도▮

② 광원의 방출 복사선이 한 원소만의 빛살이며, 그 원소의 원자만을 들뜨게 하므로 각 원소를 분석할 때마다 각각의 선광원이 필요하다.

(3) 원자화

```
├─ 불꽃 원자화
├─ 전열 원자화
└─ 찬 증기 원자화 → Hg 정량
```

① 불꽃 원자화

㉮ 시료용액을 기체연료와 혼합된 산화제 기체의 흐름에 의해 분무시켜 불꽃 속으로 도입시켜 원자화한다.

㉯ 불꽃 원자화 장치의 성능 특성

㉠ 재현성이 우수하다.

㉡ 감도와 시료 효율이 낮다.

㉢ 많은 시료가 폐기통으로 빠져나간다.

② 전열 원자화(불꽃 없는 원자화)

㉮ 시료를 양 끝이 열려 있고 중앙에 구멍이 있는 원통형 흑연관의 시료 주입구를 통해 마이크로 피펫으로 주입하고 전기로의 온도를 높여 원자화한다.

㉯ 장점

㉠ 산화작용을 방지할 수 있어 원자화 효율이 크다.

㉡ 감도가 매우 좋다.
(작은 부피의 시료도 측정 가능)

㉢ 시료를 전처리하지 않고 직접 원자화가 가능하다.
(고체 · 액체 시료를 용액으로 만들지 않고 직접 도입)

㉰ 단점

㉠ 분석과정이 느리다.
(가열하고 냉각하는 순환과정 때문)

㉡ 동일한 표준물질을 찾기 어려워 검정하기 어렵다.

㉢ 측정농도범위가 좁다.

※ 전열 원자화 장치는 불꽃이나 플라스마 원자화 장치가 적당한 검출한계를 나타내지 못할 경우에만 사용한다.

③ 찬 증기 원자화

찬 증기 원자화법은 오직 수은(Hg) 정량에만 이용하는 방법이다. 수은은 실온에서도 상당한 증기압을 가지며 여러 가지 유기수은화합물들이 유독하기 때문에 찬 증기 원자화법이 사용된다.

핵심요점 6 자외선-가시선 흡수분광법

분자가 200~700nm 영역의 자외선 또는 가시광선을 흡수하게 되면 원자가 전자 또는 결합 전자의 전이를 일으키므로 흡수 스펙트럼과 흡광도로부터 흡광 작용기를 포함하는 많은 수의 무기·유기 및 생물학적 화학종의 정성적·정량적 정보를 얻을 수 있다.

(1) 여기 에너지

분자가 자외선과 가시광선 영역의 광에너지를 흡수하면 전자가 낮은 에너지 상태에서 높은 에너지 상태로 변화하게 된다. 이때 흡수된 에너지를 여기 에너지라 한다.

(2) 분자 내 전자전이의 에너지 크기 순서

$$n \rightarrow \pi^* < \pi \rightarrow \pi^* < n \rightarrow \sigma^* < \sigma \rightarrow \sigma^*$$

여기서, σ, σ^*, π, π^*, n : 분자 오비탈의 종류

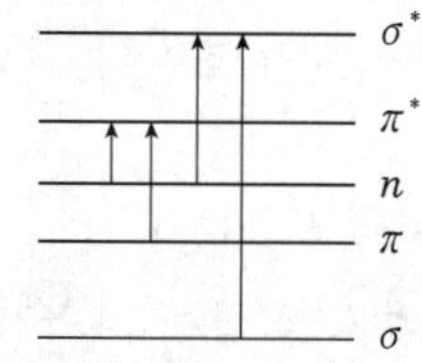

▌대략적인 분자 내 전자전이▐

핵심요점 7 적외선(IR) 흡수분광법

적외선은 780nm~1mm의 파장에 해당하는 복사선으로 분자의 진동과 회전 상태의 전이를 일으킨다. 적외선(IR) 흡수분광법에서는 주로 중간-IR을 이용하여 분자의 진동(vibration) 운동을 관찰하여 유기분자의 구조 및 작용기에 대한 정보를 얻는다.

(1) 적외선 흡수조건

① 분자 내에서 쌍극자 모멘트의 변화가 있어야 한다.

② 동종핵 화학종은 진동이나 회전을 하는 동안 쌍극자 모멘트의 알짜변화가 일어나지 않으므로 IR 복사선을 흡수할 수 없다.

예 N_2, O_2, Cl_2, … (×)

(2) 진동운동 파수 계산

파수는 힘상수가 클수록, 환산질량이 작을수록 커진다.

$$\bar{\nu} = \frac{1}{2\pi c}\sqrt{\frac{k}{\mu}}$$

여기서, k : 힘상수

μ : 환산질량

c : 빛의 속도

(3) 기준 진동방식의 수

① **선형 분자** : $3N-5$

② **비선형 분자** : $3N-6$ (N : 원자수)

예 • CO_2(선형) : 3×3−5=4

• H_2O(비선형) : 3×3−6=3

(4) 시료 제조방법

① **고체 시료** : KBr 펠렛법

1mg 이하의 미세분말 시료를 KBr 분말 100mg 정도와 잘 혼합하여 높은 압력으로 압축하여 투명한 원판으로 만들어 기기의 빛살 통로에 원판을 놓고 측정한다.

② **액체 시료**

두 장의 NaCl판(또는 KBr판) 사이에 액체를 떨어뜨린다.

(5) 주요 작용기의 파수

작용기	파 수
C＝O	1,690~1,760cm^{-1}
C－O	1,050~1,300cm^{-1}
O－H	3,000cm^{-1} 근처
C＝C	1,600~1,700cm^{-1}
C≡C	2,100~2,250cm^{-1}
C－H	• Alkane 2,850~3,000cm^{-1} • Alkene 3,000~3,100cm^{-1} • Alkyne 3,300cm^{-1}

핵심요점 8 크로마토그래피(chromatography)의 원리

혼합물로부터 각 성분들을 순수하게 분리하거나 확인 · 정량하는 데 사용하는 편리한 방법으로, 혼합물이 정지상이나 이동상에 대한 친화성이 서로 다른 점을 이용하여 두 가지 이상의 혼합물질을 단일성분으로 분리하여 분석하는 기법이다.

(1) 크로마토그래피의 기본원리

크로마토그래피법은 시료를 기체, 액체 또는 초임계 유체인 이동상(mobile phase)에 의해 이동시키면서 관 속 또는 고체 판 위에 고정되어 있는 용해되지 않는 정지상(stationary phase, 고정상)과의 분배평형을 통해 분리하는 방법이다. 시료 성분들의 분배정도에 차이가 나는 이동상과 정지상을 선택하면 시료 성분 중에 정지상에 세게 붙잡히는 성분은 천천히 운반되고 정지상에 약하게 붙잡히는 성분은 이동상의 흐름에 따라 빠르게 운반된다. 이동속도의 이런 차이 때문에 시료 성분들은 정성적 또는 정량적으로 분석할 수 있는 불연속적인 띠로 분리된다.

(2) 크로마토그래피의 종류

크로마토그래피는 크게 분리가 좁은 관에서 일어나는 관 크로마토그래피와 정지상을 입힌 유리판이나 종이에서 일어나는 평면 크로마토그래피로 나뉜다. 평면 크로마토그래피는 이동상으로 액체만을 사용할 수 있는 반면, 관 크로마토그래피는 이동상의 종류에 따라 기체 크로마토그래피, 액체 크로마토그래피, 초임계 유체 크로마토그래피의 세 가지로 나뉘며 각각은 다시 정지상에 따라 세분된다.

관 크로마토그래피의 종류

이동상에 따른 분류	정지상에 따른 세분화		상호작용
	이 름	정지상	
기체 크로마토그래피 (GC)	기체-액체(GLC)	액체	분배
	기체-고체(GSC)	고체	흡착
액체 크로마토그래피 (LC)	액체-액체 또는 분배	액체	분배
	액체-고체 또는 흡착	고체	흡착
	이온교환	이온교환수지	이온교환
	크기 배제 또는 겔	중합체로 된 다공성 겔	거름/분배
	친화	작용기 선택적인 액체	결합/분배
초임계 유체 크로마토그래피(SFC)		액체	분배

- GC : Gas Chromatography
- GLC : Gas-Liquid Chromatography
- GSC : Gas-Solid Chromatography
- LC : Liquid Chromatography
- SFC : Supercritical Fluid Chromatography

(3) 분배계수(분포상수, 분배비)

용질 A의 이동상과 정지상 사이의 분포평형에 대한 평형상수 K를 분배계수라고 한다.

$A_{이동상} \rightleftarrows A_{정지상}$

$$K = \frac{C_S}{C_M}$$

여기서, C_S : 용질 A의 정지상에서의 몰농도
C_M : 용질 A의 이동상에서의 몰농도

(4) 머무름인자(k, retention factor, 용량인자)

분석물질이 칼럼을 통과하는 이동속도(migration rate)를 나타내는 실험값을 말한다.

$$k = \frac{t_R - t_M}{t_M}$$

여기서, t_R : 분석물질의 절대 머무름시간
t_M : 불감시간

① **절대 머무름시간(t_R, retention time)** : 시료를 주입한 후 분석물 봉우리가 검출기에 도달할 때까지 걸리는 시간이다.

② **불감시간(t_M, dead time)** : 머무르지 않는 화학종이 검출기에 도달하는 시간으로 이동상의 분자가 관을 통과하는 시간과 거의 같다.

③ **보정 머무름시간($t_R - t_M$)** : $t_R - t_M$을 보정 머무름시간이라 하고, t_R'로 나타내는 경우도 있다.

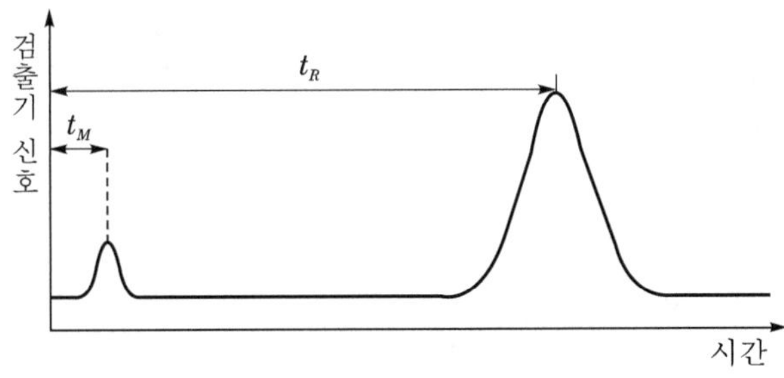

❙ 이성분 화합물의 대표적 크로마토그램 ❙

(5) 머무름비(R, retention ratio)

어느 시료의 평균 분자들이 칼럼의 이동상에 머무르는 시간의 분율을 의미한다.

예 시료가 칼럼을 통과하는 데 걸리는 시간이 이동상이 통과하는 시간의 2배라면, 시료의 속도는 이동상 속도의 1/2이 되고 이 값이 머무름비와 같게 된다.

$$R = \frac{t_M}{t_M + t_S}$$

여기서, t_S : 시료 분자가 정지상에서 머무른 시간

t_M : 시료 분자가 이동상에서 머무른 시간

(6) 선택인자(α, selectivity factor, 선택계수, 상대 머무름, 분리인자)

두 분석물질 간의 상대적인 이동속도로, 두 성분의 분리도를 나타낸다.

$$\alpha = \frac{(t_R)_B - t_M}{(t_R)_A - t_M} = \frac{k_B}{k_A} = \frac{K_B}{K_A}$$

여기서, $(t_R)_A$, $(t_R)_B$: 화학종 A, B의 머무름시간

t_M : 불감시간 또는 머무르지 않는 화학종의 용리시간

k_A, k_B : 화학종 A, B의 머무름인자

K_A, K_B : 화학종 A, B의 분포상수

핵심요점 9 기체 크로마토그래피(Gas Chromatography ; GC)

이동상으로 기체를 사용하는 크로마토그래피이다. 정지상으로 비휘발성 액체 또는 고체를 사용하며 기체 또는 휘발성 액체 혼합물의 분리에 이용된다.

기체 크로마토그래피의 주요 구성부는 다음과 같다.

- 운반기체부
- 주입부
- 칼럼
- 검출기

(1) 운반기체부

① 질소(N_2), 헬륨(He), 수소(H_2), 아르곤(Ar) 등 비활성 기체가 주로 사용된다.

② 화학적으로 비활성이어야 한다.

③ 운반기체와 공기의 순도는 99.995% 이상이 요구된다.

④ 운반기체의 선택은 검출기의 종류에 의해 결정된다.

(2) 주입부

시료를 주입하는 부분으로, 주로 200℃ 이상의 온도에서 시료를 기화시켜 칼럼으로 보낸다.

(3) 칼럼

① 시료의 분리가 일어나는 곳으로 정지상이 액체인 경우는 분배에 의해, 고체인 경우는 흡착에 의해 분리된다.

② 내부가 충전물로 충전되어 있는 충전 칼럼과 내경이 0.1~0.5mm이고 길이가 15~100m인 양 끝이 열린 모세관 칼럼의 두 종류가 있으나, 열린 관이 높은 분리도와 짧은 분석시간 및 높은 감도를 제공하므로 현재 대부분의 분석에서는 열린 모세관 칼럼을 사용한다.

③ **정지상에 사용하는 흡착제의 조건**

㉮ 성분이 일정해야 한다.

㉯ 화학적으로 안정해야 한다.

㉰ 낮은 증기압을 가져야 한다.

(4) 검출기

- 불꽃이온화 검출기(FID)
- 전자포착(포획) 검출기(ECD)
- 열전도도 검출기(TCD)
- 열이온화 검출기(TID)
- 불꽃광도 검출기(FPD)

① **불꽃이온화 검출기(Flame Ionization Detector ; FID)**

㉮ 수소·공기의 불꽃으로 시료를 태워 이온화시켜 생성된 전류를 측정한다.

㉯ 불꽃 분해된 탄소원자의 수에 비례하여 감응한다.

㉰ 탄화수소화합물의 검출에 가장 적합하다.

㉱ 가장 널리 사용되며 감도가 높다.

② 전자포착 검출기(Electron Capture Detector ; ECD)

㉮ 니켈-63(^{63}Ni)과 같은 β선 방사체를 사용한다.

㉯ 할로겐과 같은 전기음성도가 큰 작용기를 지닌 분자에 특히 감도가 좋다.

③ 열전도도 검출기(Thermal Conductivity Detector ; TCD)

㉮ 운반기체와 시료의 열전도도 차이에 감응하여 변하는 전위를 측정한다.

㉯ 검출 후에도 시료가 파괴되지 않는 비파괴 검출기이다.

④ 열이온화 검출기(Thermionic Detector ; TID)

인(P)과 질소(N)를 함유하는 유기화합물의 검출에 이용된다.

⑤ 불꽃광도 검출기(Flame Photometric Detector ; FPD)

㉮ 황, 인을 포함한 화합물을 선택적으로 검출한다.

㉯ 수소·공기의 불꽃으로 시료를 태울 때 형성되는 화합물이 방출하는 빛의 세기를 측정한다.

이상적인 검출기가 갖추어야 할 특성

- 적당한 감도를 가져야 한다.
- 안정성과 재현성이 좋아야 한다.
- 유속과 무관하게 짧은 시간에 감응을 보여야 한다.
- 낮은 검출한계를 가져야 한다.
- 모든 시료에 동일한 응답신호를 보여야 한다.
- 신호-대-잡음 비(Signal-to-Noise ratio, S/N비)가 커야 한다.

핵심요점 10 고성능 액체 크로마토그래피 (High Performance Liquid Chromatography ; HPLC)

이동상이 액체인 크로마토그래피이다. 비휘발성 또는 열에 불안정한 시료의 분석에 적합하며 칼럼 효율을 높이기 위해 충전물 입자 크기를 줄이면서 용리액으로 불리는 이동상을 고압펌프로 운반하는 크로마토그래피이다.

(1) 액체 크로마토그래피의 특징

① 용매만 있으면 모든 물질을 분리할 수 있다.

② 용매 및 칼럼, 검출기의 조합을 선택하여 넓은 범위의 물질을 분석대상으로 할 수 있다.

③ 분석한 시료의 회수가 가능하다.

(2) 액체 크로마토그래피의 종류

정지상의 종류에 따라 다시 분류된다.

이 름	정지상	상호작용
분배 크로마토그래피	액체	분배
흡착 또는 액체-고체 크로마토그래피	고체	흡착
이온교환 또는 이온 크로마토그래피	이온교환수지	이온교환
크기 배제 크로마토그래피	중합체로 된 다공성 겔	거름과 분배

(3) 액체 크로마토그래피의 주요 구성부

- 펌프
- 주입부
- 칼럼
- 검출기
- 데이터 처리장치

① **펌프** : 적당한 용리액의 흐름속도를 얻기 위해서 필요한 장치이며 압력은 6,000psi까지 가능하다.

② **칼럼** : 고압에 견딜 수 있는 스테인리스스틸 관을 사용하며 10~30cm가 적당하다.

③ **검출기** : 흡수 검출기(UV/VIS, 적외선), 굴절률 검출기, 형광 검출기, 전기화학 검출기 등이 있다.

④ **데이터 처리장치** : 검출기에서 나오는 전기적 신호를 시간에 대한 신호의 크기로 받아 크로마토그램을 그려내는 장치이다.

(4) 이동상 용매의 구비조건

① 용질이나 충전물과 반응하지 않아야 한다.

② 적당한 가격으로 쉽게 구입할 수 있어야 한다.

③ 관 온도보다 20~50℃ 정도 끓는점이 높아야 한다.

④ 분석물의 봉우리와 겹치지 않는 고순도여야 한다.

⑤ 점도는 낮을수록 좋다.

(5) 분배 크로마토그래피(partition chromatography)

① 용질이 정지상 액체와 이동상 사이에서 분배되어 평형을 이루어 분리된다.

② 액체 크로마토그래피 중 가장 널리 이용되는 방법이다.

③ 이동상과 정지상의 상대적 극성에 따라 두 가지로 분류된다.

㉮ 역상 용리 : 이동상으로 극성(polar)인 용매를, 정지상으로 비극성인 액체를 사용한다. 물을 이동상으로 사용할 수 있다는 장점이 있다.

> 역상은 이동상 polar!

㉯ 정상 용리 : 역상과 반대이다.

핵심요점 11 종이 크로마토그래피(paper chromatography)

정지상으로 작용하는 물을 흡착시켜 머무르게 하기 위한 지지체로서 거름종이를 사용하는 평면 크로마토그래피의 한 종류이다. 정지상은 종이에 흡착된 물 또는 다른 액체이고 이동상은 액체인 분배 크로마토그래피이다.

(1) 이동도(R_f)

$$R_f = \frac{C}{K}$$

여기서, C : 기본선과 이온이 나타난 사이의 거리(cm)

K : 기본선과 전개용매가 전개한 곳까지의 거리(cm)

※ 이동도가 0.4~0.8일 때 가장 우수한 분리도가 나타난다.

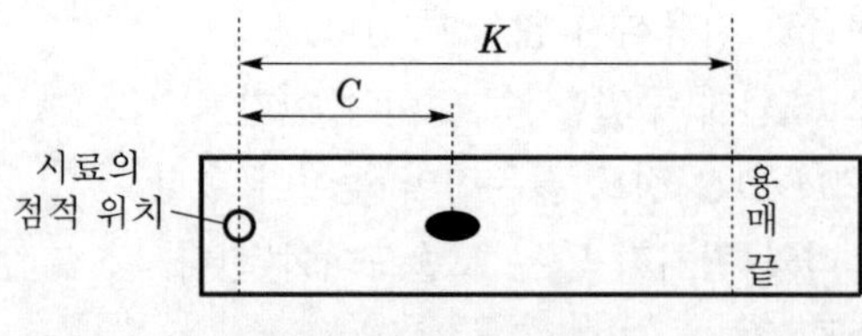

▮전개 후 종이 전개판▮

(2) 종이 크로마토그래피의 제조법

① 종이조각은 사용 전에 습도가 조절된 상태에서 보관한다.
② 점적의 크기는 직경을 약 5mm 이하로 한다.
③ 시료를 점적할 때는 주사기나 미세피펫을 사용한다.
④ 시료의 농도가 너무 묽으면 여러 방울을 찍어서 농도를 증가시킨다.

핵심요점 12 전기분석법 기초

전기분석은 분석성분이 전기화학전지의 일부를 이룰 때 분석물 용액의 전기적 성질을 이용하여 정성적 · 정량적 정보를 얻는 분석법이다. 전기분석법으로는 전위차법, 전기분해법, 전압전류법 및 전기전도도법이 있다.

(1) 금속의 이온화경향

금속은 전자를 잃고 양이온이 되려는 성질을 가지는데 특히 용액(주로 수용액)에서 이온이 되기 쉬운 정도를 '이온화경향'이라 하며, 금속의 이온화경향이 클수록 전자를 잃고 산화되기 쉽다.
황산구리 용액에 아연을 넣을 경우 구리가 석출되는 것은 아연이 구리보다 이온화경향이 크기 때문에 전자를 잃고 산화되면서 생성된 전자를 구리이온이 받아들여 환원되기 때문이다.

칼	카	나	무	알	아	스(철)	니	술(주)	잡(납)	수	구	수	은	백	금
K	Ca	Na	Mg	Al	Zn	Fe	Ni	Sn	Pb	[H]	Cu	Hg	Ag	Pt	Au

←――――――――――――――→

- 이온화경향이 크다.
- 전자를 잃기 쉽다
- 산화되기 쉽다.

- 이온화경향이 작다.
- 전자를 잃기 어렵다
- 환원되기 쉽다.

▌금속의 이온화경향▐

(2) 화학전지

자발적으로 일어나는 산화 · 환원 반응을 이용하여 화학에너지를 전기에너지로 변환시키는 장치로 갈바니전지(Galvanic cell)라고도 하며, 대표적으로 볼타전지와 다니엘전지가 있다.

① 산화전극과 환원전극

산화전극(anode)	환원전극(cathode)
• 전지의 (−)극으로 산화가 일어나는 전극 • 표준환원전위가 작은 반쪽 반응의 전극 • 전자를 도선으로 내놓는 전극	• 전지의 (+)극으로 환원이 일어나는 전극 • 표준환원전위가 큰 반쪽 반응의 전극 • 도선으로부터 전자를 받는 전극

② 전극전위

일반적으로 어떤 금속을 그 금속이온이 포함된 용액 중에 넣었을 때 금속이 용액에 대하여 나타내는 전위로 반쪽 전지의 환원반응에 대한 전위를 말한다.

③ 전지전위(E_{cell})

화학전지가 나타내는 전위로 환원전극의 전위에서 산화전극의 전위를 뺀 값과 같다.

$$E_{cell} = E_{+} - E_{-}$$
$$= E_{(환원전극)} - E_{(산화전극)}$$

(3) 볼타전지(Voltaic cell)

묽은 황산에 구리판과 아연판을 담그고 두 금속판을 도선으로 연결한 전지이다.

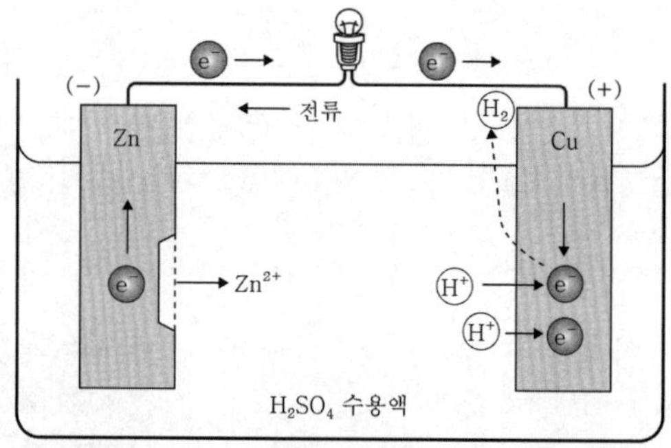

❙ 볼타전지 ❙

① (−)극 : $Zn \rightarrow Zn^{2+} + 2e^{-}$ (산화)

② (+)극 : $2H^{+} + 2e^{-} \rightarrow H_2$ (환원)

(−) Zn | $H_2SO_4(aq)$ | Cu (+)

◆ 분극

볼타전지의 처음 기전력은 1V이지만, 1분도 되지 않아 전압이 0.4V로 떨어지는데, 이는 (+)극에서 발생하는 수소기체가 구리판을 둘러싸 수소의 환원반응을 방해하기 때문에 나타나는 현상이다.

(4) 다니엘전지(Daniell cell)

황산아연 수용액 속에 아연판을, 황산구리(Ⅱ) 수용액 속에 구리판을 담그고, 두 금속판을 도선으로 연결하고, 두 용액은 염다리로 연결한 전지이다.

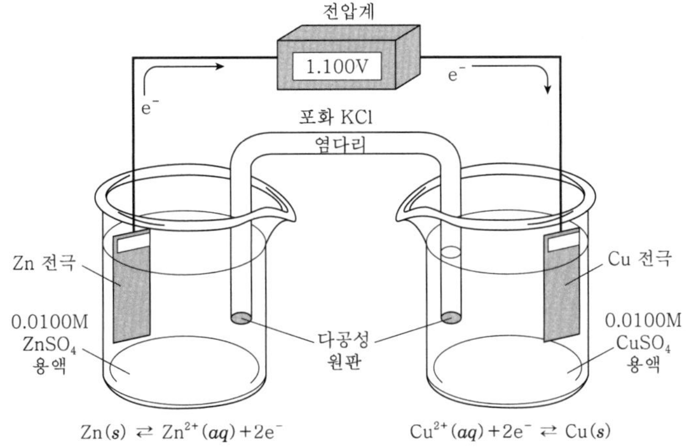

▌다니엘전지▐

① (−)극 : $Zn \rightarrow Zn^{2+}+2e^-$ (산화)
② (+)극 : $Cu^{2+}+2e^- \rightarrow Cu$ (환원)
(−) $Zn \mid ZnSO_4 \| CuSO_4 \mid Cu$ (+)

염다리
전지반응에 영향을 미치지 않는 KNO_3과 같은 고농도의 전해질을 포함하는 수용성 겔로 채워진 U자관으로, 양쪽 끝에 다공성 마개가 있어 두 반쪽 전지의 용액이 섞이는 것을 방지하고 이온들은 확산될 수 있게 함으로써 전지의 전하균형을 맞춰준다.

(5) 표준전지전위($E^\circ_{전지}$)

25℃에서 반응물과 생성물의 용액 중 농도가 1M, 기체의 압력이 1기압일 때의 전지전위로, 두 반쪽 전지에 대한 표준전극전위의 차이이다.

$$\begin{aligned} E^\circ_{전지} &= E^\circ_+ - E^\circ_- \\ &= E^\circ_{(환원전극)} - E^\circ_{(산화전극)} \\ &= 큰\ 값 - 작은\ 값 \end{aligned}$$

(6) 표준전극전위(표준환원전위)

① 표준수소전극을 (−)극으로 하고 표준수소전극의 반쪽 전지전위를 0.00V로 정하여 얻은 다른 반쪽 전지의 전위이다.
② 수소의 환원 반쪽 반응에 대한 다른 반쪽 전지의 환원반응의 전위를 나타낸다.

예 $Zn^{2+}+2e^- \rightarrow Zn$, $E^\circ=-0.76V$
$Cu^{2+}+2e^- \rightarrow Cu$, $E^\circ=+0.34V$

(7) 표준수소전극

① 백금 전극을 1M의 H^+ 수용액에 담그고 위쪽으로 1기압의 H_2 기체를 불어 넣어 만든 반쪽 전지로 전위를 0.00V로 정한다.

② 용액의 이온 평균 활동도는 보통 1에 가깝다.

③ 전위차계의 마이너스 단자에 연결하는 왼쪽 반쪽 전지로 기준전극이다.

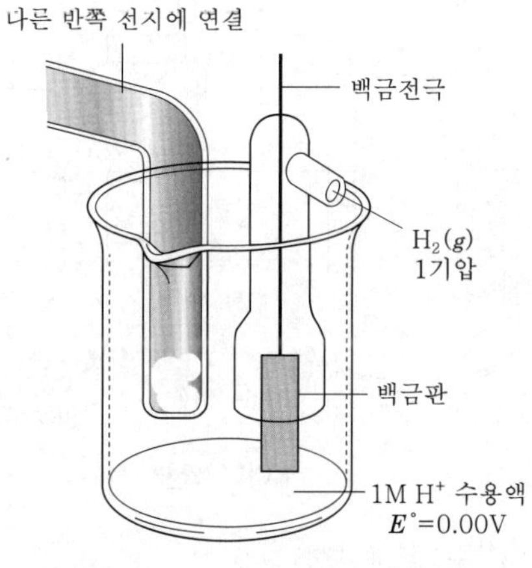

$2H^+(1M) + 2e^- \rightarrow H_2(1기압)$, E°=0.00V

▌표준수소전극▐

(8) Nernst 식

$$E = E^\circ - \frac{0.05916}{n}\log Q$$

여기서, n : 이동한 전자의 몰수

Q : 전지반응의 반응지수(평형상수식에 반응물과 생성물의 반응 당시 농도를 대입한 값)

① 표준상태(1M, 1atm)가 아닌 전지의 전위를 구할 때 사용하는 식이다.

② 반응지수 Q에 알맞은 식을 넣어줌으로써 반쪽 반응에 대한 식 또는 전체 전지 반응에 대한 식으로 모두 나타낼 수 있다.

③ 전체 전지전위에 대한 Nernst 식

$$\begin{aligned} E_{전지} &= E_+ - E_- = E_{환원} - E_{산화} \\ &= \left(E_+^\circ - \frac{0.05916}{n}\log Q_{환원}\right) - \left(E_-^\circ - \frac{0.05916}{n}\log Q_{산화}\right) \\ &= (E_+^\circ - E_-^\circ) - \frac{0.05916}{n}\log Q_{전체} \\ &= E_{전지}^\circ - \frac{0.05916}{n}\log Q_{전체} \end{aligned}$$

(9) 전기분해

외부에서 전기에너지를 가해 비자발적인 산화 · 환원 반응을 일으키게 하여 물질을 분해하는 과정을 전기분해라 한다. 전해질 용액에 음극과 양극 2개의 전극을 담그고 직류전압을 가하면 용액 속의 이온들이 각각 반대전하를 띤 전극 쪽으로 이동하여 각각의 성분물질로 석출된다.

① (−)극에서의 반응

양이온이 전자를 받아 환원된다.

예 $Cu^{2+} + 2e^- \rightarrow Cu$

$Ag^+ + e^- \rightarrow Ag$

※ H^+보다 이온화경향이 큰 금속의 양이온은 전기분해되지 않고, 대신 물이 환원되어 수소(H_2)기체가 발생된다.

$2H_2O + 2e^- \rightarrow H_2\uparrow + 2OH^-$

② (+)극에서의 반응

음이온이 전자를 내놓고 산화된다.

예 $2Cl^- \rightarrow Cl_2 + 2e^-$

$2I^- \rightarrow I_2 + 2e^-$

※ F^-, SO_4^{2-}, PO_4^{3-}, NO_3^-, CO_3^{2-} 등의 음이온은 전기분해되지 않고, 대신 물이 산화되어 산소(O_2)기체가 발생된다.

$2H_2O \rightarrow O_2\uparrow + 4H^+ + 4e^-$

③ 패러데이 법칙

전기분해에 의해서 전극에 석출되는 물질의 양은 물질의 종류가 같을 때는 용액을 통하는 전기량에 비례하고, 용액을 통하는 전기량이 같을 때는 물질의 전기화학당량에 비례한다. 즉, 전류가 더 많이 흐를수록, 시간이 지날수록, 전기화학당량이 클수록 석출되는 물질의 질량은 많아진다.

전기화학당량

전자 1mol의 전기량에 의해 석출되는 물질량

④ 전기량(전하량, q)

물체 또는 입자가 띠고 있는 전기의 양

$$q = I \times t$$

여기서, I : 전류의 세기

t : 시간

$$1C = 1A \times 1s$$

전기량이나 전하량(q)의 단위는 쿨롱(C)이며, 1쿨롱은 1초 동안에 1A의 일정한 전류에 의해서 운반되는 전기량이다.

⑤ 패러데이상수(F)

전자(e^-) 1몰의 전하량이다.

$$F = 96,485 C/mol$$

전자 n몰의 전하량은 다음과 같다.

$$q = nF$$

핵심요점 13 전위차법과 pH 미터

전위차법은 전류가 흐르지 않는 상태에서 기준전극과 지시전극을 사용하여 전기화학전지의 전위를 함으로써 용액의 화학적 조성이나 농도를 분석하는 방법이며, pH 미터는 전위차법을 이용하여 수소이온농도를 측정하는 대표적인 장치이다.

(1) 기준전극

분석물 용액에 감응하지 않고 용액 중의 분석물질 농도나 다른 이온 농도와 무관하게 일정 값의 전위를 갖는 전극이다.

① 이상적인 기준전극의 조건

- 가역적이어야 한다.
- 작은 전류가 흐른 후에는 본래 전위로 돌아와야 한다.
- 시간에 대하여 일정한 전위를 나타내어야 한다.
- 반전지전위값이 알려져 있어야 한다.
- Nernst 식에 따라야 한다.
- 온도 사이클에 대하여 히스테리시스 현상이 없어야 한다.

② 기준전극의 종류

㉮ 포화 칼로멜 전극(Saturated Calomel Electrode ; SCE)

㉠ 염화수은으로 포화되어 있고 포화 염화칼륨 용액에 수은을 넣어 만든다.

㉡ $Hg(l)$ | Hg_2Cl_2(포화), KCl(포화) ‖

㉢ 전극의 전위는 온도에 따라 변한다.

㉯ 은-염화은 전극

㉠ $Ag(s)$ | $AgCl(s)$ | AgCl(포화), KCl(포화) ‖

㉡ 전극반응 : $AgCl(s) + e^- \rightleftarrows Ag(s) + Cl^-$

(2) 지시전극

① 분석물 용액에 감응하여 분석물의 농도(활동도)에 따라 전위가 달라지는 전극이다.

② 금속 지시전극과 막 지시전극이 있으며, 막 지시전극은 대부분 선택성이 크기 때문에 이온선택성 전극이라고 한다.

③ 유리전극은 가장 보편적인 이온선택성 전극으로, pH 미터에 사용된다.

(3) pH 미터

지시전극인 유리전극과 기준전극인 포화 칼로멜전극을 이용하여 검액과 완충용액 사이에 생기는 기전력에 의해 검액의 pH(수소이온농도)를 측정하는 장치이다.

① 유리전극

㉮ pH를 측정하는 전극으로 맨 끝에 얇은 막(0.03~0.01mm)이 있고, 그 얇은 막의 안쪽에 보통 0.1M-HCl 표준용액이 있으며, 바깥쪽에 pH가 다른 분석용액과 접촉하게 되면 그 사이에 pH의 차이에 따른 전위차가 생긴다.

㉯ 유리전극은 유리막의 전기저항이 크기 때문에 일반적인 전위차계에서는 측정이 어려우므로 증폭기로 증폭한 전압계를 이용하여 측정해야 한다.

② pH 미터 보정에 사용하는 완충용액

pH 미터는 사용하기 전에 표준 완충용액을 사용하여 보정하여야 한다.

- 붕산염 표준용액
- 옥살산염 표준용액
- 프탈산염 표준용액
- 인산염 표준용액
- 탄산염 표준용액

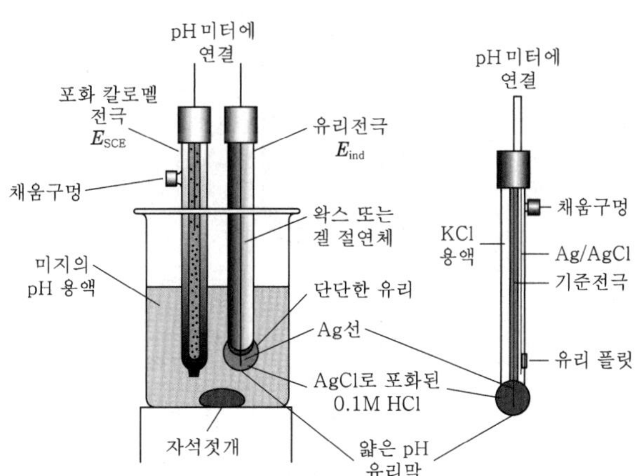

〈미지 pH 용액에 담긴 유리전극 (지시전극)과 SCE(기준전극)〉 〈지시전극인 유리전극과 은/염화은 기준전극으로 구성된 복합전극〉

pH 측정용 유리전극

핵심요점 14 폴라로그래피

특정 물질에 대한 전류와 전압의 2가지 전기적 성질을 동시에 측정하는 전압전류법의 일종으로, 분극성 미소전극과 비분극성 대극과의 사이에 연속적으로 변화하는 전압을 가하여 전해에 의해 생긴 전류를 측정하여 전압과 전류의 관계곡선(전류-전압 곡선)을 그리고 이것을 해석하여 목적성분을 분석하는 방법이다.

(1) 적하수은전극(Dropping Mercury Electrode ; DME)

① 적하수은전극의 원리

폴라로그래피에서 사용되는 작업전극으로, 수은 저장용기로부터 가는 모세관으로 수은이 흘러나와 수은 방울이 만들어지면 전류와 전압이 측정된 후 수은 방울이 기계적으로 제거되고 다시 수은 방울이 생성되어 측정이 반복되는 전극이다.

② 적하수은전극의 특징

㉮ 새로운 수은전극 표면이 계속적으로 생성되므로 석출물에 의한 영향을 거의 받지 않는다.

㉯ 수소이온의 환원에 대한 과전압이 커서 수소기체의 발생으로 인한 방해가 적다.

㉰ 즉시 재현성 있는 평균 전류에 도달한다.

㉱ 수은이 쉽게 산화되므로 산화전극으로 사용하는 데 제한이 크다.

㉲ 비패러데이 잔류전류가 흐른다.

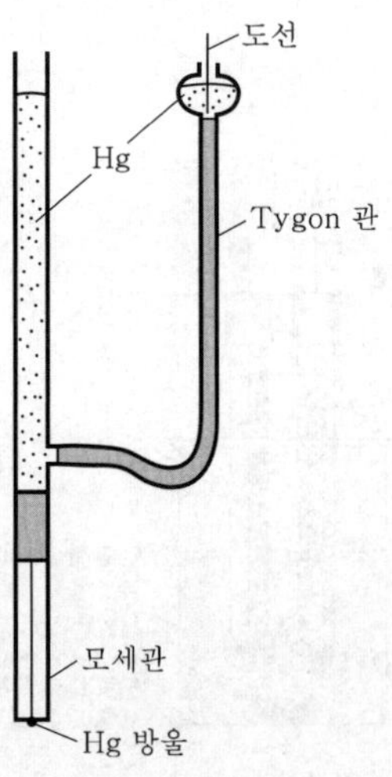

▌적하수은전극▐

(2) 폴라로그램

폴라로그래피에서 얻어지는 전압과 전류의 관계곡선(전류-전압 곡선)을 폴라로그램이라고 한다.

① **확산전류**(diffusion current)

㉮ 전류의 크기가 적하수은전극 쪽으로 이동하는 반응물의 확산속도에만 의존할 때의 한계전류를 확산전류라 한다.

㉯ 폴라로그래피의 한계전류는 확산에 의해서만 나타나므로 확산전류이다.

㉰ 확산전류는 분석물의 농도에 비례하므로 정량분석이 가능하다.

㉱ 확산전류는 한계전류와 잔류전류의 차이이다.

② **반파전위**(half-wave potential)

㉮ 반파전위는 한계전류의 절반에 도달했을 때의 전위이다.

㉯ 분석하는 화학종의 특성에 따라 달라지므로 정성분석에 이용된다.

㉰ 반파전위는 금속이온과 착화제(리간드)의 종류에 따라 다르다.

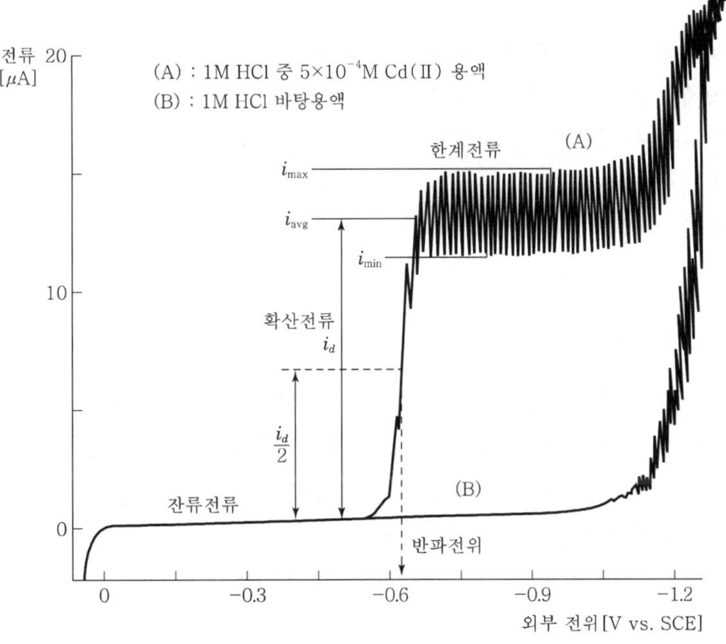

▌폴라로그램▐

핵심요점 15 전해(전기) 무게분석법

금속이온의 수용액에 음극과 양극 2개의 전극을 담그고 직류전압을 가하여 금속이온이 환원되어 석출되면 석출된 금속 또는 금속산화물을 칭량하여 금속시료를 분석하는 방법으로, 많은 양의 분석에 적당하다.

역기전력
전기분해 시 두 전극에 전지가 생성되면 용액 속에 외부로부터 가해지는 전압을 상쇄시키는 기전력이 생기는데, 이것을 역기전력이라 한다.

핵심요점 16 실험실 환경 및 안전관리

(1) 시약의 취급방법

① 시약병 마개를 실습대 바닥에 놓지 않도록 한다.
② 시약병에 꽂혀 있는 피펫을 다른 시약병에 넣지 않도록 한다.
③ 한 번 따라낸 시약은 다시 시약병에 넣지 않는다.
④ 시약병에서 시약을 따를 때에는 라벨을 위로 가게 하여 사용한다.
⑤ 시약병의 라벨은 가급적 먹으로 기입하고 탈색하기 쉬운 잉크나 볼펜은 사용하지 않는다.

(2) 실험실 안전수칙

① 화학약품의 냄새는 직접 맡지 않도록 하며 부득이 냄새를 맡아야 할 경우에는 손을 사용하여 코가 있는 방향으로 증기를 날려서 맡는다.
② 농축 및 가열 등의 조작 시 끓임쪽을 넣는다.
③ 실험실습실에 음식물을 가지고 오지 않는다.
④ 눈에 산이 들어가거나 피부에 산이 묻은 경우에는 즉시 다량의 물로 씻고, 묽은 탄산수소나트륨 용액으로 씻는다.
⑤ 브롬수가 피부에 묻은 경우에는 다량의 글리세린으로 문질러 닦아낸다.
⑥ 강산이 피부나 의복에 묻었을 경우에는 묽은 암모니아수로 중화시킨다.

(3) 실험실에서 일어나는 사고의 원인과 그 요소

① **정신적 원인** : 성격적 결함, 지각적 결함

② **신체적 결함** : 피로

③ **기술적 원인** : 기계장치의 설계 불량

④ **교육적 원인** : 지식의 부족, 수칙의 오해

(4) 화학실험 시 사용하는 약품의 보관방법

모든 화합물은 될 수 있는 대로 각각 다른 장소에 보관하고 정리정돈을 잘 해야 하며, 직사광선을 피하고, 약품에 따라 유색병에 보관한다.

① **인화성 약품**

- 휘발성 액체 표면에 증기가 발생하여 불꽃을 대었을 때 순간적으로 연소할 수 있는 성질이 있는 물질

  예 벤젠, 메탄올, 에틸에테르, 알코올, 아세톤, 이황화탄소 등
- 자연발화성 약품과 함께 보관하지 않는다.
- 전기의 스파크로부터 멀고 찬 곳에 보관한다.

② **발화성 약품**

- 불꽃을 대지 않아도 공기 중에서 스스로 타는 물질

  예 칼륨, 나트륨, 황, 인 등
- 인은 물속에, 나트륨과 칼륨의 알칼리금속은 석유 속에 보관한다.

③ **폭발성 약품**

화기를 사용하는 곳에서 멀리 떨어져 있는 창고에 보관한다.

예 질산암모늄, 니트로셀룰로오스, 피크린산 등

④ **흡습성 약품**

완전히 건조시켜 건조한 곳이나 석유 속에 보관한다.

⑤ **산소를 포함한 강한 산화제인 화약 약품**

습기가 없고 찬 곳에 보관한다.

제2편

필기

과년도 기출문제

Craftsman Chemical Analysis

화 / 학 / 분 / 석 / 기 / 능 / 사

화학분석기능사

www.cyber.co.kr

2010년 제4회 화학분석기능사

Ⅰ2010년 7월 11일 시행

※ 색상으로 표시된 문제는 출제빈도가 높은 중요한 문제입니다. 반드시 숙지하시기 바랍니다.

01 다음 중 비극성인 물질은?

① H_2O ② NH_3
③ HF ④ C_6H_6

해설 탄화수소류의 경우 C와 H의 전기음성도 차이가 거의 없어 일반적으로 비극성으로 존재한다.
따라서, 다음과 같이 구분할 수 있다.
• 비극성 : C_6H_6
• 극성 : H_2O, NH_3, HF

02 같은 온도와 압력에서 한 용기 속에 수소분자 3.3×10^{23}개가 들어있을 때 같은 부피의 다른 용기 속에 들어있는 산소분자의 수는?

① 3.3×10^{23}개
② 4.5×10^{23}개
③ 6.4×10^{23}개
④ 9.6×10^{23}개

해설 같은 온도와 압력에서, 같은 부피에는 같은 수의 입자가 존재한다(아보가드로의 법칙).
따라서, 산소분자의 수 역시 3.3×10^{23}개이다.

03 다음 중 이상기체의 성질과 가장 가까운 기체는?

① 헬륨 ② 산소
③ 질소 ④ 메탄

해설 분자 간 인력이 약하고 입자의 크기가 작을수록 이상기체에 가까워진다. 따라서 분자량이 작고, 인력이 가장 약한 헬륨이 이상기체에 가장 가깝다.

04 20℃에서 부피 1L를 차지하는 기체가 압력의 변화 없이 부피가 3배로 팽창하였을 때 절대온도는 몇 K가 되는가? (단, 이상기체로 가정한다.)

① 859 ② 869
③ 879 ④ 889

해설 부피는 절대온도에 비례한다(샤를의 법칙).
$V_1 : V_2 = T_1 : T_2$
V_1=1L, V_2=3L, T_1=20+273=293K
1 : 3 = 293 : T_2
∴ T_2=879K

05 A+2B → 3C+4D와 같은 기초반응에서 A, B의 농도를 각각 2배로 하면 반응속도는 몇 배로 되겠는가?

① 2 ② 4
③ 8 ④ 16

해설 A+2B → 3C+4D
반응속도의 차수가 계수와 같다고 할 때,
$v=k[A][B]^2$, $2\times2^2=8$
즉, 반응속도는 8배 증가한다.

06 산화시키면 카르복시산이 되고, 환원시키면 알코올이 되는 것은?

① C_2H_5OH ② $C_2H_5OC_2H_5$
③ CH_3CHO ④ CH_3COCH_3

해설 $C_2H_5OH \underset{\text{환원}}{\overset{\text{산화}}{\rightleftharpoons}} CH_3CHO \underset{\text{환원}}{\overset{\text{산화}}{\rightleftharpoons}} CH_3COOH$

07 다음 중 수소결합에 대한 설명으로 틀린 것은?

① 원자와 원자 사이의 결합이다.
② 전기음성도가 큰 F, O, N의 수소화합물에 나타난다.
③ 수소결합을 하는 물질은 수소결합을 하지 않는 물질에 비해 녹는점과 끓는점이 높다.
④ 대표적인 수소결합물질로는 HF, H_2O, NH_3 등이 있다.

해설 ① 원자와 원자 사이의 결합은 화학결합으로, 공유결합, 금속결합, 이온결합으로 분류한다.
※ 수소결합은 극성 분자와 극성 분자 사이의 결합으로 전기음성도가 큰 F, O, N의 수소화합물에 나타난다.

08 원자번호 20인 Ca의 원자량은 40이다. 원자핵의 중성자수는 얼마인가?

① 19 ② 20
③ 39 ④ 40

해설 질량수=양성자수+중성자수
이때, 질량수≃원자량=40, 원자번호=양성자수=20
40=20+중성자수
∴ 중성자수=20

01.④ 02.① 03.① 04.③ 05.③ 06.③ 07.① 08.②

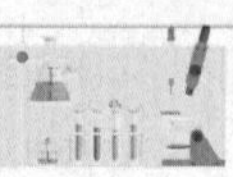

09 전이금속화합물에 대한 설명으로 옳지 않은 것은?

① 철은 활성이 매우 커서 단원자 상태로 존재한다.

② 황산제일철($FeSO_4$)은 푸른색 결정으로 철을 황산에 녹여 만든다.

③ 철(Fe)은 +2 또는 +3의 산화수를 갖으며 +3의 산화수 상태가 가장 안정하다.

④ 사산화삼철(Fe_3O_4)은 자철광의 주성분으로 부식을 방지하는 방식용으로 사용된다.

해설 철은 금속결합으로, 단원자 상태가 아닌 금속 결정으로 존재한다.

10 원자번호 3번 Li의 화학적 성질과 비슷한 원소의 원자번호는?

① 8 ② 10
③ 11 ④ 18

해설 같은 족의 경우 화학적 성질이 비슷하다.
원자번호 3번 Li의 경우 1족인 알칼리금속이며, 성질이 비슷한 알칼리금속으로는 Li(3), Na(11), K(19) 등이 있다.

11 다음 중 에틸알코올의 화학기호는?

① C_2H_5OH
② C_6H_5OH
③ HCHO
④ CH_3COCH_3

해설 ① C_2H_5OH : 에틸알코올
② C_6H_5OH : 페놀
③ HCHO : 폼알데하이드
④ CH_3COCH_3 : 아세톤

12 펜탄(C_5H_{12})은 몇 개의 이성질체가 존재하는가?

① 2개 ② 3개
③ 4개 ④ 5개

해설 구조적 이성질체 3가지

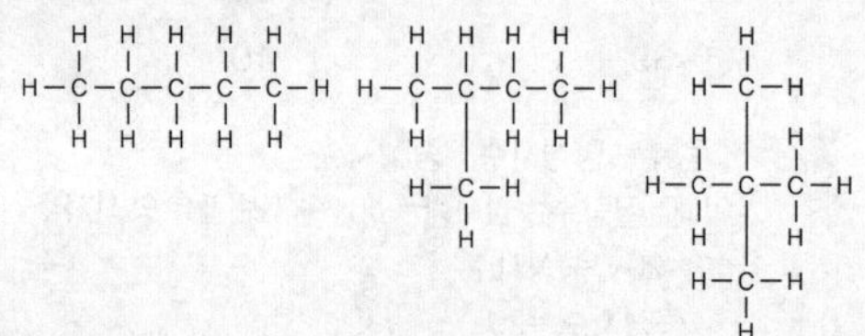

13 가수분해 생성물이 포도당과 과당인 것은?

① 맥아당 ② 설탕
③ 젖당 ④ 글리코겐

해설 ① 맥아당 : 포도당 + 포도당
② 설탕 : 포도당 + 과당
③ 젖당 : 포도당 + 갈락토오스
④ 글리코겐 : 포도당 중합체(포도당으로 구성된 다당류)

14 다음 중 방향족 탄화수소가 아닌 것은?

① 벤젠 ② 자일렌
③ 톨루엔 ④ 아닐린

해설 • 방향족 탄화수소 : 벤젠(C_6H_6), 자일렌[$C_6H_4(CH_3)_2$], 톨루엔($C_6H_5CH_3$)
• 방향족 탄화수소 유도체 : 아닐린($C_6H_5NH_2$)

15 0.1M NaOH 0.5L와 0.2M HCl 0.5L를 혼합한 용액의 몰농도(M)는?

① 0.05 ② 0.1
③ 0.3 ④ 1

해설 HCl의 몰수=0.2M×0.5L=0.1mol
NaOH의 몰수=0.1M×0.5L=0.05mol
반응 후 남는 HCl의 몰수=0.1−0.05=0.05mol
용액의 부피=0.5L+0.5L=1L
∴ 몰농도(M)=0.05mol/1L=0.05M

16 LiH에 대한 설명 중 옳은 것은?

① Li_2H, Li_3H 등의 화합물이 존재한다.
② 물과 반응하여 O_2기체를 발생시킨다.
③ 아주 안정한 물질이다.
④ 수용액의 액성은 염기성이다.

해설 $LiH + H_2O \rightarrow Li^+ + OH^- + H_2$
LiH는 물과 반응 시 H_2기체를 발생하고, 수용액의 액성은 염기성이다.

17 다음 중 원자에 대한 법칙이 아닌 것은?

① 질량불변의 법칙
② 일정성분비의 법칙
③ 기체반응의 법칙
④ 배수비례의 법칙

해설 ③ 기체반응의 법칙은 분자에 대한 법칙이다.

09.① 10.③ 11.① 12.② 13.② 14.④ 15.① 16.④ 17.③

18 요소비료 중에 포함된 질소의 함량은 몇 %인가? (단, C=12, N=14, O=16, H=1)

① 44.7 ② 45.7
③ 46.7 ④ 47.7

해설
- 요소 : $CO(NH_2)_2$
- 화학식량=12+16+(14+2)×2=60
- 요소 내 N의 질량=14×2=28

∴ 질소 함량=$\frac{28}{60}$×100=46.7%

19 0℃의 얼음 2g을 100℃의 수증기로 변화시키는 데 필요한 열량은 약 몇 cal인가? (단, 기화잠열=539cal/g, 융해열=80cal/g)

① 1,209 ② 1,438
③ 1,665 ④ 1,980

해설 열량(Q)=융해열+현열+기화열
현열=$c \times m \times \Delta T$
여기서, c : 비열, m : 질량, ΔT : 온도 변화
∴ Q = (80cal/g×2g)+(1g/cal×2g×100℃)
+(539cal/g×2g)=1,439cal

20 다음 금속 중 이온화경향이 가장 큰 것은?

① Na ② Mg
③ Ca ④ K

해설 주기율표에서 왼쪽·아래쪽으로 갈수록 이온화경향이 커진다. 1족(알칼리금속) 중에서 가장 원자번호가 큰 원소는 K이다.

21 10g의 프로판이 연소하면 몇 g의 CO_2가 발생하는가? (단, 반응식은 $C_3H_8+5O_2 \rightleftarrows 3CO_2+4H_2O$, 원자량은 C=12, O=16, H=1이다.)

① 25 ② 27
③ 30 ④ 33

해설 $C_3H_8 + 5O_2 \rightleftarrows 3CO_2 + 4H_2O$
몰수비 $C_3H_8 : CO_2$ = 1 : 3
질량비 $C_3H_8 : CO_2$ = 1×44 : 3×44 = 1 : 3
따라서, 10g의 C_3H_8이 연소되면 30g의 CO_2가 생성된다.

22 다음 중 산성 산화물은?

① P_2O_5 ② Na_2O
③ MgO ④ CaO

해설
- 산성 화합물(비금속 화합물) : P_2O_5
- 염기성 화합물(금속 화합물) : Na_2O, MgO, CaO

23 1N NaOH 용액 250mL를 제조하려 할 때 필요한 NaOH의 양은? (단, NaOH의 분자량=40)

① 0.4g ② 4g
③ 10g ④ 40g

해설 NaOH의 당량질량=분자량=40
노르말농도×부피=당량수
1N×0.250L=0.250eq
당량수×당량질량=질량
∴ 0.250eq×40g/eq=10g

24 0.4g의 NaOH를 물에 녹여 1L의 용액을 만들었다. 이 용액의 몰농도는 얼마인가?

① 1M ② 0.1M
③ 0.01M ④ 0.001M

해설 NaOH의 분자량=40
NaOH의 몰수 = $\frac{0.4}{40}$ =0.01mol
∴ NaOH의 몰농도=$\frac{0.01\text{mol}}{1\text{L}}$ =0.01M

25 3N 황산용액 200mL 중에는 몇 g의 H_2SO_4를 포함하고 있는가? (단, S의 원자량은 32이다.)

① 29.4 ② 58.8
③ 98.0 ④ 117.6

해설 H_2SO_4의 분자량=2+32+(16×4)=98
H_2SO_4의 당량질량=$\frac{\text{분자량}}{\text{수소이온수}}$=$\frac{98}{2}$=49
노르말농도×부피=당량수
3N×0.2L=0.6eq
당량수×당량질량=질량
0.6eq×49g/eq=29.4g

26 고체의 용해도는 온도의 상승에 따라 증가한다. 그러나 이와 반대현상을 나타내는 고체도 있다. 다음 중 이 고체에 해당되지 않는 것은?

① 황산리튬 ② 수산화칼슘
③ 수산화나트륨 ④ 황산칼슘

해설 온도의 상승에 따라 용해도가 증가하는 물질은 수산화나트륨이다.

18.③ 19.② 20.④ 21.③ 22.① 23.③ 24.③ 25.① 26.③

27 미지 물질의 분석에서 용액이 강한 산성일 때의 처리방법으로 가장 옳은 것은?

① 암모니아수로 중화한 후 질산으로 약산성이 되게 한다.
② 질산을 넣어 분석한다.
③ 탄산나트륨으로 중화한 후 처리한다.
④ 그대로 분석한다.

해설 용액이 강한 산성일 때 염기인 암모니아수로 중화한 후 질산으로 약산성이 되게 한다.

28 침전 적정에서 Ag^+에 의한 은법 적정 중 지시약법이 아닌 것은?

① Mohr법
② Fajans법
③ Volhard법
④ 네펠로법(nephelometry)

해설 네펠로법 : 혼탁한 침전에 의해 빛이 산란되는데 90° 각도에서 산란된 빛의 양을 측정하여 침전 적정의 종말점을 측정하는 방법

29 "20wt% 소금용액 $d=1.10g/cm^3$"로 표시된 시약이 있다. 소금의 몰(M)농도는 얼마인가? (단, d는 밀도이며, Na은 23g, Cl는 35.5g으로 계산한다.)

① 1.54 ② 2.47
③ 3.76 ④ 4.23

해설 20wt%$=\frac{20}{100}\times100$이므로,
소금(NaCl)=20g, 소금용액=100g
소금용액 100g의 부피$=100g\times\frac{1}{1.10}cm^3/g$
$=90.9cm^3=0.0909L$
NaCl의 화학식량=23+35.5=58.5
NaCl의 몰수$=\frac{20}{58.5}=0.342M$
소금의 몰(M)농도$=\frac{0.342M}{0.0909L}=3.76M$

30 시안화칼륨을 넣으면 처음에는 흰 침전이 생기나 다시 과량으로 넣으면 흰 침전은 녹아 맑은 용액으로 된다. 이와 같은 성질을 가진 염의 양이온은 어느 것인가?

① Cu^{2+} ② Al^{3+}
③ Zn^{2+} ④ Hg^{2+}

해설 KCN이 Zn^{2+}와 반응하면 $Zn(CN)_2(s)$로 흰색 앙금이 생성되지만, KCN을 계속 넣을 경우 $Zn(CN)_4^-$의 착이온이 형성되므로 다시 녹아 맑은 용액이 된다.

31 양이온의 계통적인 분리검출법에서는 방해물질을 제거시켜야 한다. 다음 중 방해물질이 아닌 것은?

① 유기물 ② 옥살산이온
③ 규산이온 ④ 암모늄이온

해설 양이온의 분리검출법에서 암모늄이온은 pH 변화를 위해 사용한다(약염기성).

32 다음 반응에서 반응계에 압력을 증가시켰을 때 평형이 이동하는 방향은?

$$2SO_2 + O_2 \rightleftarrows 2SO_3$$

① SO_3가 많이 생성되는 방향
② SO_3가 감소되는 방향
③ SO_2가 많이 생성되는 방향
④ 이동이 없다.

해설 반응물의 계수의 합은 2+1=3이고, 생성물의 계수의 합은 2이므로 압력을 증가시키면 르샤틀리에의 원리에 따라 압력을 감소시키는 방향으로 반응이 진행된다. 압력이 감소되기 위해서는 계수의 합이 작은 쪽으로 평형이 이동해야 하므로 반응물에서 생성물로 정반응이 진행된다. 따라서 생성물인 SO_3가 많이 생성되는 방향으로 이동한다.

33 질산나트륨은 20℃ 물 50g에서 44g이 녹는다. 20℃에서 물에 대한 질산나트륨의 용해도는 얼마인가?

① 22.0 ② 44.0
③ 66.0 ④ 88.0

해설 용해도는 물 100g에 최대로 녹는 용질의 양을 의미한다. 물 50g에 질산나트륨이 44g 녹는다면, 비례하여 물 100g에서는 질산나트륨이 88g 녹는다.
따라서, 용해도는 88이다.

34 제2족 구리족 양이온과 제2족 주석족 양이온을 분리하는 시약은?

① HCl ② H_2S
③ Na_2S ④ $(NH_4)_2CO_3$

해설 KOH과 H_2S를 넣으면 구리족 양이온이 침전되며 주석족 양이온과 분리된다.

27.① 28.④ 29.③ 30.③ 31.④ 32.① 33.④ 34.②

35 $Hg_2(NO_3)_2$ 용액에 시약을 가할 경우, 수은을 유리시킬 수 있는 시약으로만 나열된 것은?

① NH_4OH, $SnCl_2$
② $SnCl_4$, NaOH
③ $SnCl_2$, $FeCl_2$
④ HCHO, $PbCl_2$

해설 $Hg_2(NO_3)_2$ 용액을 NH_4OH으로 약한 염기성으로 만든 후, $SnCl_2$을 이용하여 염화물로 침전한다.

36 0.01N HCl 용액 200mL를 NaOH으로 적정하니 80.00mL가 소요되었다면, 이때 NaOH의 농도는?

① 0.05N ② 0.025N
③ 0.125N ④ 2.5N

해설 중화점(당량점)
HCl의 당량수=NaOH의 당량수
노르말농도×부피=노르말농도×부피
0.01N×200mL=x(N)×80mL
∴ NaOH=0.025N

37 0.1N $KMnO_4$ 표준용액을 적정할 때에 사용하는 시약은?

① NaOH
② $Na_2C_2O_4$
③ K_2CrO_4
④ NaCl

해설 과망간산칼륨($KMnO_4$)의 적정 시 사용하는 시약은 옥살산나트륨($Na_2C_2O_4$)이다.
$2KMnO_4 + 5Na_2C_2O_4 + 8H_2SO_4$
$\rightarrow K_2SO_4 + 10CO_2 + 2MnSO_4 + 5Na_2SO_4 + 8H_2O$

38 수소발생장치를 이용하여 비소를 검출하는 방법은?

① 구차이트 반응
② 추가에프 반응
③ 마시의 시험반응
④ 베텐도르프 반응

해설 마시의 시험반응은 영국의 마시(Marsh J.)가 밝힌 미량의 비소, 특히 아비소산을 검출하는 방법이다. 모든 비소화합물이 산성 용액이며, 발생기(發生機)의 수소에 의하여 비소화 수소가 발생하는 것을 이용한다.

39 뮤렉사이드(MX) 금속 지시약은 다음 중 어떤 금속이온의 검출에 사용되는가?

① Ca, Ba, Mg
② Co, Cu, Ni
③ Zn, Cd, Pb
④ Ca, Ba, Sr

해설 뮤렉사이드(MX) 지시약은 착이온 지시약으로 Co, Cu, Ni 검출에 사용된다.

40 다음 염화물 시료 중의 염소이온을 폴하르트법(Volhard)으로 적정하고자 할 때 주로 사용하는 지시약은?

① 철명반 ② 크롬산칼륨
③ 플루오레세인 ④ 녹말

해설
- 폴하르트법의 지시약 : Fe^{3+}(철명반)
- 파얀스법의 지시약 : 플루오레세인, 에오신

41 다음 중 적외선 스펙트럼의 원리로 옳은 것은?

① 핵자기 공명
② 전하 이동 전이
③ 분자 전이 현상
④ 분자의 진동이나 회전운동

해설 ① 핵자기 공명 : 라디오파
③ 분자 전이 현상 : 자외선-가시광선
④ 분자의 진동이나 회전운동 : 적외선

42 파장의 길이 단위인 1Å과 같은 길이는?

① 1nm ② 0.1μm
③ 0.1nm ④ 100nm

해설 1Å = 10^{-10}m = 0.1nm

43 pH meter를 사용하여 산화·환원 전위차를 측정할 때 사용되는 지시전극은?

① 백금전극 ② 유리전극
③ 안티몬전극 ④ 수은전극

해설 pH meter의 지시전극으로 유리막전극(유리전극)을 사용하며, 기준전극으로 주로 포화 칼로멜전극으로 이용한다.

35.① 36.② 37.② 38.③ 39.② 40.① 41.④ 42.③ 43.②

44 기체-액체 크로마토그래피(GLC)에서 정지상과 이동상을 올바르게 표현한 것은?

① 정지상 - 고체, 이동상 - 기체
② 정지상 - 고체, 이동상 - 액체
③ 정지상 - 액체, 이동상 - 기체
④ 정지상 - 액체, 이동상 - 고체

해설 기체-액체 크로마토그래피에서 이동상은 기체, 정지상은 고체 표면에 시료가 용해될 수 있는 액체를 입혀 사용한다.

45 다음 반응식의 표준전위는 얼마인가? (단, 반반응의 표준환원전위는 $Ag^+ + e^- \rightleftarrows Ag(s)$, $E° = +0.799V$, $Cd^{2+} + 2e^- \rightleftarrows Cd(s)$, $E° = -0.402V$)

$$Cd(s) + 2Ag^+ \rightleftarrows Cd^{2+} + 2Ag(s)$$

① +1.201V ② +0.397V
③ +2.000V ④ −1.201V

해설 표준전위=환원전극의 표준전위−산화전극의 표준전위
=0.799V−(−0.402V)
=1.201V

46 pH 미터에 사용하는 유리전극에는 어떤 용액이 채워져 있는가?

① pH 7의 NaOH 불포화 용액
② pH 10의 NaOH 포화 용액
③ pH 7의 KCl 포화 용액
④ pH 10의 KCl 포화 용액

해설 유리전극은 pH 7의 중성 KCl 포화 용액으로 채워져 유지되어야 한다.

47 적외선 분광광도계의 흡수 스펙트럼으로부터 유기물질의 구조를 결정하는 방법 중 카르보닐기가 강한 흡수를 일으키는 파장의 영역은?

① $1,300 \sim 1,000cm^{-1}$
② $1,820 \sim 1,660cm^{-1}$
③ $3,400 \sim 2,400cm^{-1}$
④ $3,600 \sim 3,300cm^{-1}$

해설 카르보닐기 C=O의 파수는 평균적으로 $1,750cm^{-1}$이다.
∴ $1,820 \sim 1,660cm^{-1}$

48 과망간산칼륨($KMnO_4$) 표준용액 1,000ppm을 이용하여 30ppm의 시료용액을 제조하고자 한다. 그 방법으로 옳은 것은?

① 3mL를 취하여 메스플라스크에 넣고 증류수로 채워 10mL가 되게 한다.
② 3mL를 취하여 메스플라스크에 넣고 증류수로 채워 100mL가 되게 한다.
③ 3mL를 취하여 메스플라스크에 넣고 증류수로 채워 1,000mL가 되게 한다.
④ 30mL를 취하여 메스플라스크에 넣고 증류수로 채워 10,000mL가 되게 한다.

해설 농도×부피=일정
따라서, 1,000ppm×3mL=30ppm×100mL
3mL를 취하여 메스플라스크에 넣고 증류수로 채워 100mL가 되게 한다.

49 기체 크로마토그래피에서 시료 주입구의 온도 설정으로 옳은 것은?

① 시료 중 휘발성이 가장 높은 성분의 끓는점보다 20℃ 낮게 설정
② 시료 중 휘발성이 가장 높은 성분의 끓는점보다 50℃ 높게 설정
③ 시료 중 휘발성이 가장 낮은 성분의 끓는점보다 20℃ 낮게 설정
④ 시료 중 휘발성이 가장 낮은 성분의 끓는점보다 50℃ 높게 설정

해설 시료 전체가 충분히 휘발되기 위해서는 적어도 휘발성이 가장 낮은 성분의 끓는점보다 충분히 높게 설정해야 한다.

50 용액의 두께가 10cm, 농도가 5mol/L이며, 흡광도가 0.2이면, 몰흡광도계수(L/mol · cm)는?

① 0.001 ② 0.004
③ 0.1 ④ 0.2

해설 $A = \varepsilon bc$
여기서, A : 흡광도
ε : 몰흡광도
b : 용액의 두께
c : 용액의 농도
$0.2 = \varepsilon \times 10 \times 5$
∴ $\varepsilon = 0.004$

44.③ 45.① 46.③ 47.② 48.② 49.④ 50.②

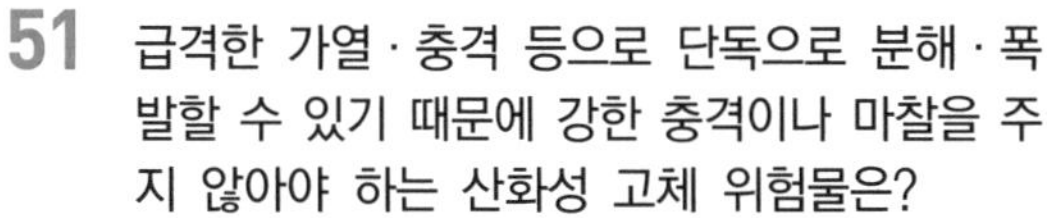

51 급격한 가열·충격 등으로 단독으로 분해·폭발할 수 있기 때문에 강한 충격이나 마찰을 주지 않아야 하는 산화성 고체 위험물은?

① 질산암모늄 ② 과염소산
③ 질산 ④ 과산화벤조일

 ① 질산암모늄 : 산화성 고체
② 과염소산, ③ 질산 : 산화성 액체
④ 과산화벤조일 : 자기반응성 물질

52 람베르트 법칙 $T = e^{-kb}$에서 b가 의미하는 것은 무엇인가?

① 농도
② 상수
③ 용액의 두께
④ 투과광의 세기

해설 $-\frac{dI}{dx} = kI$, $-\frac{dI}{I} = kdx$, $\ln\frac{I}{I_0} = -kx$,
$T = \frac{I}{I_0} = e^{-kx}$
여기서, I : 투과광의 세기, T : 투과도
x : 용액의 두께(투과길이), k : 상수

53 가스 크로마토그래피의 정량분석에 일반적으로 사용되는 방법은?

① 크로마토그램의 무게
② 크로마토그램의 면적
③ 크로마토그램의 높이
④ 크로마토그램의 머무름시간

해설 • 정성분석 : 크로마토그램의 머무름시간
• 정량분석 : 크로마토그램의 면적

54 다음 중 각 물질의 특징에 대한 설명으로 틀린 것은?

① 염산은 공기 중에 방치하면 염화수소 가스를 발생시킨다.
② 과산화물에 열을 가하면 산소를 발생시킨다.
③ 마그네슘 가루는 공기 중의 습기와 반응하여 자연발화한다.
④ 흰인은 공기 중의 산소와 화합하지 않는다.

해설 흰인은 자연발화성 물질로 공기 중 산소와 반응하여 쉽게 발화한다.

55 다음 보기에서 GC(기체 크로마토그래피)의 검출기가 갖추어야 할 조건 중 옳은 것은 모두 몇 개인가?

• 검출한계가 높아야 한다.
• 가능하면 모든 시료에 같은 응답신호를 보여야 한다.
• 검출기 내에 시료의 머무는 부피는 커야 한다.
• 응답시간이 짧아야 한다.
• S/N 비가 커야 한다.

① 1개 ② 2개
③ 3개 ④ 4개

해설 기체 크로마토그래피(GC)의 검출기가 갖추어야 할 조건
• 검출한계가 낮아야 한다.
• 각각의 시료에 따른 서로 다른 응답신호를 보여야 한다.
• 검출기 내에 시료의 머무는 부피는 커야 한다.
• 응답시간이 짧아야 한다.
• S/N 비가 커야 한다.

56 황산구리 용액을 전기무게분석법으로 구리의 양을 분석하려고 한다. 이때 일어나는 반응이 아닌 것은?

① $Cu^{2+} + 2e^- \rightarrow Cu$
② $2H^+ + 2e^- \rightarrow H_2$
③ $2H_2O \rightarrow O_2 + 4H^+ + 4e^-$
④ $SO_4^+ \rightarrow SO_2 + O_2 + 4e^-$

해설 ④ $SO_4^+ + e^- \rightarrow SO_2 + O_2$

57 다음 중 pH meter의 사용방법에 대한 설명으로 틀린 것은?

① pH 전극은 사용하기 전에 항상 보정해야 한다.
② pH 측정 전에 전극 유리막은 항상 말라 있어야 한다.
③ pH 보정 표준용액은 미지시료의 pH를 포함하는 범위이어야 한다.
④ pH 전극 유리막은 정전기가 발생할 수 있으므로 비벼서 닦으면 안 된다.

해설 pH 측정 전에 전극 유리막은 버퍼 용액에 충분히 젖어 있어야 한다.

51.① 52.③ 53.② 54.④ 55.③ 56.④ 57.②

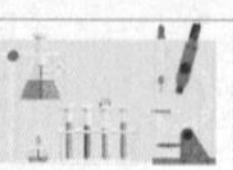

58 다음 중 흡광광도분석장치의 구성 순서로 옳은 것은?

① 광원부 – 시료부 – 파장 선택부 – 측광부
② 광원부 – 파장 선택부 – 시료부 – 측광부
③ 광원부 – 시료부 – 측광부 – 파장 선택부
④ 광원부 – 파장 선택부 – 측광부 – 시료부

해설 광원부에서 나온 빛은 파장 선택부에서 흡광도가 가장 높은 파장이 선택된 후 시료부에서 흡수되며, 이를 측광부에서 측정하여 흡광도를 알아낸다.

59 가시광선의 파장 영역으로 가장 옳은 것은?

① 400nm 이하
② 400~800nm
③ 800~1,200nm
④ 1,200nm 이상

해설 파장 영역의 구분
- 400nm 이하 : 자외선 영역
- 400~800nm : 가시광선 영역
- 800nm 이상 : 적외선 영역

60 액체 크로마토그래피의 검출기가 아닌 것은?

① UV 흡수 검출기
② IR 흡수 검출기
③ 전도도 검출기
④ 이온화 검출기

해설 이온화 검출기는 기체 크로마토그래피에 사용되는 검출기이다.

58.② 59.② 60.④

화학분석기능사

| 2011년 7월 31일 시행

01 pH 5인 염산과 pH 10인 수산화나트륨을 어떤 비율로 섞으면 완전 중화가 되는가? (단, 염산 : 수산화나트륨의 비)

① 1 : 2 ② 2 : 1
③ 10 : 1 ④ 1 : 10

해설 pH+pOH=14에서
pH 5의 농도는 10^{-5}M 농도의 염산(HCl)
pH 10의 농도는 pOH=4이고 10^{-4}M 농도의 수산화나트륨(NaOH)
동일한 농도가 되기 위해서
$10^{-5}\text{M} \times V_{염산} = 10^{-4}\text{M} \times V_{수산화나트륨}$
따라서, $V_{염산} : V_{수산화나트륨} = 10 : 1$

02 다음 중 펠링용액(Fehling's solution)을 환원시킬 수 있는 물질은?

① CH_3COOH ② CH_3OH
③ C_2H_5OH ④ HCHO

해설 알데하이드(–CHO)는 펠링용액 환원반응과 은거울 반응을 한다.

03 다음 중 화학결합물 분자의 입체구조가 정사면체 모양이 아닌 것은?

① CH_4 ② BH_4^-
③ NH_3 ④ NH_4^+

해설 NH_3는 비공유 전자쌍을 하나 가진 피라미드 모양이다.

04 일정한 압력하에서 10℃의 기체가 2배로 팽창하였을 때의 온도는?

① 172℃ ② 293℃
③ 325℃ ④ 487℃

해설 절대온도와 부피는 비례한다.
$T_2 : T_1 = V_2 : V_1$이므로,
T_1=10℃+273=283K
T_2 : 283 = 2 : 1, T_2=586K
∴ 586−273=293℃

05 금속결합의 특징에 대한 설명으로 틀린 것은?

① 양이온과 자유전자 사이의 결합이다.
② 열과 전기의 부도체이다.
③ 연성과 전성이 크다.
④ 광택을 가진다.

해설 금속결합은 자유전자로 인해 열전도성, 전기전도성이 크고 광택을 가지며, 연성(늘임성)과 전성(펴짐성)이 좋다.

06 탄소화합물의 특성에 대한 설명 중 틀린 것은?

① 화합물의 종류가 많다.
② 대부분 무극성이나 극성이 약한 분자로 존재하므로 분자 간 인력이 약해 녹는점, 끓는점이 낮다.
③ 대부분 비전해질이다.
④ 원자 간 결합이 약해 화학반응을 하기 쉽다.

해설 탄소화합물의 원자 간 결합은 공유결합으로, 결합의 세기가 세다.

07 다음 중 비전해질은 어느 것인가?

① NaOH
② HNO_3
③ CH_3COOH
④ C_2H_5OH

해설 비전해질의 경우 이온화되지 않는 물질이다.
①, ②, ③의 물질은 전해질로, 다음과 같이 이온화한다.
① $NaOH \rightarrow Na^+ + OH^-$
② $HNO_3 \rightarrow H^+ + NO_3^-$
③ $CH_3COOH \rightarrow CH_3COO^- + H^+$

08 다음 원소 중 원자의 반지름이 가장 큰 원소는?

① Li ② Be
③ B ④ C

해설 주기율표에서 같은 족 원소는 아래로 내려갈수록, 같은 주기 원소는 왼쪽으로 갈수록 원자 반지름이 커진다.
2주기 원소를 원자의 반지름 크기 순서대로 나열하면 다음과 같다.
Li > Be > B > C > N > O > F > Ne

01.③ 02.④ 03.③ 04.② 05.② 06.④ 07.④ 08.①

09 다음 중 상온에서 찬물과 반응하여 심하게 수소를 발생시키는 것은?

① K ② Mg
③ Al ④ Fe

해설 찬물과 반응해서 수소기체를 발생시키는 물질의 반응성은 알칼리금속인 1족 원소가 가장 크고, 1족 원소 중에서도 원자번호가 클수록 반응성이 커진다.
① K : 1족 원소(알칼리금속)
② Mg : 2족 원소(알칼리토금속)
③ Al : 13족 원소
④ Fe : 전이원소

10 공업용 NaOH의 순도를 알고자 4.0g을 물에 용해시켜 1L로 하고, 그 중 25mL를 취하여 0.1N H_2SO_4로 중화시키는 데 20mL가 소요되었다. 이 NaOH의 순도는 몇 %인가? (단, 원자량은 Na=23, S=32, H=1, O=16이다.)

① 60 ② 70
③ 80 ④ 90

해설 NaOH의 순도 비율을 x라고 하면, 실제 4g 중 NaOH의 질량은 $4x$이다. NaOH의 당량질량은 23+16+1=40이므로, NaOH의 당량수는 $4x/40=0.1x$이다.
이를 1L에 용해시켜 25mL를 취했으므로 1/4만큼 감소하게 된다. 따라서 $0.1x/4=0.025x$가 황산(H_2SO_4)과 반응한 당량수이다.
황산의 당량수는 노르말농도(N)×부피(V)이므로, 0.1×0.02=0.002eq이다.
따라서, $0.025x=0.002$이므로, $x=0.8$이 되고, %순도는 100을 곱한 80%이다.

11 물 1몰을 전기분해하여 산소를 얻을 때 필요한 전하량은 몇 F인가? (단, 물의 산화반응은 $H_2O \rightarrow \frac{1}{2}O_2 + 2H^+ + 2e^-$이다.)

① 1 ② 2
③ 40 ④ 96,500

해설 산화반응식에서 계수비를 보면 물 1몰당 전자 2몰이 나오므로, 전자의 전하량은 2F가 된다.

12 다음 화합물 중 염소(Cl)의 산화수가 +3인 것은?

① $HClO$ ② $HClO_2$
③ $HClO_3$ ④ $HClO_4$

해설 ① $H^{(+1)}Cl^{(+1)}O^{(-2)}$ ⇒ 염소산화수 : +1
② $H^{(+1)}Cl^{(+3)}O^{(-2)}{}_2$ ⇒ 염소산화수 : +3
③ $H^{(+1)}Cl^{(+5)}O^{(-2)}{}_3$ ⇒ 염소산화수 : +5
④ $H^{(+1)}Cl^{(+7)}O^{(-2)}{}_4$ ⇒ 염소산화수 : +7

13 포화 탄화수소에 대한 설명으로 옳은 것은?

① 2중결합으로 되어 있다.
② 치환반응을 한다.
③ 첨가반응을 잘 한다.
④ 기하 이성질체를 갖는다.

해설 포화 탄화수소의 경우 탄소－탄소 결합이 단일결합(C－C)으로, 나머지 결합은 모두 수소가 결합되어 있는 화합물이다. 따라서 반응하기 위해서는 기존 결합을 끊고 새로운 결합을 형성하는 치환반응을 하게 된다.

14 다음 중 산성염에 해당하는 것은?

① NH_4Cl ② $CaSO_4$
③ $NaHSO_4$ ④ $Mg(OH)Cl$

해설
- 산성염 : H^+을 포함하는 염($NaHSO_4$)
- 염기성염 : OH^-를 포함하는 염[$Mg(OH)Cl$]
- 중성염 : H^+나 OH^-를 포함하지 않는 염($CaSO_4$, NH_4Cl)

15 다음 반응식 중 첨가반응에 해당하는 것은?

① $3C_2H_2 \rightarrow C_6H_6$
② $C_2H_4 + Br_2 \rightarrow C_2H_4Br_2$
③ $C_2H_5OH \rightarrow C_2H_4 + H_2O$
④ $CH_4 + Cl_2 \rightarrow CH_3Cl + HCl$

해설 ① $3C_2H_2 \rightarrow C_6H_6$: 중합반응
② $C_2H_4 + Br_2 \rightarrow C_2H_4Br_2$: 첨가반응
③ $C_2H_5OH \rightarrow C_2H_4 + H_2O$: 축합반응(분자 내 탈수)
④ $CH_4 + Cl_2 \rightarrow CH_3Cl + HCl$: 치환반응(자리교환반응)

16 Fe^{3+}과 반응하여 청색 침전을 만드는 물질은?

① $KSCN$
② $PbCrO_4$
③ $K_3Fe(CN)_6$
④ $K_4Fe(CN)_6$

해설 프러시안블루($Fe^{(3+)}{}_4[Fe^{(2+)}(CN)_6]_3$)는 청색 침전물로, 주로 청색 염료로 사용되며, 반응물로는 Fe^{3+}와 $Fe(CN)_6{}^{4-}$가 필요하다.
④에서, $K_4Fe(CN)_6 \rightarrow 4K^+ + Fe(CN)_6{}^{4-}$이다.

09.① 10.③ 11.② 12.② 13.② 14.③ 15.② 16.④

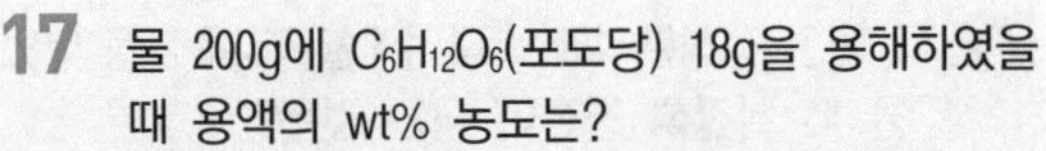

17 물 200g에 $C_6H_{12}O_6$(포도당) 18g을 용해하였을 때 용액의 wt% 농도는?

① 7　② 8.26
③ 9　④ 10.26

해설 $\text{wt\% 농도} = \dfrac{\text{용질의 질량}}{\text{용액의 질량}} \times 100$

$= \dfrac{18}{200+18} \times 100$

$= 8.26\%$

18 600K를 랭킨온도 °R로 표시하면 얼마인가?

① 327　② 600
③ 1,080　④ 1,112

해설 1.8K=1°R이므로

$600\text{K} \times \dfrac{1.8°\text{R}}{1\text{K}} = 1{,}080°\text{R}$

19 다음 중 혼합물과 이를 분리하는 방법 및 원리를 연결한 것으로 잘못된 것은?

	혼합물	적용원리	분리방법
①	NaCl, KNO_3	용해도의 차	분별결정
②	H_2O, C_2H_5OH	끓는점의 차	분별증류
③	모래, 요오드	승화성	승화
④	석유, 벤젠	용해성	분액깔때기

해설 석유, 벤젠의 경우 둘다 상호 용해되기 때문에 상분리가 되지 않아 분액깔때기로 분리하기 어렵다.

20 다음 중 방향족 화합물은?

① CH_4　② C_2H_4
③ C_3H_8　④ C_6H_6

해설
- 지방족 화합물 : CH_4, C_2H_4, C_3H_8
- 방향족 화합물 : C_6H_6

21 다음 중 알칼리금속에 속하지 않는 것은?

① Li　② Na
③ K　④ Ca

해설
- 알칼리금속 : Li, Na, K, Rb, Cs
- 알칼리토금속 : Be, Ma, Ca, Sr, Ba

22 다음 중 보일-샤를의 법칙이 가장 잘 적용되는 기체는?

① O_2　② CO_2
③ NH_3　④ H_2

해설 보일-샤를의 법칙이 적용되는 기체는 이상기체이며, 분자 간 인력이 약하고 입자의 크기가 작을수록 이상기체에 가까워진다.
따라서 분자량이 작고, 인력이 가장 약한 H_2가 이상기체에 가장 가깝다.

23 지방족 탄화수소 중 알칸(alkane)류에 해당하며, 탄소가 5개로 이루어진 유기화합물의 구조적 이성질체수는 모두 몇 개인가?

① 2개　② 3개
③ 4개　④ 5개

해설 구조적 이성질체 3가지

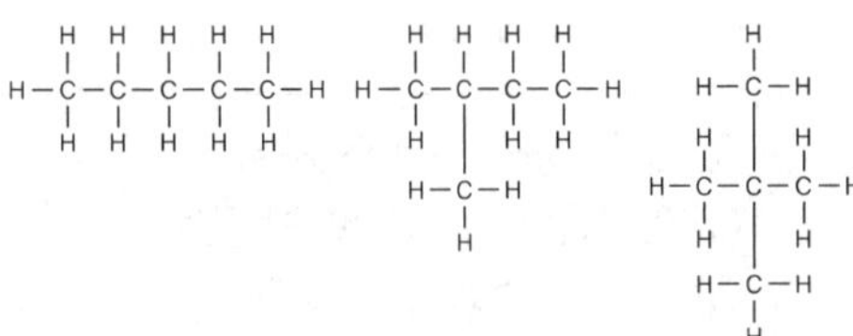

24 용액의 끓는점 오름은 어느 농도에 비례하는가?

① 백분율농도
② 몰농도
③ 몰랄농도
④ 노르말농도

해설 용액의 끓는점 오름
$\Delta T_b = K_b$(몰랄오름상수)$\times m$(몰랄농도)

25 염이 수용액에서 전리할 때 생기는 이온의 일부가 물과 반응하여 수산이온이나 수소이온을 냄으로써, 수용액이 산성이나 염기성을 나타내는 것을 가수분해라 한다. 다음 중 가수분해하여 산성을 나타내는 것은?

① K_2SO_4　② NH_4Cl
③ NH_4NO_3　④ CH_3COONa

해설 $NH_4Cl \rightarrow NH_4^+ + Cl^-$
$NH_4^+ \rightarrow NH_3 + H^+$(가수분해, 산성)

17.② 18.③ 19.④ 20.④ 21.④ 22.④ 23.② 24.③ 25.②

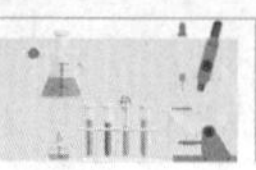

26 다음 중 금속 지시약이 아닌 것은?

① EBT(Eriochrome Black T)
② MX(Murexide)
③ 플루오레세인(fluorescein)
④ PV(Pyrocatechol Violet)

해설 플루오레세인($C_{20}H_{12}O_5$)은 유기화합물 지시약으로, 주로 은법 적정에서 에오신과 함께 흡착 지시약으로 사용된다.

HO, O, O, COOH

27 하버-보시법에 의하여 암모니아를 합성하고자 한다. 다음 중 어떠한 반응조건에서 더 많은 양의 암모니아를 얻을 수 있는가?

$$N_2 + 3H_2 \xrightarrow{\text{촉매}} 2NH_3 + \text{열}$$

① 많은 양의 촉매를 가한다.
② 압력을 낮추고 온도를 높인다.
③ 질소와 수소의 분압을 높이고 온도를 낮춘다.
④ 생성되는 암모니아를 제거하고 온도를 높인다.

해설 촉매의 사용은 반응속도를 빠르게 하지만, 암모니아(NH_3)의 수득률에는 영향을 주지 못한다.
암모니아 생성반응은 열이 발생하는 발열반응이며, 기체 입자수가 감소하는 반응이다. 르샤틀리에의 원리에 따라 온도를 낮추게 되면 온도를 높이기 위해 정반응으로 진행하므로 암모니아의 생성을 높일 수 있다. 다음으로 질소와 수소의 분압을 높일 경우 분압을 낮추기 위해 정반응으로 반응이 진행되어 암모니아의 생성을 높일 수 있다.

28 산화 · 환원 반응을 이용한 부피분석법은?

① 산화 · 환원 적정법
② 침전 적정법
③ 중화 적정법
④ 중량 적정법

해설 ① 산화 · 환원 적정법 : 산화 · 환원 반응
② 침전 적정법 : 침전 반응
③ 중화 적정법 : 산 · 염기 반응
④ 중량 적정법 : 강열분해반응

29 양이온 정성분석에서 다이메틸글리옥심을 넣었을 때 빨간색 침전이 되는 것은?

① Fe^{3+} ② Cr^{3+}
③ Ni^{2+} ④ Al^{3+}

해설 다이메틸글리옥심은 니켈이온과 반응하여 붉은색의 침전물을 만든다.

30 $CuSO_4 \cdot 5H_2O$ 중의 Cu를 정량하기 위해 시료 0.5012g을 칭량하여 물에 녹여 KOH을 가했을 때 $Cu(OH)_2$의 청백색 침전이 생긴다. 이때 이론상 KOH은 약 몇 g이 필요한가? (단, 원자량은 각각 Cu=63.54, S=32, O=16, K=39이다.)

① 0.1125 ② 0.2250
③ 0.4488 ④ 1.0024

해설 $CuSO_4 \cdot 5H_2O$의 화학식량은 다음과 같다.
63.54+32+16×4+5×(2+16)=249.54
여기서 Cu^{2+}이므로, 당량질량은 249.54/2=124.77
$CuSO_4 \cdot 5H_2O$의 당량수=0.5012g/124.77=0.004eq
Cu^{2+}의 당량수=0.004eq
필요한 KOH의 당량수=0.004eq
∴ KOH의 질량=당량수×당량질량
=0.004×(39+16+1)=0.225g

31 다음 중 화학평형의 이동과 관계없는 것은?

① 입자의 운동에너지 증감
② 입자 간 거리의 변동
③ 입자 수의 증감
④ 입자 표면적의 크고 작음

해설 화학평형의 이동에 영향을 주는 인자 : 온도, 압력, 농도
- 온도 : 운동에너지의 영향
- 압력 : 입자 간 거리 변동의 영향
- 농도 : 입자 수의 증감

32 다음 금속이온 중 수용액 상태에서 파란색을 띠는 이온은?

① Rb^{++} ② Co^{++}
③ Mn^{++} ④ Cu^{++}

해설 ① Rb^{2+} : 무색
② Co^{2+} : 분홍색
③ Mn^{2+} : 엷은 분홍색
④ Cu^{2+} : 파란색

26.③ 27.③ 28.① 29.③ 30.② 31.④ 32.④

33 다음 반응에서 침전물의 색깔은?

$$Pb(NO_3)_2 + K_2CrO_4 \rightarrow PbCrO_4 \downarrow + 2KNO_3$$

① 검은색
② 빨간색
③ 흰색
④ 노란색

해설 침전물의 색상에 따른 물질 구분
- 노란색 : PbI_2, CdS, $PbCrO_4$, AgI
- 검은색 : PbS, CuS
- 흰색 : AgCl, ZnS, $CaCO_3$, $CaSO_4$, $PbSO_4$, $BaSO_4$

34 양이온 제2족의 구리족에 속하지 않는 것은?

① Bi_2S_3 ② CuS
③ CdS ④ Na_2SnS_3

해설 양이온 2족 황화물
- 구리족 : Cu, Hg, Cd, Bi, Pb
- 주석족 : As, Sb, Sn

35 산화 · 환원 적정법에 해당되지 않는 것은?

① 요오드법
② 과망간산염법
③ 아황산염법
④ 중크롬산염법

해설 ③ 아황산염법은 산 · 염기 적정법이다.

36 어떤 물질의 포화 용액 120g 속에 40g의 용질이 녹아 있다. 이 물질의 용해도는?

① 40 ② 50
③ 60 ④ 70

해설 용해도 : 용매 100g에 최대로 녹을 수 있는 용질의 질량
용매=용액−용질=120−40=80
용매 : 용질의 비는 일정하므로,
80 : 40 = 100 : x
∴ x=50

37 다음 중 붕사 구슬반응에서 산화 불꽃으로 태울 때 적자색(빨간 자주색)으로 나타나는 양이온은?

① Ni^{2+} ② Mn^{2+}
③ Co^{2+} ④ Fe^{2+}

해설 ① Ni^{2+} : 적갈색
② Mn^{2+} : 적자색
③ Co^{2+} : 청색
④ Fe^{2+} : 황색 ~ 무색

38 0.5L의 수용액 중에 수산화나트륨이 40g 용해되어 있으면 몇 노르말(N) 농도인가? (단, 원자량은 각각 Na=23, H=1, O=16이다.)

① 0.5 ② 1
③ 2 ④ 5

해설 수산화나트륨 NaOH의 당량질량=23+1+16=40
NaOH의 당량수=40/40=1eq
∴ NaOH의 노르말농도=1eq/0.5L=2N

39 물의 경도, 광물 중 각종 금속의 정량, 간수 중 칼슘의 정량 등에 가장 적합한 분석법은?

① 중화 적정법
② 산 · 염기 적정법
③ 킬레이트 적정법
④ 산화 · 환원 적정법

해설 Ca^{2+} 등의 금속이온은 EDTA 등의 킬레이트와 반응시키는 킬레이트 적정법(착이온 형성)을 이용하면 금속이온의 농도를 계산할 수 있다.

40 $KMnO_4$ 표준용액으로 적정할 때 HCl 산성으로 하지 않는 주된 이유는?

① MnO_2이 생성하므로
② Cl_2가 발생하므로
③ 높은 온도로 가열해야 하므로
④ 종말점 판정이 어려우므로

해설 $KMnO_4$은 강한 산화제이므로, HCl를 이용할 경우 Cl^-을 산화시켜 Cl_2의 유독기체를 발생시킬 수 있다.

41 광원으로부터 들어온 여러 파장의 빛을 각 파장별로 분산하여 한 가지 색에 해당하는 파장의 빛을 얻어내는 장치는?

① 검출장치 ② 빛 조절관
③ 단색화 장치 ④ 색 인식장치

해설 단색화 장치 : 여러 파장(다색)의 빛을 파장별로 분산시켜 한 가지 파장(단색)을 얻어내는 장치

33.④ 34.④ 35.③ 36.② 37.② 38.③ 39.③ 40.② 41.③

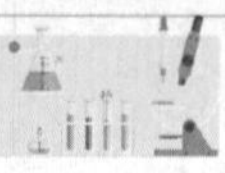

42 다음 전기회로에서 전류는 몇 암페어(A)인가?

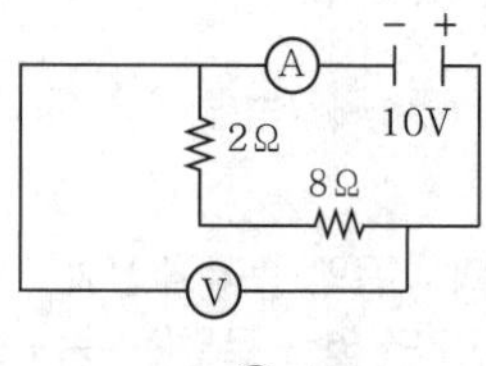

① 0.5 ② 1
③ 2.8 ④ 5

해설 저항은 8Ω+2Ω=10Ω이고, 전압은 10V이므로, 옴의 법칙으로 계산하면 다음과 같다.

$$I(\text{전류}) = \frac{V(\text{전압})}{R(\text{저항})} = \frac{10\text{V}}{10\Omega} = 1\text{A}$$

43 원자흡수분광계에서 속빈 음극램프의 음극 물질로 Li이나 As를 사용할 경우 충전기체로 가장 적당한 것은?

① Ne ② Ar
③ He ④ H_2

해설 충전기체가 방전되어 속빈 음극 램프에 Li 또는 As와 충돌하여 들뜬 상태의 Li, As 원자 기체를 만들 수 있어야 하므로 분자량이 큰 비활성 기체인 Ar이 적당하다.

44 불꽃 없는 원자흡수분광법 중 차가운 증기 생성법(cold vapor generation method)을 이용하는 금속원소는?

① Na ② Hg
③ As ④ Sn

해설 차가운 증기 생성이 가능한 물질은 금속 중에 유일하게 상온에서 액체로 존재하는 수은(Hg)이다.

45 다음은 원자 흡수와 원자 방출을 나타낸 것이다. A와 B가 바르게 짝지어진 것은?

$$\underset{\text{중성원자}}{M} + \underset{\text{에너지}}{E} \underset{B}{\overset{A}{\rightleftarrows}} \underset{\text{들뜬 상태}}{M^+}$$

① A : 방출, B : 흡수
② A : 방출, B : 방출
③ A : 흡수, B : 방출
④ A : 흡수, B : 흡수

해설 • A : 에너지 흡수
• B : 에너지 방출

46 폴라로그래피에서 사용하는 기준전극과 작업전극은 각각 무엇인가?

① 유리전극과 포화 칼로멜전극
② 포화 칼로멜전극과 수은적하전극
③ 포화 칼로멜전극과 산소전극
④ 염화칼륨전극과 포화 칼로멜전극

해설 폴라로그래피의 경우 적하수은전극을 이용한 전압전류법의 한 종류이다. 작업전극으로 수은방울을 떨어뜨리는 수은적하전극을 사용하고, 기준전극으로는 일반적으로 포화 칼로멜전극을 사용한다.

47 강산이 피부나 의복에 묻었을 경우 중화시키기 위해 가장 적당한 것은?

① 묽은 암모니아수
② 묽은 아세트산
③ 묽은 황산
④ 글리세린

해설 강산이 묻었을 경우 약한 염기(묽은 암모니아)를 이용하여 중화시켜 준다.

48 전위차 적정법에서 종말점을 찾을 수 있는 가장 좋은 방법은?

① 전위차를 세로축으로, 적정 용액의 부피를 가로축으로 해서 그래프를 그린다.
② 일정 적하량당 기전력의 변화율이 최대로 되는 점부터 구한다.
③ 지시약을 사용하여 변색범위에서 적정 용액을 넣어 종말점을 찾는다.
④ 전위차를 계산하여 필요한 적정 용액의 mL수를 구한다.

해설 전위차 적정

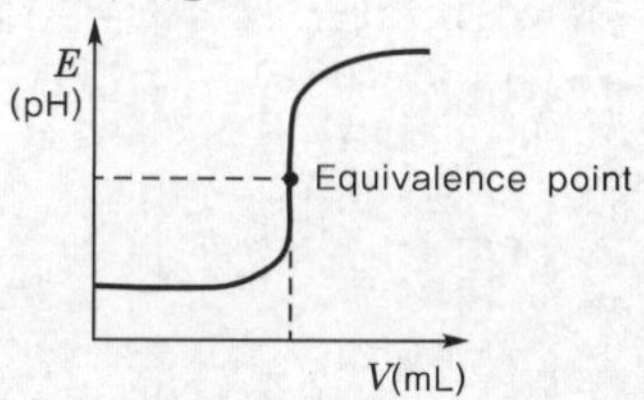

위 그래프에서 가장 기울기가 큰 지점(기전력의 변화율이 가장 큰 지점)이 종말점(당량점)이다.

42.② 43.② 44.② 45.③ 46.② 47.① 48.②

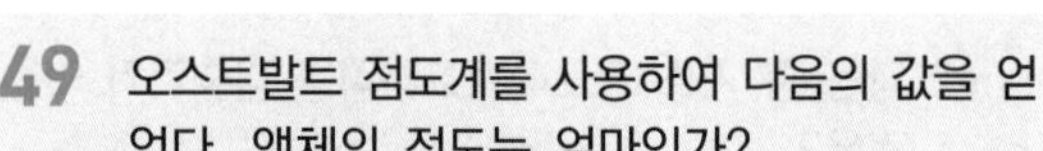

49 오스트발트 점도계를 사용하여 다음의 값을 얻었다. 액체의 점도는 얼마인가?

- 액체의 밀도 : $0.97g/cm^3$
- 물의 밀도 : $1.00g/cm^3$
- 액체가 흘러내리는 데 걸린 시간 : 18.6초
- 물이 흘러내리는 데 걸린 시간 : 20초
- 물의 점도 : 1cP

① 0.9021cP ② 1.0430cP
③ 0.9021P ④ 1.0430P

해설 점도는 밀도에 비례하고, 속도에 반비례하므로 비례식을 이용하여 계산한다.
1cP : $1.00g/cm^3$×20초 = x : $0.97g/cm^3$×18.6초
∴ x=0.9021cP

50 두 가지 이상의 혼합물질을 단일성분으로 분리하여 분석하는 기법은?

① 크로마토그래피
② 핵자기공명흡수법
③ 전기무게분석법
④ 분광광도법

해설 크로마토그래피 : 혼합물을 이동상과 정지상의 인력 차이에 의해 분리하여 분석하는 방법

51 분광광도계의 시료 흡수용기 중 자외선 영역에서 셀로 적합한 것은?

① 석영 셀
② 유리 셀
③ 플라스틱 셀
④ KBr 셀

해설 ① 석영 셀 : 자외선 영역
② 유리 셀, ③ 플라스틱 셀 : 가시광선 영역
④ KBr 셀 : 적외선 영역

52 다음 중 pH 미터의 보정에 사용하는 용액은?

① 증류수 ② 식염수
③ 완충용액 ④ 강산용액

해설 완충용액의 경우 외부환경 변화에도 pH가 일정하게 유지되므로, 이를 이용하여 pH 보정에 사용한다.

53 유리기구의 취급에 대한 설명으로 틀린 것은?

① 두꺼운 유리용기를 급격히 가열하면 파손되므로 불에 서서히 가열한다.
② 유리기구는 철제, 스테인리스강 등 금속으로 만든 실험실습기구와 따로 보관한다.
③ 메스플라스크, 뷰렛, 메스실린더, 피펫 등 눈금이 표시된 유리기구는 가열하여 건조시킨다.
④ 밀봉한 관이나 마개를 개봉할 때에는 내압이 걸려 있으면 내용물이 분출한다든가 폭발하는 경우가 있으므로 주의한다.

해설 눈금이 표시된 유리기구를 가열하여 건조할 경우 유리 부피의 변화가 생겨 눈금이 부정확해질 수 있으므로 상온에서 건조시킨다.

54 적외선 분광광도계에 의한 고체 시료의 분석방법 중 시료의 취급방법이 아닌 것은?

① 용액법 ② 페이스트(paste)법
③ 기화법 ④ KBr 정제법

해설 ① 용액법 : CCl_4 등의 용매에 녹여 분석
② 페이스트법 : 시료를 분말 상태로 만든 다음 Nujol과 혼합하여 죽(mull) 상태로 만든 후 분석
④ KBr 정제법 : KBr과 잘 분쇄하여 고압을 가한 후 KBr 펠렛을 만든 후 분석

55 유리전극 pH 미터에 증폭회로가 필요한 가장 큰 이유는?

① 유리막의 전기저항이 크기 때문이다.
② 측정가능범위를 넓게 하기 때문이다.
③ 측정오차를 작게 하기 때문이다.
④ 온도의 영향을 작게 하기 때문이다.

해설 유리막의 전기저항이 크기 때문에 pH의 신호가 약해진다. 따라서 증폭회로가 필요하다.

56 다음 중 에너지가 가장 큰 것은?

① 적외선 ② 자외선
③ X선 ④ 가시광선

해설 에너지의 크기 순서
X선 > 자외선 > 가시광선 > 적외선

49.① 50.① 51.① 52.③ 53.③ 54.③ 55.① 56.③

57 다음 크로마토그래피 구성 중 가스 크로마토그래피에는 없고, 액체 크로마토그래피에는 있는 것은?

① 펌프 ② 검출기
③ 주입구 ④ 기록계

해설 액체 크로마토그래피는 이동상인 액체를 이동시키기 위해 펌프를 사용한다.

58 종이 크로마토그래피법에서 이동도(R_f)를 구하는 식은? (단, C : 기본선과 이온이 나타난 사이의 거리[cm], K : 기본선과 전개용매가 전개한 곳까지의 거리[cm])

① $R_f = \frac{C}{K}$ ② $R_f = C \times K$
③ $R_f = \frac{K}{C}$ ④ $R_f = K + C$

$$R_f = \frac{C}{K}$$

여기서, C : 기본선과 이온이 나타난 거리
K : 기본선과 전개용매가 전개한 곳까지의 거리

59 다음 중 가스 크로마토그래피용 검출기가 아닌 것은?

① FID(Flame Ionization Detector)
② ECD(Electron Capture Detector)
③ DAD(Diode Array Detector)
④ TCD(Thermal Conductivity Detector)

해설 ③ DAD : 다이오드 배열 검출기로서 다파장 검출이 가능하고, 고성능 액체 크로마토그래피(HPLC)에 쓰인다.

60 눈으로 감지할 수 있는 가시광선의 파장 범위는?

① 0~190nm
② 200~400nm
③ 400~700nm
④ 1~5m

해설 눈으로 감지가 가능한 영역은 가시광선 빛의 파장 영역으로, 400~700nm 정도이다.

57.① 58.① 59.③ 60.③

2012년 제4회 화학분석기능사

Ⅰ 2012년 7월 22일 시행

01 전기전하를 나타내는 Faraday의 식 $q=nF$에서 F의 값은 얼마인가?

① 96,500coulomb
② 9,650coulomb
③ 6,023coulomb
④ 6.023×10^{23}coulomb

해설 Faraday상수=전자 1몰의 전하량
F=96,500C

02 101.325kPa에서 부피가 22.4L인 어떤 기체가 있다. 같은 온도에서 이 기체의 압력을 202.650kPa로 하면 부피는 얼마가 되겠는가?

① 5.6L ② 11.2L
③ 22.4L ④ 44.8L

해설 101.325kPa×2=202.650kPa
즉, 같은 온도에서 압력이 2배 증가하면 부피는 2배 감소한다(보일의 법칙).
$\therefore \frac{22.4}{2}=11.2\text{L}$

03 0℃의 얼음 1g을 100℃의 수증기로 변화시키는 데 필요한 열량은?

① 540cal ② 640cal
③ 720cal ④ 840cal

해설 얼음의 융해열=80cal/g
물의 기화열=540cal/g
물의 비열=1cal/g · ℃
80cal/g×1g+1cal/g · ℃×1g×100℃+540cal/g×1g
=720cal

04 한 원소의 화학적 성질을 주로 결정하는 것은?

① 원자량
② 전자의 수
③ 원자번호
④ 최외각의 전자 수

해설 원자의 최외각 전자가 주로 화학반응에 참여하므로 최외각 전자 수가 같은 원소들은 화학적 성질이 비슷하다.

05 금속결합물질에 대한 설명 중 틀린 것은?

① 금속원자끼리의 결합이다.
② 금속결합의 특성은 이온전자 때문에 나타난다.
③ 고체 상태나 액체 상태에서 전기를 통한다.
④ 모든 파장의 빛을 반사하므로 고유한 금속 광택을 가진다.

해설 ② 금속결합의 특성은 자유전자 때문에 나타난다.

06 반응속도에 영향을 주는 인자로서 가장 거리가 먼 것은?

① 반응온도
② 반응식
③ 반응물의 농도
④ 촉매

해설 반응속도에 영향을 주는 인자로는 반응물의 농도, 반응온도, 촉매, 상대적 표면적(고체) 등이 있다.

07 R−O−R의 일반식을 가지는 지방족 탄화수소의 명칭은?

① 알데하이드
② 카르복시산
③ 에스테르
④ 에테르

해설 ① 알데하이드 : R−CHO
② 카르복시산 : R−COOH
③ 에스테르 : R−COO−R
④ 에테르 : R−O−R

08 다음 중 착이온을 형성할 수 없는 이온이나 분자는?

① H_2O ② NH_4^+
③ Br^- ④ NH_3

해설 착이온 형성이 가능한 이온 또는 분자(리간드)는 비공유 전자쌍이 존재해야 한다.
② NH_4^+의 경우 비공유 전자쌍이 존재하지 않는다.

01.① 02.② 03.③ 04.④ 05.② 06.② 07.④ 08.②

09 다음 수성 가스 반응의 표준반응열은?

> $C + H_2O(l) \rightleftarrows CO + H_2$
> 표준생성열(290K)
> • $\Delta H_f(H_2O) = -68,317cal$
> • $\Delta H_f(CO) = -26,416cal$

① 68,317cal ② 26,416cal
③ 41,901cal ④ 94,733cal

$\Delta H = \sum_{생성물} \Delta H_f - \sum_{반응물} \Delta H_f$

$\Delta H = \Delta H_f(CO) - \Delta H_f(H_2O)$

$= -26,416cal - (-68,317cal)$

$= 41,901cal$

10 어떤 원소(M)의 1g당량과 원자량이 같을 때 이 원소 산화물의 일반적인 표현을 바르게 나타낸 것은?

① M_2O ② MO
③ MO_2 ④ M_2O_2

$1g당량 = \frac{원자량}{전하}$

즉, 전하가 +1, −1인 경우 원자량과 1g당량이 같다.
따라서, M^+가 되려면 M_2O가 된다.

11 단백질의 검출에 이용되는 정색 반응이 아닌 것은?

① 뷰렛 반응
② 크산토프로테인 반응
③ 닌히드린 반응
④ 은거울 반응

해설 은거울 반응은 알데하이드 검출반응이다.

12 다음 중 분자 1개의 질량이 가장 작은 것은?

① H_2 ② NO_2
③ HCl ④ SO_2

해설 분자량의 크기가 가장 작은 것을 고르면 된다.
각 보기의 분자량은 다음과 같다.
① H_2 : 2
② NO_2 : 46
③ HCl : 36.5
④ SO_2 : 64

13 주기율표에서 전형원소에 대한 설명으로 틀린 것은?

① 전형원소는 1족, 2족, 12~18족이다.
② 전형원소는 대부분 밀도가 큰 금속이다.
③ 전형원소는 금속원소와 비금속원소가 있다.
④ 전형원소는 원자가 전자 수가 족의 끝 번호와 일치한다.

해설 • 전형원소는 알칼리금속, 알칼리토금속 및 비금속원소이다.
• 전이원소는 주로 d오비탈에 전자가 채워지는 원소로, 밀도가 큰 중금속을 포함하고 있다.

14 pH가 3인 산성 용액이 있다. 이 용액의 몰농도(M)는 얼마인가? (단, 용액은 일염기산이며, 100% 이온화한다.)

① 0.0001 ② 0.001
③ 0.01 ④ 0.1

해설 $pH = -\log[H^+]$
$[H^+] = 10^{-\log}(M)$
$pH = 10^{-3}M$

15 수산화나트륨과 같이 공기 중의 수분을 흡수하여 스스로 녹는 성질을 무엇이라 하는가?

① 조해성 ② 승화성
③ 풍해성 ④ 산화성

해설 ② 승화성 : 고체가 기체가 되거나, 기체가 고체가 되는 성질
③ 풍해성 : 공기 중에서 결정수를 잃어 가루가 되는 현상
④ 산화성 : 상대방을 산화시키는 성질

16 어떤 기체의 공기에 대한 비중이 1.10이라면 이것은 어떤 기체의 분자량과 같은가? (단, 공기의 평균 분자량은 29이다.)

① H_2 ② O_2
③ N_2 ④ CO_2

해설 기체의 분자량 = 비중 × 공기 분자량(29) = 1.10 × 29 = 32
각 보기의 분자량은 다음과 같다.
① H_2 : 1+1=2
② O_2 : 16+16=32
③ N_2 : 14+14=28
④ CO_2 : 12+16+16=44
따라서, O_2의 분자량과 같다.

09.③ 10.① 11.④ 12.① 13.② 14.② 15.① 16.②

17 나트륨(Na) 원자는 11개의 양성자와 12개의 중성자를 가지고 있다. 원자번호와 질량수는 각각 얼마인가?

① 원자번호 : 11, 질량수 : 12
② 원자번호 : 12, 질량수 : 11
③ 원자번호 : 11, 질량수 : 23
④ 원자번호 : 11, 질량수 : 1

해설 양성자수=원자번호=11
질량수=양성자수+중성자수=23

18 페놀과 중화반응하여 염을 만드는 것은?

① HCl
② NaOH
③ $Cl_6H_5CO_2H$
④ $C_6H_5CH_3$

해설 ① HCl : 산성
② NaOH : 염기성
③ $Cl_6H_5CO_2H$: 산성
④ $C_6H_5CH_3$: 중성
페놀은 산성이므로 염기성과 중화반응한다.

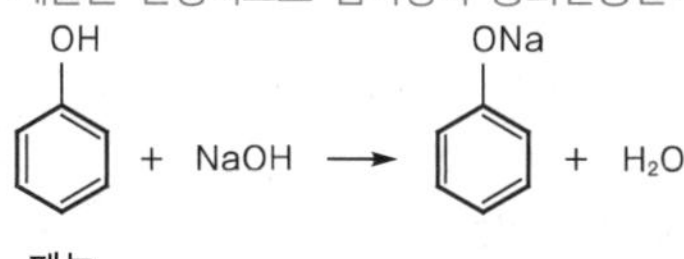

19 다음 물질 중 0℃, 1기압하에서 물에 대한 용해도가 가장 큰 물질은?

① CO_2 ② O_2
③ CH_3COOH ④ N_2

해설 물에 대한 용해도 : 극성 물질 > 비극성 물질
• CH_3COOH : 극성 물질
• CO_2, O_2, N_2 : 비극성 물질

20 다음 탄수화물 중 단당류인 것은?

① 녹말
② 포도당
③ 글리코겐
④ 셀룰로오스

해설 • 단당류 : 포도당
• 다당류 : 녹말, 글리코겐, 셀룰로오스

21 0.205M의 $Ba(OH)_2$ 용액이 있다. 이 용액의 몰랄농도(m)는 얼마인가? (단, $Ba(OH)_2$의 분자량은 171.34이다.)

① 0.205 ② 0.212
③ 0.351 ④ 3.51

해설 $몰농도(M) = \frac{용질의\ 몰수(mol)}{용액의\ 부피(L)}$

$몰랄농도(m) = \frac{용질의\ 몰수(mol)}{용매의\ 질량(kg)}$

용액의 밀도$=\frac{1kg}{1L}$라고 가정하면, 몰농도와 몰랄농도가 같게 된다. 따라서, 0.205m 농도이다.

22 포화 탄화수소 중 알케인(alkane) 계열의 일반식은?

① C_nH_{2n}
② C_nH_{2n+2}
③ C_nH_{2n-2}
④ C_nH_{2n-1}

해설 ① C_nH_{2n} : 알켄
② C_nH_{2n+2} : 알케인
③ C_nH_{2n-2} : 알카인
④ C_nH_{2n-1} : 알킬기

23 원자의 K껍질에 들어있는 오비탈은?

① s ② p
③ d ④ f

해설 • K껍질 : s오비탈
• L껍질 : s, p오비탈
• M껍질 : s, p, d오비탈
• N껍질 : s, p, d, f오비탈

24 결합 전자쌍이 전기음성도가 큰 원자 쪽으로 치우치는 공유결합을 무엇이라 하는가?

① 극성 공유결합
② 다중 공유결합
③ 이온 공유결합
④ 배위 공유결합

해설 • 극성 공유결합 : 결합 전자쌍이 전기음성도가 큰 원자 쪽으로 치우치는 공유결합
• 무극성 공유결합 : 동일 원자의 공유결합

17.③ 18.② 19.③ 20.② 21.① 22.② 23.① 24.①

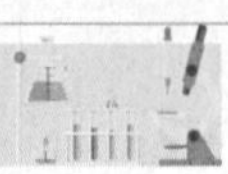

25 할로겐분자의 일반적인 성질에 대한 설명으로 틀린 것은?

① 특유한 색깔을 가지며, 원자번호가 증가함에 따라 색깔이 진해진다.
② 원자번호가 증가함에 따라 분자 간의 인력이 커지므로 녹는점과 끓는점이 높아진다.
③ 수소기체와 반응하여 할로겐화수소를 만든다.
④ 원자번호가 작을수록 산화력이 작아진다.

해설 할로겐분자는 원자번호가 작을수록 환원이 잘 된다(산화력이 크다).
할로겐분자의 산화력 세기는 다음과 같다.
$F_2 > Cl_2 > Br_2 > I_2$

26 0.2mol/L의 H_2SO_4 수용액 100mL를 중화시키는 데 필요한 NaOH의 질량은?

① 0.4g ② 0.8g
③ 1.2g ④ 1.6g

해설 H_2SO_4의 당량수=0.2mol/L×0.1L×2=0.4eq
NaOH의 당량수=0.4eq
∴ NaOH의 질량=0.4eq×40=1.6g

27 제3족 Al^{3+}의 양이온을 NH_4OH으로 침전시킬 때 $Al(OH)_3$이 콜로이드로 되는 것을 방지하기 위하여 함께 가하는 것은?

① NaOH ② H_2O_2
③ H_2S ④ NH_4Cl

해설 강염기에서 콜로이드로 침전되므로 약염기로 만들기 위해 NH_4Cl을 같이 넣어준다.

28 산화 · 환원 적정법 중의 하나인 과망간산칼륨 적정은 주로 산성 용액 상태에서 이루어진다. 이때 분석액을 산성화하기 위하여 주로 사용하는 산은?

① 황산(H_2SO_4)
② 질산(HNO_3)
③ 염산(HCl)
④ 아세트산(CH_3COOH)

해설 적정 반응의 예
$10FeSO_4+8H_2SO_4+2KMnO_4 \rightarrow 5Fe_2(SO_4)_3+K_2SO_4$

29 다음의 반응으로 철을 분석한다면 N/10 $KMnO_4$ (f=1.000) 1mL에 대응하는 철의 양은 몇 g인가? (단, Fe의 원자량은 55.85이다.)

$$10FeSO_4 + 8H_2SO_4 + 2KMnO_4 \rightarrow 5Fe_2(SO_4)_3 + K_2SO_4$$

① 0.005585g Fe ② 0.05585g Fe
③ 0.5585g Fe ④ 5.585g Fe

해설 $KMnO_4$의 당량수=N/10×1mL=0.1meq
Fe의 당량수=0.1meq=0.0001eq
∴ Fe의 질량=0.0001eq×55.8=0.005585g

30 중화 적정법에서 당량점(equivalence point)에 대한 설명으로 가장 거리가 먼 것은?

① 실질적으로 적정이 끝난 점을 말한다.
② 적정에서 얻고자 하는 이상적인 결과이다.
③ 분석물질과 가해준 적정액의 화학양론적 양이 정확하게 동일한 점을 말한다.
④ 당량점을 정하는 데는 지시약 등을 이용한다.

해설 실질적으로 적정이 끝난 점은 종말점이라고 한다.

31 공기 중에 방치하면 불안정하여 검은 갈색으로 변화되는 수산화물은?

① $Cu(OH)_2$
② $Pb(OH)_2$
③ $Fe(OH)_3$
④ $Cd(OH)_2$

해설 구리이온의 경우 공기 중에 방치 시 산소와 반응하여 갈변화된다.

32 양이온 정성분석에서 어떤 용액에 황화수소(H_2S) 가스를 통하였을 때 황화물로 침전되는 족은?

① 제1족 ② 제2족
③ 제3족 ④ 제4족

해설 침전을 일으키는 분족시약의 종류
- 제1족 : HCl
- 제2족 : H_2S
- 제3족 : NH_4OH
- 제4족 : NH_4OH + H_2S

25.④ 26.④ 27.④ 28.① 29.① 30.① 31.① 32.②

33 다음 중 산의 성질이 아닌 것은?

① 신맛이 있다.
② 붉은 리트머스를 푸르게 변색시킨다.
③ 금속과 반응하여 수소를 발생한다.
④ 염기와 중화반응한다.

해설 산은 푸른 리트머스 종이를 붉게 변한다.

34 다음 중 강산과 약염기의 반응으로 생성된 염은?

① NH_4Cl
② $NaCl$
③ K_2SO_4
④ $CaCl_2$

해설 $HCl + NH_4OH \rightarrow H_2O + NH_4Cl$
강산 약염기 물 염

35 SO_4^{2-} 이온을 함유하는 용액으로부터 황산바륨의 침전을 만들기 위하여 염화바륨 용액을 사용할 수 있으나 질산바륨은 사용할 수 없다. 주된 이유는?

① 침전을 생성시킬 수 없기 때문에
② 질산기가 황산바륨의 용해도를 크게 하기 때문에
③ 침전의 입자를 작게 생성하기 때문에
④ 황산기에 흡착되기 때문에

해설 NO_3^-(질산이온)이 $BaSO_4$(황산바륨)의 이온화(용해도)를 증가시킨다.

36 다음 중 Ni의 검출반응은?

① 포겔 반응
② 린만 그린 반응
③ 추가에프 반응
④ 테나르 반응

해설 1905년 추가에프(Tschugaeff)가 니켈(Ni)을 검출하기 위해 처음으로 다이메틸글리옥심을 합성하였다.

Ni^{2+} + 2 (dimethylglyoxime: N–OH, N–OH) $\xrightarrow[-2H_2O]{+2OH^-}$ (Ni-dimethylglyoxime complex)

37 다음 중 융점(녹는점)이 가장 낮은 금속은?

① W ② Pt
③ Hg ④ Na

해설 각 보기 물질의 녹는점은 다음과 같다.
① W : 3,422℃
② Pt : 1,768℃
③ Hg : −38.83℃
④ Na : 97.79℃

38 다음 반응에서 생성되는 침전물의 색상은?

$$Pb^{2+} + H_2SO_4 \rightarrow PbSO_4 + 2H^+$$

① 흰색
② 노란색
③ 초록색
④ 검은색

해설 위 반응식에서 침전물은 $PbSO_4(s)$으로, 흰색을 띤다.

39 다음 중 용해도의 정의를 가장 바르게 나타낸 것은?

① 용액 100g 중에 녹아 있는 용질의 질량
② 용액 1L 중에 녹아 있는 용질의 몰수
③ 용매 1kg 중에 녹아 있는 용질의 몰수
④ 용매 100g에 녹아서 포화 용액이 되는 데 필요한 용질의 g수

해설
- 용해도 : 용매 100g에 녹아서 포화 용액이 되는 데 필요한 용질의 g수
- 몰농도 : 용액 1L 중에 녹아 있는 용질의 몰수
- 몰랄농도 : 용매 1kg 중에 녹아 있는 용질의 몰수

40 원자흡수분광법의 시료 전처리에서 착화제를 가하여 착화합물을 형성한 후, 유기용매로 추출하여 분석하는 용매추출법을 이용하는 주된 이유는?

① 분석 재현성이 증가하기 때문에
② 감도가 증가하기 때문에
③ pH의 영향이 적어지기 때문에
④ 조작이 간편하기 때문에

해설 용매추출을 통해 시료의 농도를 증가시키고, 불순물을 제거함으로써 감도를 증가시키기 위함이다.

33.② 34.① 35.② 36.③ 37.③ 38.① 39.④ 40.②

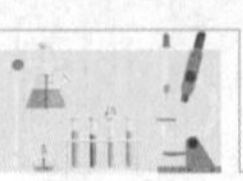

41 황산(H_2SO_4)의 1당량은 얼마인가? (단, 황산의 분자량은 98g/mol이다.)

① 4.9g ② 49g
③ 9.8g ④ 98g

해설 황산의 당량질량$=\frac{\text{분자량}}{H^+\text{이온수}}=49$

즉, 1당량은 49g/eq이다.

42 적외선 분광기의 광원으로 사용되는 램프는?

① 텅스텐 램프
② 네른스트 램프
③ 음극 방전관(측정하고자 하는 원소로 만든 것)
④ 모노크로미터

해설 ① 텅스텐 램프 : 가시광선 광원
② 네른스트 램프 : 적외선 광원
④ 모노크로미터 : 단색화 장치

43 다음 중 1nm에 해당되는 값은?

① 10^{-7}m
② 1μm
③ 10^{-9}m
④ 1Å

해설 1nm = 10^{-9}m = 10Å = 1,000μm

44 화학실험 시 사용하는 약품의 보관에 대한 설명으로 틀린 것은?

① 폭발성 또는 자연발화성의 약품은 화기를 멀리한다.
② 흡습성 약품은 완전히 건조시켜 건조한 곳이나 석유 속에 보관한다.
③ 모든 화합물은 될 수 있는 대로 같은 장소에 보관하고 정리정돈을 잘 한다.
④ 직사광선을 피하고, 약품에 따라 유색 병에 보관한다.

해설 화합물은 성상에 따라 인화성, 가연성, 산화성 등의 특성이 있으므로 상호 반응하지 않는 성상을 가진 물질별로 분리해서 보관하여야 한다.

45 분광광도계 실험에서 과망간산칼륨 시료 1,000ppm을 40ppm으로 희석시키려면, 100mL의 플라스크에 몇 mL의 시료를 넣고 표선까지 물을 채워야 하는가?

① 2
② 4
③ 20
④ 40

해설 1,000ppm× V(mL)=40ppm×100mL
∴ V=4mL

46 다음 중 가스 크로마토그래피의 검출기가 아닌 것은?

① 열전도도 검출기
② 불꽃이온화 검출기
③ 전자포획 검출기
④ 광전증배관 검출기

해설 광전증배관 검출기는 분광분석법에서 빛을 전기신호로 증폭시켜 검출하는 장치이다.

47 전위차 적정으로 중화 적정을 할 때 반드시 필요로 하지 않는 것은?

① pH 미터
② 자석교반기
③ 페놀프탈레인
④ 뷰렛과 피펫

해설 전위차 적정은 농도에 따른 전위차를 측정하여 적정하는 방법이다. 따라서 지시약인 페놀프탈레인을 사용할 필요가 없다.

48 pH 측정기에 사용하는 유리전극의 내부에는 보통 어떤 용액이 들어 있는가?

① 0.1N−HCl 표준용액
② pH 7의 KCl 포화용액
③ pH 9의 KCl 포화용액
④ pH 7의 NaCl 포화용액

해설 중성 pH 7의 KCl 포화 용액을 넣음으로써 Cl^- 이온의 농도를 포화 상태로 유지시켜 준다.

41.② 42.② 43.③ 44.③ 45.② 46.④ 47.③ 48.②

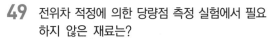

49 전위차 적정에 의한 당량점 측정 실험에서 필요하지 않은 재료는?

① 0.1N−HCl ② 0.1N−NaOH
③ 증류수 ④ 황산구리

해설 전위차 적정을 통해 당량점 측정을 할 경우 강산과 강염기를 표준용액으로 첨가하므로 황산구리는 필요하지 않다.

50 다음 중 실험실 안전수칙에 대한 설명으로 틀린 것은?

① 시약병 마개를 실습대 바닥에 놓지 않도록 한다.
② 실험실습실에 음식물을 가지고 올 때에는 한쪽에서 먹는다.
③ 시약병에 꽂혀 있는 피펫을 다른 시약병에 넣지 않도록 한다.
④ 화학약품의 냄새는 직접 맡지 않도록 하며 부득이 냄새를 맡아야 할 경우에는 손을 사용하여 코가 있는 방향으로 증기를 날려서 맡는다.

해설 실험실습실에서는 취식을 하지 않는다. 각종 실험약품 등이 즐비한 실험실습실에서의 음식물 섭취는 자칫 실험자의 건강에 안 좋은 영향을 미칠 뿐 아니라, 실험실습실에 오염원으로 작용할 수 있다.

51 이상적인 pH 전극에서 pH가 1단위 변할 때, pH 전극의 전압은 약 얼마나 변하는가?

① 96.5mV ② 59.2mV
③ 96.5V ④ 59.2V

해설 네른스트식

$$E = E^\circ - \frac{0.0592}{n}\log[H^+]$$
$$= E^\circ + 0.0592 \times pH$$

즉, pH 1이 변할 경우 0.0592V=59.2mV가 변한다.

52 poise는 무엇을 나타내는 단위인가?

① 비열
② 무게
③ 밀도
④ 점도

해설 poise는 점도의 단위로, 1poise=1g/cm · s이다.

53 다음 결합 중 적외선 흡수분광법에서 파수가 가장 큰 것은?

① C−H 결합
② C−N 결합
③ C−O 결합
④ C−Cl 결합

해설 결합이 짧고 강할수록 파수가 크다.
보기에서 C−H 결합이 가장 짧으므로, 파수가 가장 크다.

54 눈에 산이 들어갔을 때, 다음 중 가장 적절한 조치는?

① 메틸알코올로 씻는다.
② 즉시 물로 씻고, 묽은 나트륨 용액으로 씻는다.
③ 즉시 물로 씻고, 묽은 수산화나트륨 용액으로 씻는다.
④ 즉시 물로 씻고, 묽은 탄산수소나트륨 용액으로 씻는다.

해설 눈에 산이 들어갔을 경우 즉시 흐르는 물에 씻고, 약한 염기인 탄산수소나트륨 용액으로 씻는다.

55 다음 중 수소이온농도(pH)의 정의는?

① $pH = \frac{1}{[H^+]}$
② $pH = \log[H^+]$
③ $pH = -\frac{1}{[H^-]}$
④ $pH = -\log[H^+]$

해설 $pH = -\log[H^+]$

56 AAS(원자흡수분광법)을 화학분석에 이용하는 특성이 아닌 것은?

① 선택성이 좋으며, 감도가 좋다.
② 방해물질의 영향이 비교적 적다.
③ 반복하는 유사분석을 단시간에 할 수 있다.
④ 대부분의 원소를 동시에 검출할 수 있다.

해설 대부분의 원소를 동시에 검출하기 위해서는 원자방출분광법의 ICP(유도결합플라스마)를 이용한다.

49.④ 50.② 51.② 52.④ 53.① 54.④ 55.④ 56.④

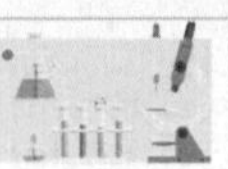

57 적외선 흡수 스펙트럼의 1,700cm^{-1} 부근에서 강한 신축진동(stretching vibration) 피크를 나타내는 물질은?

① 아세틸렌
② 아세톤
③ 메탄
④ 에탄올

해설 보통 C=O의 작용기를 갖고 있는 물질이 1,700cm^{-1} 부근에서 강한 신축진동을 하며, 아세톤(CH_3COCH_3)이 이에 해당된다.

58 선광도 측정에 대한 설명으로 틀린 것은?

① 선광성은 관측자가 보았을 때 시계방향으로 회전하는 것을 좌선성이라 하고 선광도에 [−]를 붙인다.
② 선광계의 기본구성은 단색광원, 편광을 만드는 편광 프리즘, 시료용기, 원형 눈금을 가진 분석용 프리즘과 검출기로 되어 있다.
③ 유기화합물에서는 액체나 용액 상태로 편광하고 그 진행방향을 회전시키는 성질을 가진 것이 있다. 이러한 성질을 선광성이라 한다.
④ 빛은 그 진행방향과 직각인 방향으로 진행하고 있는 횡파이지만, 니콜 프리즘을 통해 일정 방향으로 파동하는 빛이 된다. 이것을 편광이라 한다.

해설 ① 선광성은 관측자가 보았을 때 시계방향으로 회전하는 것을 우선성이라 하고 선광도에 [+]를 붙인다.

59 기체 크로마토그래피법에서 이상적인 검출기가 갖추어야 할 특성이 아닌 것은?

① 적당한 감도를 가져야 한다.
② 안정성과 재현성이 좋아야 한다.
③ 실온에서 약 600℃까지의 온도 영역을 꼭 지녀야 한다.
④ 유속과 무관하게 짧은 시간에 감응을 보여야 한다.

해설 이상적인 검출기의 특성
- 적당한 감도를 가져야 한다.
- 안정성과 재현성이 좋아야 한다.
- 유속과 무관하게 짧은 시간에 감응을 보여야 한다.
- 신뢰도가 높아야 한다.
- 모든 분석물에 대한 감응도가 비슷해야 한다.
- 시료를 파괴하면 안 된다.

60 전위차법에서 사용되는 기준전극의 구비조건이 아닌 것은?

① 반전지전위값이 알려져 있어야 한다.
② 비가역적이고, 편극전극으로 작동하여야 한다.
③ 일정한 전위를 유지하여야 한다.
④ 온도 변화에 히스테리시스 현상이 없어야 한다.

해설 기준전극의 경우 일정한 전위를 유지하기 위해 가역적으로 작동하여야 한다. 비가역적으로 작동할 경우 기준전극의 전위가 계속 바뀔 수 있다.

57.② 58.① 59.③ 60.②

2013년 제 1 회 화학분석기능사

▌2013년 1월 27일 시행

01 다음 중 비극성인 물질은?

① H_2O　② NH_3
③ HF　④ C_6H_6

해설 탄화수소류의 경우 C와 H의 전기음성도 차이가 거의 없어 일반적으로 비극성으로 존재한다.
따라서, 다음과 같이 구분할 수 있다.
- 비극성 : C_6H_6
- 극성 : H_2O, NH_3, HF

02 어떤 석회석의 분석치는 다음과 같다. 이 석회석 5ton에서 생성되는 CaO의 양은 약 몇 kg인가? (단, Ca의 원자량=40, Mg의 원자량=24.8)

$CaCO_3$: 92%, $MgCO_3$: 5.1%, 불용물 : 2.9%

① 2,576　② 2,776
③ 2,976　④ 3,176

해설 석회석 5ton 중 $CaCO_3$의 질량
5ton×0.92=4.6ton
$CaCO_3 \rightarrow CaO(s) + CO_2(g)$
100 : 56
4.6ton : x
∴ x=2.576ton=2,576kg

03 다음 물질의 공통된 성질을 나타낸 것은?

K_2O_2, Na_2O_2, BaO_2, MgO_2

① 과산화물이다.
② 수소를 발생시킨다.
③ 물에 잘 녹는다.
④ 양쪽성 산화물이다.

해설 O_2^{2-}가 포함된 물질은 과산화물이다.

04 30% 수산화나트륨 용액 200g에 물 20g을 가하면 약 몇 %의 수산화나트륨 용액이 되겠는가?

① 27.3%　② 25.3%
③ 23.3%　④ 20.3%

해설 $\frac{용질}{용액} \times 100 = \frac{200 \times 0.3}{200+20} \times 100 = 27.3\%$

05 전이원소의 특성에 대한 설명으로 잘못된 것은?

① 모두 금속이며, 대부분 중금속이다.
② 녹는점이 매우 높은 편이고, 열과 전기전도성이 좋다.
③ 색깔을 띤 화합물이나 이온이 대부분이다.
④ 반응성이 아주 강하며, 모두 환원제로 작용한다.

해설 전이원소의 경우 산화수에 따라 산화제, 환원제 둘 다로 작용할 수 있다.

06 다음 중 Na^+이온의 전자배열에 해당하는 것은?

① $1s^2 2s^2 2p^6$
② $1s^2 2s^2 3s^2 2p^4$
③ $1s^2 2s^2 3s^2 2p^5$
④ $1s^2 2s^2 2p^6 3s^1$

해설
- Na의 전자배열 : $1s^2 2s^2 2p^6 3s^1$
- Na^+의 전자배열 : $1s^2 2s^2 2p^6$

07 다음 중 물질과 그 분류가 바르게 연결된 것은?

① 물 – 홑원소물질
② 소금물 – 균일혼합물
③ 산소 – 화합물
④ 염화수소 – 불균일혼합물

해설 ① 물 : 화합물 및 순물질
③ 산소 : 홑원소물질 및 순물질
④ 염화수소 : 화합물 및 순물질

08 다음 중 삼원자 분자가 아닌 것은?

① 아르곤　② 오존
③ 물　④ 이산화탄소

해설 각 보기의 분자식은 다음과 같다.
① 아르곤 : Ar
② 오존 : O_3
③ 물 : H_2O
④ 이산화탄소 : CO_2

01.④ 02.① 03.① 04.① 05.④ 06.① 07.② 08.①

09 다음 중 탄소화합물의 특징에 대한 설명으로 옳은 것은?

① CO_2, $CaCO_3$은 유기화합물로 분류된다.
② CH_4, C_2H_6, C_3H_8은 포화 탄화수소이다.
③ CH_4에서 결합각은 90°이다.
④ 탄소의 수가 많아도 이성질체수는 변하지 않는다.

해설 ① CO_2, $CaCO_3$은 무기화합물로 분류된다.
③ CH_4에서 결합각은 109.5°이다.
④ 탄소의 수가 많아질수록 이성질체수도 증가하는 경향이 있다.

10 원소는 색깔이 없는 일원자 분자 기체이며, 반응성이 거의 없어 비활성 기체라고도 하는 것은?

① Li, Na　② Mg, Al
③ F, Cl　④ Ne, Ar

해설 비활성 기체는 주기율표의 가장 오른쪽에 있는 기체로, He, Ne, Ar, Kr 등이 있으며, 반응성이 없는 1원자 분자로 존재한다.

11 할로겐에 대한 설명으로 옳지 않은 것은?

① 자연상태에서 2원자 분자로 존재한다.
② 전자를 얻어 음이온이 되기 쉽다.
③ 물에는 거의 녹지 않는다.
④ 원자번호가 증가할수록 녹는점이 낮아진다.

해설 할로겐은 원자번호가 증가할수록 끓는점이 증가한다.

12 전자궤도 d−오비탈에 들어갈 수 있는 전자의 총 수는?

① 2　② 6
③ 10　④ 14

해설 d−오비탈 수=5개
채워질 수 있는 전자의 수=5×2=10개

13 다음 물질 중 물에 가장 잘 녹는 기체는?

① NO　② C_2H_2
③ NH_3　④ CH_4

해설 보기 중 물에 가장 잘 녹는 기체는 극성이며 수소결합이 가능한 기체인 NH_3이다.

14 농도가 1.0×10^{-5}mol/L인 HCl 용액이 있다. HCl 용액이 100% 전리한다고 한다면 25℃에서 OH^-의 농도는 몇 mol/L인가?

① 1.0×10^{-14}　② 1.0×10^{-10}
③ 1.0×10^{-9}　④ 1.0×10^{-7}

해설 HCl가 100% 전리하면 $[HCl]=[H^+]$
$K_w=10^{-14}=[H^+][OH^-]$
$[OH^-]=\dfrac{10^{-14}}{[H^+]}=1\times10^{-9}$

15 해수 속에 존재하며, 상온에서 붉은 갈색의 액체인 할로겐 물질은?

① F_2　② Cl_2
③ Br_2　④ I_2

해설 보기 물질의 상온에서 상태 및 색상은 다음과 같다.
① F_2 : 담황색 기체
② Cl_2 : 황록색 기체
③ Br_2 : 적갈색 액체
④ I_2 : 보라색 고체

16 화학평형의 이동에 영향을 주지 않는 것은?

① 온도　② 농도
③ 압력　④ 촉매

해설 ④ 촉매는 반응속도에 영향을 준다.

17 다음 중 동소체끼리 짝지어진 것이 아닌 것은?

① 흰인 − 붉은인
② 일산화질소 − 이산화질소
③ 사방황 − 단사황
④ 산소 − 오존

해설 동소체 : 같은 한 종류의 원소로 구성된 서로 다른 물질
② 일산화질소(NO)와 이산화질소(NO_2)는 두 종류의 원소(N, O)로 구성되어 있어 동소체가 아니다.

18 알데하이드는 공기와 접촉하였을 때 무엇이 생성되는가?

① 알코올　② 카르복시산
③ 글리세린　④ 케톤

해설 알데하이드가 산화하면 카르복시산이 생성되고, 알데하이드가 환원하면 알코올이 생성된다.

09.② 10.④ 11.④ 12.③ 13.③ 14.③ 15.③ 16.④ 17.② 18.②

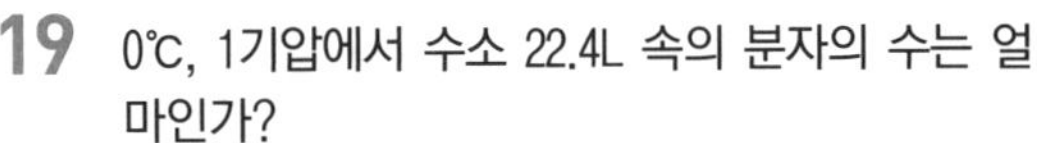

19 0℃, 1기압에서 수소 22.4L 속의 분자의 수는 얼마인가?

① 5.38×10^{22}
② 3.01×10^{23}
③ 6.02×10^{23}
④ 1.20×10^{24}

해설 0℃, 1기압에서 수소 22.4L에는 수소분자 1mol이 존재한다. 따라서 수소분자 1mol은 아보가드로수인 6.02×10^{23}이다.

20 화학평형에 대한 설명으로 틀린 것은?

① 화학반응에서 반응물질(왼쪽)로부터 생성물질(오른쪽)로 가는 반응을 정반응이라고 한다.
② 화학반응에서 생성물질(오른쪽)로부터 반응물질(왼쪽)로 가는 반응을 비가역반응이라고 한다.
③ 온도, 압력, 농도 등 반응조건에 따라 정반응과 역반응이 모두 일어날 수 있는 반응을 가역반응이라고 한다.
④ 가역반응에서 정반응속도와 역반응속도가 같아져서 겉보기에는 반응이 정지된 것처럼 보이는 상태를 화학평형 상태라고 한다.

해설 ② 화학반응에서 생성물질(오른쪽)로부터 반응물질(왼쪽)로 가는 반응을 역반응이라고 한다.

21 다음 중 같은 족 원소로만 나열된 것은?

① F, Cl, Br
② Li, H, Mg
③ C, N, P
④ Ca, K, B

해설 ① F, Cl, Br : 할로겐원소

22 다음 화합물 중 반응성이 가장 큰 것은?

① $CH_3-CH=CH_2$
② $CH_3-CH=CH-CH_3$
③ $CH\equiv C-CH_3$
④ C_4H_8

해설 반응성의 크기
알칸(C−C) < 알켄(C=C) < 알킨(C≡C)

23 다음 유기화합물의 화학식이 틀린 것은?

① 메탄 − CH_4
② 프로필렌 − C_3H_8
③ 펜탄 − C_5H_{12}
④ 아세틸렌 − C_2H_2

해설 ② 프로필렌 − C_3H_6

24 분자식이 $C_{18}H_{30}$인 탄화수소 1분자 속에는 2중결합이 최대 몇 개 존재할 수 있는가? (단, 3중결합은 없다.)

① 2　　② 3
③ 4　　④ 5

해설 알칸의 수소수와 시료의 수소수와의 차이를 계산하여 2로 나눈 값을 불포화지수(수소결핍지수)라고 하며, 이 수만큼 이중결합이 필요하다.
알칸 : $C_{18}H_{38}$, 시료 : $C_{18}H_{30}$
수소수의 차이 $= \frac{(38-30)}{2} = 4$
∴ 이중결합은 최대 4개이다.

25 다음 알칼리금속 중 이온화에너지가 가장 작은 것은?

① Li
② Na
③ K
④ Rb

해설 알칼리금속의 경우 원자번호가 커질수록 이온화에너지는 감소한다.
보기의 물질을 원자번호가 큰 것부터 나열하면 다음과 같다.
Li > Na > K > Rb

26 산·염기 지시약 중 변색범위가 약 pH 8.3~10 정도이며, 무색~분홍색으로 변하는 지시약은?

① 메틸오렌지
② 페놀프탈레인
③ 콩고레드
④ 디메틸옐로

해설 각 보기의 변색범위는 다음과 같다.
① 메틸오렌지 : 3.1(빨강) ~ 4.4(주황)
② 페놀프탈레인 : 8.3(무색) ~ 10(분홍)
③ 콩고레드 : 3.0(청자) ~ 5.0(주황)
④ 디메틸옐로 : 2.9(빨강) ~ 4.0(노랑)

19.③ 20.② 21.① 22.③ 23.② 24.③ 25.④ 26.②

27 양이온 제1족부터 제5족까지의 혼합액으로부터 양이온 제2족을 분리시키려고 할 때의 액성은?

① 중성
② 알칼리성
③ 산성
④ 액성과는 관계가 없다.

해설 제2족은 산성 조건에서 황화물로 분리한다.

28 공실험(blank test)을 하는 가장 주된 목적은?

① 불순물 제거
② 시약의 절약
③ 시간의 단축
④ 오차를 줄이기 위함

해설 바탕용액이 갖고 있는 신호를 검출하여 이를 제거해 줌으로써 오차를 줄이기 위함이다.

29 일정한 온도 및 압력하에서 용질이 용매에 용해도 이하로 용해된 용액을 무엇이라고 하는가?

① 포화 용액 ② 불포화 용액
③ 과포화 용액 ④ 일반 용액

해설 ① 포화 용액 : 용질이 용매에 용해도만큼 용해된 용액
② 불포화 용액 : 용질이 용매에 용해도 이하로 용해된 용액
③ 과포화 용액 : 용질이 용매에 용해도보다 많이 용해된 용액

30 0.1038N인 중크롬산칼륨 표준용액 25mL를 취하여 티오황산나트륨 용액으로 적정하였더니 25mL가 사용되었다. 티오황산나트륨의 역가는?

① 0.1021 ② 0.1038
③ 1.021 ④ 1.038

해설 문제에서 중크롬산칼륨 표준용액의 역가를 $f=1$로 하고, 티오황산나트륨이 0.1N 사용되었다고 가정할 때, $f_1N_1V_1=f_2N_2V_2$를 이용하면 다음과 같다.
$1\times0.1038\text{N}\times25\text{mL}=f_2\times0.1\times25\text{mL}$
∴ 역가 $f_2=1.038$

31 다음 중 양이온 제4족 원소는?

① 납 ② 바륨
③ 철 ④ 아연

해설 제4족은 $NH_4OH + H_2S$로 주로 황화물로 침전되며 Ni^{2+}, Co^{2+}, Mn^{2+}, Zn^{2+}를 침전시킨다.

32 I^-, SCN^-, $Fe(CN)_6^{4-}$, $Fe(CN)_6^{3-}$, NO_3^- 등이 공존할 때 NO_3^-을 분리하기 위하여 필요한 시약은?

① $BaCl_2$
② CH_3COOH
③ $AgNO_3$
④ H_2SO_4

해설 NO_3^-와 반응하지 않고 나머지는 침전시키거나 착이온을 형성하는 물질을 넣어야 한다.
그러므로, $AgNO_3$을 넣어야 한다.

33 양이온 제2족 분석에서 진한 황산을 가하고 흰 연기가 날 때까지 증발 건조시키는 이유는 무엇을 제거하기 위함인가?

① 황산 ② 염산
③ 질산 ④ 초산

해설 진한 황산을 가하고 흰 연기가 날 때까지 증발 건조시키는 이유는 질산을 제거하기 위함이다.

34 중성 용액에서 $KMnO_4$ 1g당량은 몇 g인가? (단, $KMnO_4$의 분자량은 158.03이다.)

① 52.68 ② 79.02
③ 105.35 ④ 158.03

해설 $KMnO_4 \rightarrow MnO_2$로 환원된다고 가정할 때
$Mn^{7+} + 3e^- \rightarrow Mn^{4+}$가 된다.
즉, $1\text{g당량}=\dfrac{\text{분자량}}{\text{산화·환원 전자수}}=\dfrac{158.03}{3}=52.68\text{g/eq}$

35 다음과 같은 반응에 대해 평형상수(K)를 옳게 나타낸 것은?

$$aA + bB \leftrightarrow cC + dD$$

① $K=\dfrac{[C]^c[D]^d}{[A]^a[B]^b}$ ② $K=\dfrac{[A]^a[B]^b}{[C]^c[D]^d}$
③ $K=\dfrac{[C]^c}{[A]^a[B]^b}$ ④ $K=\dfrac{1}{[A]^a[B]^b}$

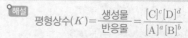

해설 $\text{평형상수}(K)=\dfrac{\text{생성물}}{\text{반응물}}=\dfrac{[C]^c[D]^d}{[A]^a[B]^b}$

27.③ 28.④ 29.② 30.④ 31.④ 32.③ 33.③ 34.① 35.①

36 물 500g에 비전해질 물질이 12g 녹아 있다. 이 용액의 어는점이 -0.93℃일 때 녹아 있는 비전해질의 분자량은 얼마인가? (단, 물의 어는점 내림상수(K_f)는 1.86이다.)

① 6　② 12
③ 24　④ 48

해설 $\Delta T_f = K_f \cdot m$

$$m = \frac{\Delta T_f}{K_f} = \frac{0.93}{1.86} = 0.5\text{m}$$

$$0.5 = \frac{\frac{12}{M}\text{mol}}{0.5\text{kg}}$$

$\therefore M=48$

37 침전 적정에서 Ag^+에 의한 은법 적정 중 지시약법이 아닌 것은?

① Mohr법
② Fajans법
③ Volhard법
④ 네펠로법(nephelometry)

해설 은법 적정 : 모어법, 파얀스법, 폴하르트법
④ 네펠로법은 탁도 측정법이다.

38 전해질이 보통 농도의 수용액에서도 거의 완전히 이온화되는 것을 무슨 전해질이라고 하는가?

① 약전해질　② 초전해질
③ 비전해질　④ 강전해질

해설 전해질의 구분
- 강전해질 : 거의 완전히 이온화
- 약전해질 : 약간 이온화
- 비전해질 : 비이온화

39 $SrCO_3$, $BaCO_3$ 및 $CaCO_3$을 모두 녹일 수 있는 시약은?

① NH_4OH
② CH_3COOH
③ H_2SO_4
④ HNO_3

해설 탄산염을 강산에 녹일 경우 CO_2가 생성되면서 용해되므로, 용해만 시키기 위해서는 약산 용액 조건에서 용해시키는 것이 좋다. 따라서 CH_3COOH을 이용한다.

40 적정 반응에서 용액의 물리적 성질이 갑자기 변화되는 점이며, 실질 적정 반응에서 적정의 종결을 나타내는 점은?

① 당량점　② 종말점
③ 시작점　④ 중화점

해설
- 중화점, 당량점 : 이론상 적정이 완료되는 지점
- 종말점 : 실험상 적정이 완료되는 지점(중화점 또는 당량점 이후에 나타남)

41 액체 크로마토그래피법 중 고체 정지상에 흡착된 상태와 액체 이동상 사이의 평형으로 용질 분자를 분리하는 방법은?

① 친화 크로마토그래피 (affinity chromatography)
② 분배 크로마토그래피 (partition chromatography)
③ 흡착 크로마토그래피 (adsorption chromatography)
④ 이온교환 크로마토그래피 (ion-exchange chromatography)

해설 ① 친화 크로마토그래피 : 정지상의 리간드와 분석물질 간의 특이적 친화성을 이용하여 분리하는 방법
② 분배 크로마토그래피 : 정지상과 이동상에서의 혼합물의 분배 차이를 이용하여 분리하는 방법
④ 이온교환 크로마토그래피 : 정지상의 이온교환수지와 이동상의 이온의 전기적 인력을 통한 결합을 이용하여 분리하는 방법

42 분광광도계에 이용되는 빛의 성질은?

① 굴절　② 흡수
③ 산란　④ 전도

해설 분광광도계는 시료의 특정 파장에 대한 빛의 흡광도를 측정하는 기기이다.

43 분광분석에 쓰이는 분광계의 검출기 중 광자검출기(photo detectors)는?

① 볼로미터(bolometers)
② 열전기쌍(thermocouples)
③ 규소 다이오드(silicon diodes)
④ 초전기전지(pyroelectric cells)

해설 분광계의 광자검출기로 사용되는 규소 다이오드는 반도체 방식의 검출기이다.

36.④ 37.④ 38.④ 39.② 40.② 41.③ 42.② 43.③

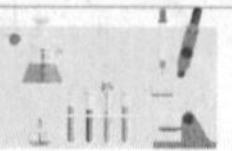

44 가스 크로마토그래피에서 운반기체에 대한 설명으로 옳지 않은 것은?

① 화학적으로 비활성이어야 한다.
② 수증기, 산소 등이 주로 이용된다.
③ 운반기체와 공기의 순도는 99.995% 이상이 요구된다.
④ 운반기체의 선택은 검출기의 종류에 의해 결정된다.

해설 가스 크로마토그래피 운반기체의 종류 : 반응성이 없고 가벼운 기체로, He, Ar, H_2 등이 있다.

45 다음 중 약품을 보관하는 방법에 대한 설명으로 틀린 것은?

① 인화성 약품은 자연발화성 약품과 함께 보관한다.
② 인화성 약품은 전기 스파크로부터 멀고 찬 곳에 보관한다.
③ 흡습성 약품은 완전히 건조시켜 건조한 곳이나 석유 속에 보관한다.
④ 폭발성 약품은 화기를 사용하는 곳에서 멀리 떨어져 있는 창고에 보관한다.

해설 인화성 약품은 가연성 기체를 형성하여 연소 · 폭발될 위험이 있는 약품이고, 자연발화성 약품은 열의 축적에 의해 발화될 위험이 있는 약품으로, 서로 분리하여 보관하여야 한다.

46 다음 중 표준전극전위에 대한 설명으로 틀린 것은?

① 각 표준전극전위는 0.000V를 기준으로 하여 정한다.
② 수소의 환원 반쪽 반응에 대한 전극전위는 0.000V이다.
③ $2H^+ + 2e \rightarrow H_2$는 산화반응이다.
④ $2H^+ + 2e \rightarrow H_2$의 반응에서 생긴 전극전위를 기준으로 하여 다른 반응의 표준전극전위를 정한다.

해설 ③ $2H^+ + 2e \rightarrow H_2$는 환원반응이다.
- 산화반응 : 전자를 잃는 반응
- 환원반응 : 전자를 얻는 반응

47 분광광도계의 광원으로 사용되는 램프의 종류로만 짝지어진 것은?

① 형광 램프, 텅스텐 램프
② 형광 램프, 나트륨 램프
③ 나트륨 램프, 중수소 램프
④ 텅스텐 램프, 중수소 램프

해설 분광광도계는 자외선과 가시광선을 광원으로 사용한다. 따라서, 텅스텐 램프, 중수소 램프를 이용한다.

48 분광광도계의 구조로 옳은 것은?

① 광원 → 입구 슬릿 → 회절격자 → 출구 슬릿 → 시료부 → 검출부
② 광원 → 회절격자 → 입구 슬릿 → 출구 슬릿 → 시료부 → 검출부
③ 광원 → 입구 슬릿 → 회절격자 → 출구 슬릿 → 검출부 → 시료부
④ 광원 → 입구 슬릿 → 시료부 → 출구 슬릿 → 회절격자 → 검출부

해설 광원에서 나온 빛은 입구 슬릿을 통과하여 회절격자에서 특정 파장으로 분리된 후 출구 슬릿을 통해 나온다. 이 특정 파장의 빛을 시료부에 통과시켜 흡수된 빛의 세기(흡광도)를 검출부가 측정한다.

49 다음의 전자기 복사선 중 주파수가 가장 높은 것은?

① X선 ② 자외선
③ 가시광선 ④ 적외선

해설 주파수의 크기
라디오파 < 마이크로파 < 적외선 < 가시광선 < 자외선 < X선 < γ선

50 다음 중 전기전류의 분석신호를 이용하여 분석하는 방법은?

① 비탁법
② 방출분광법
③ 폴라로그래피법
④ 분광광도법

해설 ③ 폴라로그래피법 : 적하수은전극을 이용한 전압전류법

44.② 45.① 46.③ 47.④ 48.① 49.① 50.③

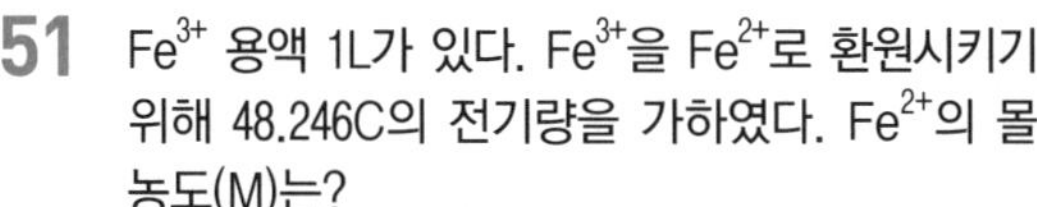

51 Fe^{3+} 용액 1L가 있다. Fe^{3+}을 Fe^{2+}로 환원시키기 위해 48.246C의 전기량을 가하였다. Fe^{2+}의 몰 농도(M)는?

① 0.0005　② 0.001
③ 0.05　④ 1.0

해설 $Fe^{3+} + e^- \rightarrow Fe^{2+}$

$\frac{48.246C}{96,500}$=0.0005mol

따라서, 0.0005M이다.

52 분광분석법에서는 파장을 nm 단위로 사용한다. 1nm는 몇 m인가?

① 10^{-3}　② 10^{-6}
③ 10^{-9}　④ 10^{-12}

해설 1nm = 10^{-9}m

53 다음 중 전기무게분석법에 사용되는 방법이 아닌 것은?

① 일정전압 전기분해
② 일정전류 전기분해
③ 조절전위 전기분해
④ 일정저항 전기분해

해설 전기무게분석법의 종류
- 일정전압 전기분해
- 일정전류 전기분해
- 조절전위 전기분해

54 전위차법에 사용되는 이상적인 기준전극이 갖추어야 할 조건 중 틀린 것은?

① 시간에 대하여 일정한 전위를 나타내어야 한다.
② 분석물 용액에 감응이 잘 되고 비가역적이어야 한다.
③ 작은 전류가 흐른 후에는 본래 전위로 돌아와야 한다.
④ 온도 사이클에 대하여 히스테리시스를 나타내지 않아야 한다.

해설 기준전극의 경우 일정 전위를 유지해야 하므로 가역적으로 반응해야 한다.

55 가스 크로마토그래피의 설치장소로 적당한 곳은?

① 온도 변화가 심한 곳
② 진동이 없는 곳
③ 공급전원의 용량이 일정하지 않은 곳
④ 주파수 변동이 심한 곳

해설 가스 크로마토그래피는 가스의 흐름 및 분석에 영향을 주지 않는 다음과 같은 곳에 설치해야 한다.
- 온도 변화가 없는 곳
- 진동이 없는 곳
- 공급전원의 용량이 일정한 곳
- 주파수 변동이 없는 곳

56 가스 크로마토그래피의 기록계에 나타난 크로마토그램을 이용하여 피크의 넓이 또는 높이를 측정하여 분석할 수 있는 것은?

① 정성분석
② 정량분석
③ 이동속도 분석
④ 전위차 분석

해설
- 피크의 머무름시간 : 정성분석
- 피크의 넓이 또는 높이 : 정량분석

57 원자흡광광도계로 시료를 측정하기 위하여 시료를 원자상태로 환원해야 한다. 이때 적합한 방법은?

① 냉각
② 동결
③ 불꽃에 의한 가열
④ 급속해동

해설 시료의 원자화 방법 : 불꽃 또는 전열기에 의한 가열

58 기체 크로마토그래피에서 충진제의 입자는 일반적으로 60~100mesh 크기로 사용되는데, 이보다 더 작은 입자를 사용하지 않는 주된 이유는?

① 분리관에서 압력 강하가 발생하므로
② 분리관에서 압력 상승이 발생하므로
③ 분리관의 청소를 불가능하게 하므로
④ 고정상과 이동상이 화학적으로 반응하므로

해설 작은 입자를 사용할 경우 분리관(칼럼)에서 압력 강하가 발생해 이동상의 속도가 감소한다.

51.① 52.③ 53.④ 54.② 55.② 56.② 57.③ 58.①

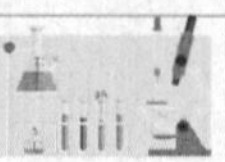

59 다음 중 실험실에서 일어나는 사고의 원인과 그 요소를 연결한 것으로 옳지 않은 것은?

① 정신적 원인 – 성격적 결함
② 신체적 결함 – 피로
③ 기술적 원인 – 기계장치의 설계 불량
④ 교육적 원인 – 지각적 결함

해설 ④ 교육적 원인 – 교육내용의 부실

60 수산화이온의 농도가 5×10^{-5}일 때, 이 용액의 pH는 얼마인가?

① 7.7 ② 8.3
③ 9.7 ④ 10.3

$pOH = -\log[OH^-] = -\log(5\times10^{-5}) = 4.3$
$pH = 14 - pOH = 9.7$

59.④ 60.③

화학분석기능사

2013년 7월 11일 시행

01 산소의 원자번호는 8이다. O^{2-} 이온의 바닥상태의 전자배치로 맞는 것은?

① $1s^2,\ 2s^2,\ 2p^4$
② $1s^2,\ 2s^2,\ 2p^6,\ 3s^2$
③ $1s^2,\ 2s^2,\ 2p^6$
④ $1s^2,\ 2s^2,\ 2s^4,\ 3s^2$

해설 • O의 전자배치 : $1s^2,\ 2s^2,\ 2p^4$
• O^{2-}의 전자배치 : $1s^2,\ 2s^2,\ 2p^6$

02 P형 반도체를 만드는 데 사용하는 것은?

① P
② Sb
③ Ga
④ As

해설 • P형 반도체 : 13족 원소(B, In, Ga 등)를 소량 첨가하여 여분의 정공(+)을 만들어 전류의 흐름을 만든다.
• N형 반도체 : 15족 원소(P, As, Sb 등)를 소량 첨가하여 여분의 전자(−)를 만들어 전류의 흐름을 만든다.

03 건조 공기 속의 헬륨은 0.00052%를 차지한다. 이 농도는 몇 ppm인가?

① 0.052
② 0.52
③ 5.2
④ 52

해설 $\frac{0.00052}{100} \times 10^6 = 5.2\text{ppm}$

04 다음 화합물 중 NaOH 용액과 HCl 용액에 가장 잘 용해되는 물질은?

① Al_2O_3 ② Cu_2O
③ Fe_2O_3 ④ SiO_2

해설 산과 염기에 모두 반응하는 물질을 양쪽성 물질이라고 한다.
① Al_2O_3은 양쪽성 물질이다.
$Al_2O_3 + 6HCl \rightarrow 2AlCl_3 + 3H_2O$
$Al_2O_3 + 2NaOH \rightarrow 2NaAlO_2 + H_2O$

05 30℃에서 소금의 용해도는 37g NaCl/100g H_2O이다. 이 온도에서 포화되어 있는 소금물 100g 중에 함유되어 있는 소금의 양은 얼마인가?

① 18.5g ② 27.0g
③ 37.0g ④ 58.7g

해설 $\frac{37}{100+37} \times 100 = 27.0\text{g}$

06 다음 중 은백색의 연성으로 석유 속에 저장하여야 하는 금속은?

① Na ② Al
③ Mg ④ Sn

해설 알칼리금속의 경우 물과 반응 시 수소기체와 열을 발생시켜 발화 가능성이 크므로 석유 속에 저장한다.

07 산화알루미늄 Al_2O_3의 분자식으로부터 Al의 원자가는 얼마인가?

① +2 ② −2
③ +3 ④ −3

해설 $(Al^{3+})_2(O^{2-})_3$

08 다음 중 산화제는?

① 염소 ② 나트륨
③ 수소 ④ 옥살산

해설 • 산화제 : 자신은 환원하고, 상대물질을 산화하는 것
• 할로겐원소 : $X_2 + e^- \rightarrow 2X^-$
① 염소 : $Cl_2 + e^- \rightarrow 2Cl^-$

09 다음 중에서 이온결합으로 이루어진 물질은 어느 것인가?

① H_2 ② Cl_2
③ C_2H_2 ④ NaCl

해설 이온결합 : 금속 양이온과 비금속 음이온의 결합
④ NaCl은 Na^+의 금속 양이온과 Cl^-의 비금속 음이온의 결합이다.

01.③ 02.③ 03.③ 04.① 05.② 06.① 07.③ 08.① 09.④

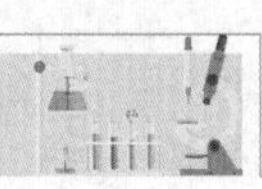

10 표준상태(0℃, 1atm)에서 부피가 22.4L인 어떤 기체가 있다. 이 기체를 같은 온도에서 4atm으로 압력을 증가시키면 부피는 얼마가 되는가?

① 5.6L ② 11.2L
③ 22.4L ④ 44.8L

해설 부피는 압력에 반비례한다.

$$22.4L \times \frac{1atm}{4atm} = 5.6L$$

11 1초에 370억 개의 원자핵이 붕괴하여 방사선을 내는 방사능 물질의 양으로서 방사능의 강도 및 방사성 물질의 양을 나타내는 단위는 어느 것인가?

① 1렘
② 1그레이
③ 1래드
④ 1큐리

해설 1Ci(큐리) : 1g의 라듐(Ra)이 내는 방사선의 세기로, 1초에 3.7×10^{7}의 원자핵이 붕괴하면서 내는 방사선량

12 할로겐원소의 성질에 대한 설명으로 틀린 것은?

① Fe, Cl, Br, I 등이 있다.
② 전자 2개를 얻어 −2가의 음이온이 된다.
③ 물에는 거의 녹지 않는다.
④ 기체로 변했을 때도 독성이 매우 강하다.

해설 할로겐원소는 전자를 1개 얻어 −1가의 음이온이 된다.

13 크레졸에 대한 설명으로 옳은 것은?

① −OH기가 3개 있다.
② 3개의 이성질체가 있다.
③ 벤젠의 니트로화 반응으로 얻어진다.
④ 벤젠고리가 2개 붙어 있다.

해설 크레졸은 다음의 3가지 이성질체가 존재한다.

o-크레졸 (ortho) *m*-크레졸 (meta) *p*-크레졸 (para)

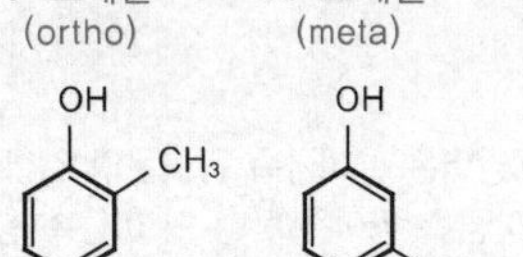

14 다음 중 기하학적 구조가 굽은형인 것은?

① H_2O ② HCl
③ HF ④ HI

해설 ① H_2O : H−O−H(굽은형, 109.5°)
② HCl : H−Cl(직선)
③ HF : H−F(직선)
④ HI : H−I(직선)

15 다음 중 카르보닐기는?

① −COOH
② −CHO
③ =CO
④ −OH

해설 ① −COOH : 카르복시기
② −CHO : 포르밀기
③ =CO : 카르보닐기
④ −OH : 하이드록시기

16 주기율표에서 원소들의 족의 성질 중 원자번호가 증가할수록 원자 반지름이 일반적으로 증가하는 이유는?

① 전자친화도가 증가하기 때문에
② 전자껍질이 증가하기 때문에
③ 핵의 전하량이 증가하기 때문에
④ 양성자수가 증가하기 때문에

해설 • 같은 족 : 원자번호가 증가할수록 전자껍질이 증가하여 원자 반지름이 증가한다.
• 같은 주기 : 원자번호가 증가할수록 핵 전하량이 증가하여 원자 반지름이 감소한다.

17 에탄올과 아세트산에 소량의 진한 황산을 넣고 반응시켰을 때 주생성물은?

① HCOONa
② $(CH_3)_2CHOH$
③ $CH_3COOC_2H_5$
④ HCHO

해설 $CH_3COOH + C_2H_5OH \rightarrow CH_3COOC_2H_5 + H_2O$
아세트산 에탄올 아세트산에틸 물

10.① 11.④ 12.② 13.② 14.① 15.③ 16.② 17.③

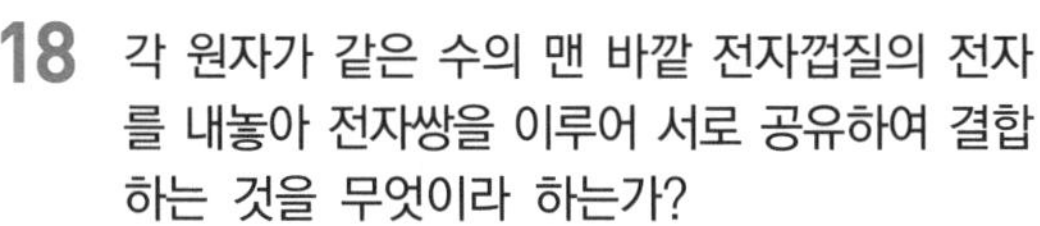

18 각 원자가 같은 수의 맨 바깥 전자껍질의 전자를 내놓아 전자쌍을 이루어 서로 공유하여 결합하는 것을 무엇이라 하는가?

① 이온결합 ② 배위결합
③ 다중결합 ④ 공유결합

해설 ① 이온결합 : 금속 양이온과 비금속 음이온의 결합
② 배위결합 : 전자쌍을 일방적으로 제공하여 결합
④ 공유결합 : 원자가 전자쌍을 공유하여 결합

19 주기율표의 같은 주기에 있는 원소들은 왼쪽에서 오른쪽으로 갈수록 어떻게 변하는가?

① 금속성이 증가한다.
② 전자를 끄는 힘이 약해진다.
③ 양이온이 되려는 경향이 커진다.
④ 산화물들의 산성이 점점 강해진다.

해설 같은 주기의 원자번호가 증가할 경우(왼쪽에서 오른쪽으로 갈 경우)의 변화
- 금속성이 감소한다.
- 전자를 끄는 힘이 강해진다.
- 음이온이 되려는 경향이 커진다.
- 산화물들의 산성이 점점 강해진다.

20 어두운 방에서 문틈으로 들어오는 햇빛의 진로가 밝게 보이는데, 이와 같은 현상은 무엇이라 하는가?

① 필러 현상
② 뱅뱅 현상
③ 틴들 현상
④ 필터링 현상

해설 콜로이드 입자들의 빛의 산란에 의해 빛의 경로를 알 수 있는 현상을 틴들 현상이라고 한다.

21 물질의 상태변화에서 드라이아이스(고체 CO_2)가 공기 중에서 기체로 변화하는데, 이와 같은 현상을 무엇이라 하는가?

① 증발 ② 응축
③ 액화 ④ 승화

해설 ① 증발 : 액체 → 기체
② 응축 : 기체 → 액체
③ 액화 : 기체 → 액체
④ 승화 : 고체 ⇄ 기체

22 어떤 전해질 5mol이 녹아 있는 용액에서 0.2mol이 전리되었다면 전리도는 얼마인가?

① 0.01 ② 0.04
③ 1 ④ 25

해설 
전리도 $\alpha = \frac{0.2}{5} = 0.04$

23 40℃에서 어떤 물질이 그 포화 용액 84g 속에 24g이 녹아 있다. 이 온도에서 이 물질의 용해도는?

① 30 ② 40
③ 50 ④ 60

해설 용해도 : 용매 100g에 포화된 용질의 양
$\frac{24}{84-24} \times 100 = 40$

24 ${}_{92}U^{235}$와 ${}_{92}U^{238}$은 다음 중 어느 것인가?

① 동족체 ② 동소체
③ 동족원소 ④ 동위원소

해설 동위원소 : 질량수가 다른 같은 원소(동일 원자수)

25 소량의 철이 존재하는 상황에서 벤젠과 염소가스를 반응시킬 때 수소원자와 염소원자의 치환이 일어나 생성되는 것은?

① 클로로벤젠 ② 니트로벤젠
③ 벤젠설폰산 ④ 톨루엔

해설
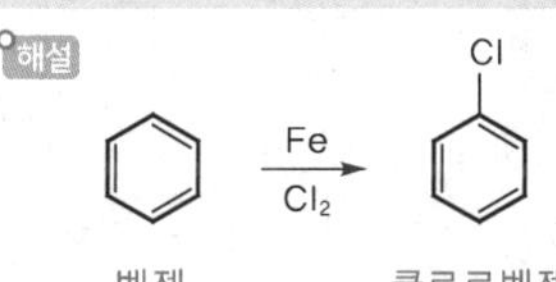

26 다음 중 수용액에서 만들어질 때 흰색(백색)인 침전물은?

① ZnS ② CdS
③ CuS ④ MnS

해설 ① ZnS : 흰색 침전
② CdS : 노란색 침전
③ CuS : 검은색 침전
④ MnS : 분홍색 침전

18.④ 19.④ 20.③ 21.④ 22.② 23.② 24.④ 25.① 26.①

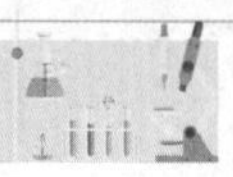

27 다음 중 침전 적정법에서 표준용액으로 KSCN 용액을 이용하고자 Fe^{3+}을 지시약으로 이용하는 방법을 무엇이라고 하는가?

① Volhard법 ② Fajans법
③ Mohr법 ④ Gay－lussac법

해설 Volhard법 : Fe^{3+}을 지시약으로 사용하고, SCN^-을 표준용액으로 이용하는 방법
- $Ag^+ + SCN^- \rightarrow AgSCN$(흰색 착물)
- $Fe^{3+} + SCN^- \rightarrow FeSCN^{2+}$(붉은색 착물)

즉, 당량점이 형성되면 붉은색으로 변색된다.
※ KSCN은 K^+과 SCN^-으로 이온화된다.

28 킬레이트 적정 시 금속이온이 킬레이트 시약과 반응하기 위한 최적의 pH가 있는데, 적정의 진행에 따라 수소이온이 생겨 pH의 변화가 생긴다. 이것을 조절하고 pH를 일정하게 유지하기 위하여 가하는 것은?

① Chelate reagent
② Buffer solution
③ Metal indicator
④ Metal chelate compound

해설 ② Buffer solution(완충용액) : pH를 일정하게 유지시켜 주는 용액

29 산화 · 환원 반응에 대한 설명으로 틀린 것은?

① 산화는 전자를 잃는(산화수가 증가하는) 반응을 말한다.
② 환원은 전자를 얻는(산화수가 감소하는) 반응을 말한다.
③ 산화제는 자신이 쉽게 환원되면서 다른 물질을 산화시키는 성질이 강한 물질이다.
④ 산화 · 환원 반응에서 어떤 원자가 전자를 방출하면 방출한 전자수만큼 원자의 산화수가 감소된다.

해설 전자를 방출하면 산화수가 증가하고, 전자를 받으면 산화수가 감소한다.

30 Mg^{++}에 $(NH_4)_2CO_3$을 작용시켜 침전을 만들 때 침전을 방해하는 물질은?

① $NaNO_3$ ② NaCl
③ NH_4Cl ④ KCl

해설 $MgCO_3(s) \rightarrow Mg^{2+} + CO_3^{2-}$
탄산염의 경우 pH를 낮추면 (산성) 용해도가 증가한다.
따라서, NH_4Cl을 넣으면 pH가 낮아지고 용해도가 증가한다.

31 FeS과 HgS을 묽은 염산으로 반응시키면 FeS은 HCl에 녹으나 HgS은 녹지 않는다. 그 이유는 무엇인가?

① FeS이 HgS보다 용해도적이 크므로
② FeS이 HgS보다 이온화경향이 크므로
③ HgS이 FeS보다 용해도적이 크므로
④ HgS이 FeS보다 이온화경향이 크므로

해설 용해도적(곱)이 클수록 용해가 잘 된다.
HCl에서 FeS은 녹으나 HgS이 녹지 않는 것은 FeS이 HgS보다 용해도적이 크기 때문이다.

32 물 50mL를 취하여 0.01M EDTA 용액으로 적정하였더니 25mL가 소요되었다. 이 물의 경도는? (단, 경도는 물 1L당 포함된 $CaCO_3$의 양으로 나타낸다.)

① 100ppm ② 300ppm
③ 500ppm ④ 1,000ppm

해설 $Ca^{2+} + EDTA \rightarrow CaEDTA$
적정에 사용된 EDTA 몰수＝Ca^{2+}의 몰수
0.01×25mL＝0.25mmol
Ca^{2+}의 몰수＝$CaCO_3$의 몰수
$CaCO_3$의 질량＝0.25mmol×100＝25mg

$$\therefore \frac{25\text{mg}}{50\text{mL}} = \frac{25\text{mg}}{0.05\text{L}} = \frac{500\text{mg}}{1\text{L}} = 500\text{ppm}$$

33 다음과 같은 화학반응식으로 나타낸 반응이 어느 일정한 온도에서 평형을 이루고 있다. 여기에 AgCl의 분말을 더 넣어주면 어떠한 변화가 일어나겠는가?

$$Ag^+(\text{수용액}) + Cl^-(\text{수용액}) \rightleftarrows AgCl(\text{고체})$$

① AgCl이 더 용해한다.
② Cl^-의 농도가 증가한다.
③ Ag^+의 농도가 증가한다.
④ 외견상 아무 변화가 없다.

해설 이미 침전되어 포화(평형)에 도달된 후에는 더 이상 변화가 발생하지 않는다.

27.① 28.② 29.④ 30.③ 31.① 32.③ 33.④

34 전해질의 전리도 비교는 주로 무엇을 측정하여 구할 수 있는가?

① 용해도
② 어는점 내림
③ 융점
④ 중화적정량

해설 어는점 내림, 끓는점 오름, 삼투압은 같은 농도에서 전리도가 크게 나타난다.

35 다음 중 일정량의 용매 중에 존재하는 용질의 입자수에 의하여 결정되는 성질을 무엇이라고 하는가?

① 용액의 용매성
② 용액의 결속성
③ 용액의 해리성
④ 용액의 입자성

해설 용액의 총괄성(용액의 결속성, colligative property) : 일정량의 용매 중에 존재하는 용질의 입자수에 의하여 결정되는 성질

36 산화 · 환원 적정법 중의 하나인 요오드 적정법에서는 산화제인 요오드(I_2) 자체만의 색으로 종말점을 확인하기가 어려우므로 지시약을 사용한다. 이때 사용하는 지시약은 어느 것인가?

① 전분(starch)
② 과망간산칼륨($KMnO_4$)
③ EBT(에리오크롬블랙 T)
④ 페놀프탈레인(phenolphthalein)

해설 요오드 녹말반응 : 요오드가 녹말(전분)과 반응 시 청자색으로 발색된다.

37 다음 중 금속 지시약이 아닌 것은?

① EBT(Eriochrom Black T)
② MX(Murexide)
③ PC(Phthalein Complexone)
④ B.T.B.(Brom−Thymol Blue)

해설 ④ B.T.B.는 산 · 염기 지시약으로 쓰인다.

38 킬레이트 적정에 사용되는 물질에 해당되지 않는 것은?

① 완충용액
② 금속 지시약
③ 은폐제
④ 반응판

해설 킬레이트 적정에 사용되는 물질에는 완충용액, 금속 지시약, 은폐제, 킬레이트가 있다.
금속 지시약에는 EBT(Eriochrome Black T)가 있고, 킬레이트로는 EDTA를 많이 사용한다.

39 산성 용액에서 0.1N $KMnO_4$ 용액 1L를 조제하려면 $KMnO_4$ 몇 mol이 필요한가?

① 0.02
② 0.04
③ 0.08
④ 0.1

해설 $KMnO_4$의 Mn 환원반응 : $Mn^{7+} + 5e^- \rightarrow Mn^{2+}$
$0.1N \times 1L = 0.1eq$
$x \times 5 = 0.1eq$
$\therefore x = 0.02mol$

40 일정한 온도 및 압력하에서 용질이 용해도 이상으로 용해된 용액을 무엇이라고 하는가?

① 포화 용액
② 불포화 용액
③ 과포화 용액
④ 일반 용액

해설 ① 포화 용액 : 용질이 용해도만큼 용해된 용액
② 불포화 용액 : 용질이 용해도 미만으로 용해된 용액
③ 과포화 용액 : 용질이 용해도를 초과하여 용해된 용액

41 스펙트럼 띠가 1차, 2차로 병렬적으로 나타나는 분광장치로 분광광도계에서 가장 많이 쓰이는 것은?

① 프리즘
② 회절격자
③ 렌즈
④ 거울

해설
- 프리즘 : 빛의 굴절을 이용한 분광장치
- 회절격자 : 빛의 회절을 이용한 분광장치(분광광도계에서 가장 많이 쓰임)

34.② 35.② 36.① 37.④ 38.④ 39.① 40.③ 41.②

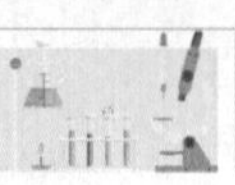

42 순수한 물이 다음과 같이 전리평형을 이룰 때 평형상수(K)를 구하는 식은?

$$H_2O \rightleftarrows H^+ + OH^-$$

① $\dfrac{[H^+]\cdot[OH^-]}{[H_2O]}$ ② $\dfrac{[H_2O]}{[H^+]\cdot[OH^-]}$

③ $\dfrac{[H^+]\cdot[OH^-]}{[H_2O]^2}$ ④ $\dfrac{[H_2O]^2}{[H^+]\cdot[OH^-]}$

해설 평형상수 $K=\dfrac{\text{생성물의 농도곱}}{\text{반응물의 농도곱}}=\dfrac{[H^+]\cdot[OH^-]}{[H_2O]}$

43 분광계의 검출기 중 열전기쌍(thermocouples)이 검출할 수 있는 복사선의 파장범위는?

① 1.5~30nm
② 150~300nm
③ 600~20,000nm
④ 30,000~700,000nm

해설 열전기쌍은 열선(적외선)에 의해 생기는 두 금속의 온도차에 의한 기전력의 차이로 검출한다.
이때, 적외선 영역의 파장범위는 600~20,000nm이다.

44 크로마토그램에서 시료의 주입점으로부터 피크의 최고점까지의 간격을 나타낸 것은?

① 절대 피크
② 주입점 간격
③ 절대 머무름시간
④ 피크 주기

해설 ③ 절대 머무름시간 : 시료의 주입점부터 시료의 피크 최고점까지의 간격(시간)으로, 정성분석에 사용한다.

45 다음 중 원자흡수분광광도계에 대한 설명으로 틀린 것은?

① 다른 분광광도계의 원리와 비슷하다.
② 광원으로는 속빈 음극 램프를 사용할 수 있다.
③ 정량분석보다는 정성분석에 주로 이용된다.
④ 감도에 영향을 끼치는 가장 중요한 요인은 중성원자를 만드는 원자화 과정이다.

해설 원자흡수분광광도계의 경우 정성분석, 정량분석 둘 다 이용된다.

46 pH 미터는 검액과 완충용액 사이에 생기는 기전력에 의해 용액의 무엇을 측정하는가?

① 비색 ② 농도
③ 점도 ④ 비중

해설 용액의 수소이온의 농도차에 의해 기전력이 발생한다.

47 가스 크로마토그래피의 검출기에서 황, 인을 포함한 화합물을 선택적으로 검출하는 것은?

① 열전도도 검출기(TCD)
② 불꽃광도 검출기(FPD)
③ 열이온화 검출기(TID)
④ 전자포획형 검출기(ECD)

해설 ① 열전도도 검출기(TCD) : 일반 검출기
② 불꽃광도 검출기(FPD) : 황, 인을 포함하는 화합물 검출
③ 열이온화 검출기(TID) : 인과 질소를 함유한 화합물 검출
④ 전자포획형 검출기(ECD) : 할로겐화합물 검출

48 종이 크로마토그래피 제조법에 대한 설명 중 틀린 것은?

① 종이 조각은 사용 전에 습도가 조절된 상태에서 보관한다.
② 점적의 크기는 직경을 약 2mm 이상으로 만든다.
③ 시료를 점적할 때는 주사기나 미세 피펫을 사용한다.
④ 시료의 농도가 너무 묽으면 여러 방울을 찍어서 농도를 증가시킨다.

해설 점적의 크기는 작을수록 좋으므로, 직경은 가능한 한 작게 찍는다.

49 톨루엔에 대한 설명으로 옳은 것은?

① 방향족 화합물이다.
② 독성이 거의 없다.
③ 물에 잘 녹는다.
④ 화기에 안전하다.

해설 톨루엔은 벤젠고리를 가진 방향족 화합물이다.

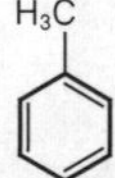

42.① 43.③ 44.③ 45.③ 46.② 47.② 48.② 49.①

50 액체 크로마토그래피 분석법 중 정상용리(normal phase elution)의 특성이 아닌 것은?

① 극성의 정지상을 사용한다.
② 이동상의 극성은 작다.
③ 극성이 큰 성분이 먼저 용리된다.
④ 이동상의 극성이 증가하면 용리시간이 감소한다.

해설 정상 크로마토그래피 : 정지상이 극성, 이동상이 비극성에 가깝다.
③ 극성이 작은 성분이 이동상 먼저 용리된다.

51 산소를 포함한 강한 산화제인 화약약품은 다음 중 어느 곳에 보관하는 것이 가장 적당한가?

① 통풍이 잘 되고 따뜻한 곳
② 습기가 많고 따뜻한 곳
③ 습기가 없고 찬 곳
④ 햇빛이 잘 드는 곳

해설 산화제는 직사광선을 피하고, 온도가 낮고, 환기가 잘 되며 습도가 낮은 곳에 보관하는 것이 좋다.

52 전위차법에서 이상적인 기준전극에 대한 설명 중 옳은 것은?

① 비가역적이어야 한다.
② 작은 전류가 흐른 후에는 본래 전위로 돌아오지 않아야 한다.
③ Nernst식에 벗어나도 상관이 없다.
④ 온도 사이클에 대하여 히스테리시스를 나타내지 않아야 한다.

해설 기준전극은 가역적으로 원래의 전위차를 유지하여야 한다. 히스테리시스란 처음 상태로 돌아오지 못하고 다른 값으로 변하는 현상을 나타내는데, 기준전극은 처음 전극의 전위차를 유지해야 하므로 히스테리시스를 나타내지 않아야 한다.

53 가스 크로마토그래피에서 검출기 필라멘트 온도에 따른 전류는 일반적으로 전개가스가 헬륨인 경우에는 몇 mA 정도인가?

① 100 ② 200
③ 350 ④ 450

해설 전개가스가 헬륨인 경우 200mA 정도이다.

54 고성능 액체 크로마토그래피의 구성 중 검출기에서 나오는 전기적 신호를 시간에 대한 신호의 크기로 받아 크로마토그램을 그려내는 장치는?

① 펌프
② 주입구
③ 데이터 처리장치
④ 검출기

해설 ① 펌프 : 이동상인 용매를 이동시킨다.
② 주입구 : 분석시료를 주입한다.
③ 데이터 처리장치 : 검출기에서 나오는 전기적 신호를 시간에 대한 신호의 크기로 받아 크로마토그램을 그린다.
④ 검출기 : 분리된 분석물질의 검출시간 및 농도를 전기적 신호로 변환한다.

55 빛의 성질에 대한 설명으로 틀린 것은?

① 백색광은 여러 가지 파장의 빛이 모여 있는 것을 말한다.
② 단색광은 단일 파장으로 이루어진 빛을 말한다.
③ 편광은 빛의 진동면이 같은 것으로 이루어진 빛을 말한다.
④ 태양빛으로는 편광을 만들 수 없다.

해설 태양빛은 여러 파장의 혼합으로 이루어져 있다. 태양빛을 편광판에 통과시키면 편광을 만들 수 있으며, 이를 카메라 편광필터 등에 활용한다.

56 유리기구장치를 조립할 때 주의해야 할 사항으로 틀린 것은?

① 가연성 물질을 다룰 때에는 특히 화기에 조심한다.
② 유리기구를 다룰 때에는 필히 안전수칙을 따른다.
③ 안전장비의 위치와 다루는 방법을 미리 숙지하여야 한다.
④ 독성이 강한 가스를 발생하는 시약이나 용매는 일체 사용하지 말아야 한다.

해설 독성이 강한 가스를 발생하는 시약이나 용매를 사용할 때는 보호구를 착용하고 안전수칙에 따라 흄 후드 안에서 사용해야 한다.

50.③ 51.③ 52.④ 53.② 54.③ 55.④ 56.③

57 분광광도계에서 낮은 에너지의 전자가 자외선과 가시광선 영역에서 어떤 에너지를 흡수하여 들뜬 상태의 에너지가 되는가?

① 빛에너지
② 열에너지
③ 운동에너지
④ 위치에너지

해설 가시광선 · 자외선의 빛에너지를 흡수하면 주로 원자가 전자가 바닥 상태에서 들뜬 상태로 에너지가 증가한다.

58 다음은 전자전이가 일어날 때 흡수하는 ΔE 값을 순서로 나타낸 것이다. 맞는 것은?

① $\sigma \to \sigma^* \gg n \to \sigma^* > \pi \to \pi^*$
② $n \to \sigma^* \gg \sigma \to \sigma^* > \pi \to \pi^*$
③ $n \to \sigma^* \gg \sigma \to \sigma^* > n \to \pi^*$
④ $n \to \pi^* \gg n \to \sigma^* > \sigma \to \sigma^*$

해설 일반적으로 에너지준위는 다음과 같다.
$\sigma < \pi < n < \pi^* < \sigma^*$
따라서, $\sigma \to \sigma^* \gg n \to \sigma^* > \pi \to \pi^*$ 이다.

59 Sn^{4+} 용액이 3.6mmol/h의 일정한 속도로 Sn^{2+}으로 환원된다면 용액에 흐르는 전류는 얼마인가?

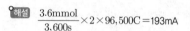

$$Sn^{4+} + 2e^- \to Sn^{2+}$$

① 96.5mA ② 193mA
③ 290mA ④ 386mA

해설 $\frac{3.6\text{mmol}}{3,600\text{s}} \times 2 \times 96,500\text{C} = 193\text{mA}$

60 실습할 때 사용하는 약품 중 나트륨을 보관하여야 하는 곳으로 옳은 것은?

① 공기
② 물속
③ 석유 속
④ 모래 속

해설 알칼리금속의 경우 물이나 산소와 반응하므로 석유 속에 보관한다.

57.① 58.① 59.② 60.③

2014년 제 1 회

화학분석기능사

Ⅰ 2014년 1월 26일 시행

01 다음 중 물리적 상태가 엿과 같이 비결정 상태인 것은?

① 수정
② 유리
③ 다이아몬드
④ 소금

해설 • 결정 : 입자의 배열이 규칙적인 것으로 녹는점이 일정하며, 종류로는 원자결정(수정, 다이아몬드 등), 이온결정(소금 등), 금속결정(철, 구리 등)이 있다.
• 비결정 : 입자의 배열이 불규칙한 것으로, 대표적인 예로는 유리, 엿 등이 있다.

02 실리콘이라고도 하며, 반도체로서 트랜지스터나 다이오드 등의 원료가 되는 물질은?

① C ② Si
③ Cu ④ Mn

해설 문제에서 설명하는 물질은 규소(Si)이다.

03 0.400M의 암모니아 용액의 pH는? (단, 암모니아의 K_b 값은 1.8×10^{-5}이다.)

① 9.25
② 10.33
③ 11.43
④ 12.57

해설 $[OH^-]=\sqrt{C\cdot K_b}=\sqrt{0.4\times1.8\times10^{-5}}$
$pOH=-\log[OH^-]=2.57$
$pH=14-pOH=11.43$

04 다음 중 환원의 정의를 나타내는 것은?

① 어떤 물질이 산소와 화합하는 것
② 어떤 물질이 수소를 잃는 것
③ 어떤 물질에서 전자를 방출하는 것
④ 어떤 물질에서 산화수가 감소하는 것

해설 • 산화 : 전자를 방출, 산소와 화합, 수소를 잃음, 산화수 증가
• 환원 : 전자를 얻음, 산소를 잃음, 수소와 화합, 산화수 감소

05 다음 중 이온결합인 것은?

① 염화나트륨(Na−Cl)
② 암모니아($N-H_3$)
③ 염화수소(H−Cl)
④ 에틸렌(CH_2-CH_2)

해설 염화나트륨은 이온결합이고, 암모니아, 염화수소, 에틸렌은 공유결합이다.

06 유기화합물은 무기화합물에 비하여 다음과 같은 특성을 가지고 있다. 이에 대한 설명으로 틀린 것은?

① 유기화합물은 일반적으로 탄소화합물이므로 가연성이 있다.
② 유기화합물은 일반적으로 물에 용해되기 어렵고, 알코올이나 에테르 등의 유기용매에 용해되는 것이 많다.
③ 유기화합물은 일반적으로 녹는점, 끓는점이 무기화합물보다 낮으며, 가열했을 때 열에 약하여 쉽게 분해된다.
④ 유기화합물에는 물에 용해 시 양이온과 음이온으로 해리되는 전해질이 많으나, 무기화합물은 이온화되지 않는 비전해질이 많다.

해설 • 유기화합물 : 탄소를 중심으로 공유결합으로 구성된 분자로 존재하고, 주로 비전해질이거나 약한 전해질로서 물에 용해 시 거의 해리되지 않는다.
• 무기화합물 : 주로 금속원소가 포함된 이온결합 형태로 존재하여, 물에 용해 시 양이온과 음이온으로 해리된다.

07 무색의 액체로 흡습성과 탈수작용이 강하여 탈수제로 사용되는 것은?

① 염산
② 인산
③ 진한 황산
④ 진한 질산

해설 진한 황산은 탈수제 및 건조제로 사용한다.

01.② 02.② 03.③ 04.④ 05.① 06.④ 07.③

08 초산은의 포화 수용액은 1L 속에 0.059몰을 함유하고 있다. 전리도가 50%라 하면 이 물질의 용해도곱은 얼마인가?

① 2.95×10^{-2}　② 5.9×10^{-2}
③ 5.9×10^{-4}　④ 8.7×10^{-4}

해설 초산은의 반응식은 다음과 같다.
$CH_3COOAg(s) \rightarrow CH_3COO^- + Ag^+$
　　　　　　0.059×0.5　0.059×0.5
$K_{sp} = [CH_3COO^-][Ag^+]$
$= (0.059 \times 0.5)^2$
$= 8.7 \times 10^{-4}$

09 순황산 9.8g을 물에 녹여 250mL로 만든 용액은 몇 노르말농도인가? (단, 황산의 분자량은 98이다.)

① 0.2N　② 0.4N
③ 0.6N　④ 0.8N

해설 황산의 수소이온수=2
황산의 당량질량$= \frac{\text{분자량}}{2} = \frac{98}{2} = 49\text{g/eq}$
황산의 당량수$= \frac{9.8}{49} = 0.2\text{eq}$
∴ 황산의 노르말농도$= \frac{0.2\text{eq}}{0.250\text{L}} = 0.8\text{N}$

10 분자 간에 작용하는 힘에 대한 설명으로 틀린 것은?

① 반데르발스 힘은 분자 간에 작용하는 힘으로서 분산력, 이중극자 간 인력 등이 있다.
② 분산력은 분자들이 접근할 때 서로 영향을 주어 전하의 분포가 비대칭이 되는 편극현상에 의해 나타나는 힘이다.
③ 분산력은 일반적으로 분자의 분자량이 커질수록 강해지나 분자의 크기와는 무관하다.
④ 헬륨이나 수소기체도 낮은 온도와 높은 압력에서는 액체나 고체 상태로 존재할 수 있는데, 이는 각각의 분자 간에 분산력이 작용하기 때문이다.

해설 분산력은 분자의 분자량이 클수록, 크기가 클수록 증가한다.

11 K_2CrO_4에서 Cr의 산화상태(원자가)는?

① +3　② +4
③ +5　④ +6

해설 2K + Cr + 4O = 0
$2(+1) + Cr + 4(-2) = 0$
∴ Cr = +6

12 전기음성도가 비슷한 비금속 사이에서 주로 일어나는 결합은?

① 이온결합　② 공유결합
③ 배위결합　④ 수소결합

해설 ① 이온결합 : 금속 양이온과 비금속 음이온의 결합
② 공유결합 : 비금속과 비금속 사이의 결합
③ 배위결합 : 전자쌍을 일방적으로 제공하여 이뤄진 결합

13 다음 중 표준상태(0℃, 101.3kPa)에서 22.4L의 무게가 가장 가벼운 기체는?

① 질소　② 산소
③ 아르곤　④ 이산화탄소

해설 표준상태에서 22.4L에 해당하는 질량은 1몰의 질량인 분자량과 같다. 따라서 분자량이 가장 작은 기체가 가벼운 기체이다.
보기 기체의 분자량은 다음과 같다.
① 질소(N_2) : 28
② 산소(O_2) : 32
③ 아르곤(Ar) : 40
④ 이산화탄소(CO_2) : 44
따라서, 질소가 분자량이 가장 작으므로 가장 가벼운 기체이다.

14 다음 금속이온을 포함한 수용액으로부터 전기분해로 같은 무게의 금속을 각각 석출시킬 때 전기량이 가장 적게 드는 것은?

① Ag^+　② Cu^{2+}
③ Ni^{2+}　④ Fe^{3+}

해설

$Q \propto \frac{nF}{M}$
여기서, n : 산화수, F : 패러데이상수, M : 원자량
① $Ag^+ = \frac{F}{108}$　② $Cu^{2+} = \frac{2F}{64}$
③ $Ni^{2+} = \frac{2F}{59}$　④ $Fe^{3+} = \frac{3F}{56}$

08.④ 09.④ 10.③ 11.④ 12.② 13.① 14.①

15 다음 중 유효숫자 규칙에 맞게 계산한 결과는?

2.1 + 123.21 + 20.126

① 145.136 ② 145.43
③ 145.44 ④ 145.4

해설 덧셈, 뺄셈에서는 소수점 가장 앞자리에서 끝나는 값에 맞춰서 계산한다.
∴ 2.1+123.2+20.1=145.4

16 Na의 전자배열에 대한 설명으로 옳은 것은?

① 전자배치는 $1s^2 2s^2 2p^6 3s^1$이다.
② 부껍질은 f껍질까지 갖는다.
③ 최외각껍질에 존재하는 전자는 2개이다.
④ 전자껍질은 2개를 갖는다.

해설 ② 부껍질은 p껍질까지 갖는다.
③ 최외각껍질에 존재하는 전자는 1개이다.
④ 전자껍질은 3개를 갖는다.

17 가수분해 생성물이 포도당과 과당인 것은?

① 맥아당
② 설탕
③ 젖당
④ 글리코겐

해설 ① 맥아당(엿당) = 포도당 + 포도당
② 설탕 = 포도당 + 과당
③ 젖당 = 갈락토오스 + 포도당
④ 글리코겐 = 포도당 중합체

18 수산화나트륨에 대한 설명으로 틀린 것은?

① 물에 잘 녹는다.
② 조해성 물질이다.
③ 양쪽성 원소와 반응하여 수소를 발생한다.
④ 공기 중의 이산화탄소를 흡수하여 탄산나트륨이 된다.

해설 양쪽성 물질은 산과 염기 모두 반응할 수 있는 물질로, 수산화나트륨 같은 염기와 양쪽성 물질이 반응하면 중화반응이 진행되면서 물이 생성된다.
다음과 같이 Al_2O_3 등이 양쪽성 물질이다.
- $Al_2O_3 + 6HCl \rightarrow 2AlCl_3 + 3H_2O$
- $Al_2O_3 + 2NaOH \rightarrow 2NaAlO_2 + H_2O$

19 하나의 물질로만 구성되어 있는 것으로 물, 소금, 산소 등이 예이고, 끓는점, 어는점, 밀도, 용해도 등의 물리적 성질이 일정한 것을 가리키는 말은?

① 단체 ② 순물질
③ 화합물 ④ 균일혼합물

해설 ② 순물질 : 하나의 물질로만 구성되어 있는 것으로 끓는점, 어는점, 밀도, 용해도 등의 물리적 성질이 일정한 물질
③ 화합물 : 둘 이상의 원소로 구성된 순물질
④ 균일혼합물 : 둘 이상의 순물질이 균일하게 혼합된 물질로, 물리적 분리가 가능

20 탄소섬유를 만드는 데 사용되는 원료로 가장 적당한 것은?

① 흑연 ② 단사황
③ 실리콘 ④ 고무상황

해설 탄소섬유를 만드는 데는 탄소로 구성된 흑연을 사용한다. 단사황(S)과 고무상황(S)은 황으로 구성된 동소체이고, 실리콘(Si)은 규소로 구성된 원소이다.

21 다음 이온결합물질 중 녹는점이 가장 높은 것은?

① NaF ② KF
③ RbF ④ CsF

해설
- 이온결합의 세기 $\propto \dfrac{\text{이온의 전하량의 곱}}{\text{이온 간의 거리}}$
- 이온 반지름의 크기 : $Na^+ < K^+ < Rb^+ < Cs^+$
- 전하량의 곱이 모두 동일하여 이온 반지름이 가장 작은 NaF가 이온 간의 거리가 가장 짧으므로 이온결합 세기가 가장 세다. 따라서, 녹는점이 가장 높다.

22 같은 주기에서 이온화에너지가 가장 작은 것은?

① 알칼리금속 ② 알칼리토금속
③ 할로겐족 ④ 비활성 기체

해설 같은 주기의 이온화에너지는 원자번호가 클수록 커진다. 즉, 알칼리금속 < 알칼리토금속 < 할로겐족 < 비활성 기체 순으로 커진다.

23 다음 중 물체에 해당하는 것은?

① 나무 ② 유리
③ 신발 ④ 쇠

해설
- 물체 : 어떤 목적으로 사용하기 위해 만든 물건
- 물질 : 물체를 이루는 재료

15.④ 16.① 17.② 18.③ 19.② 20.① 21.① 22.① 23.③

24 비활성 기체에 대한 설명으로 틀린 것은?

① 전자배열이 안정하다.
② 특유의 색깔, 맛, 냄새가 있다.
③ 방전할 때 특유한 색상을 나타내므로 야간 광고용으로 사용된다.
④ 다른 원소와 화합하여 반응을 일으키기 어렵다.

해설 비활성 기체는 전자배열이 옥텟규칙을 만족하므로 안정하고, 네온사인과 같이 비활성 기체를 방전시켜 빛이 나오게 할 수 있다. 또한, 기본적으로 반응성이 없어 다른 원소와 화합하거나 상호 반응하지 않아 색깔, 맛, 냄새가 없다.

25 염화나트륨 10g을 물 100mL에 용해한 액의 중량농도는?

① 9.09%　② 10%
③ 11%　④ 12%

해설 물 100mL×1g/mL=100g
용액=물+염화나트륨=100+10=110g

$$중량농도=\frac{용질}{용액}\times100=\frac{10}{110}\times100=9.09\%$$

26 다음 중 제1차 이온화에너지가 가장 큰 원소는?

① 나트륨　② 헬륨
③ 마그네슘　④ 티타늄

해설 주기율표상에서 오른쪽 · 위쪽으로 갈수록 이온화에너지가 증가한다.

27 다음 황화물 중 흑색 침전이 아닌 것은?

① PbS　② AgS
③ CuS　④ ZnS

해설 ④ ZnS : 흰색 침전

28 3N-HCl 60mL에 5N-HCl 40mL를 혼합한 용액의 노르말농도(N)는 얼마인가?

① 1.6N　② 3.8N
③ 5.0N　④ 7.2N

해설

$$N(혼합용액)=\frac{NV+N'V'}{(V+V')}=\frac{3\times60+5\times40}{60+40}=3.8N$$

29 다음 중 용액에 대한 설명으로 옳은 것은?

① 물에 대한 고체의 용해도는 일반적으로 물 1,000g에 녹아 있는 용질의 최대질량을 말한다.
② 몰분율은 용액 중 어느 한 성분의 몰수를 용액 전체의 몰수로 나눈 값이다.
③ 질량백분율은 용질의 질량을 용액의 부피로 나눈 값을 말한다.
④ 몰농도는 용액 1L 중에 들어있는 용질의 질량을 말한다.

해설 ① 물에 대한 고체의 용해도는 일반적으로 물 100g에 녹아 있는 용질의 최대질량을 말한다.
③ 질량백분율은 용질의 질량을 용액의 질량으로 나눈 값을 말한다.
④ 몰농도는 용액 1L 중에 들어있는 용질의 몰수를 말한다.

30 약산과 강염기 적정 시 사용할 수 있는 지시약은 어느 것인가?

① Bromphenol blue
② Methyl orange
③ Methyl red
④ Phenolphthalein

해설 염기성에서 변색이 되는 페놀프탈레인이 적당하다.
각 보기의 변색범위는 다음과 같다.
① Bromphenol blue : 3.0~4.6
② Methyl orange : 3.1~4.4
③ Methyl red : 4.2~6.3
④ Phenolphthalein : 8.3~10

31 다음 중 Arrhenius의 산 · 염기 이론에 대하여 설명한 것은?

① 산은 물에서 이온화될 때 수소이온을 내는 물질이다.
② 산은 전자쌍을 받을 수 있는 물질이고, 염기는 전자쌍을 줄 수 있는 물질이다.
③ 산은 진공에서 양성자를 줄 수 있는 물질이고, 염기는 진공에서 양성자를 받을 수 있는 물질이다.
④ 산은 용매에 양이온을 방출하는 용질이고, 염기는 용질에 음이온을 방출하는 용매이다.

24.② 25.① 26.② 27.④ 28.② 29.② 30.④ 31.①

- Arrhenius 산 : 물에서 이온화될 때 수소이온을 내는 물질
- Arrhenius 염기 : 물에서 이온화될 때 수산화이온을 내는 물질

32 다음 중 침전 적정법에서 주로 사용하는 시약은?

① $AgNO_3$ ② $NaOH$
③ $Na_2C_2O_4$ ④ $KMnO_4$

해설 염소이온 등의 적정에 사용되는 침전 적정법에는 대표적으로 은법 적정이 있다. 은법 적정에는 질산은($AgNO_3$)을 이용하며, 파얀스법, 폴하르트법, 모어법의 세 가지 종류가 있다.

33 다음 중 수용액에서 이온화도가 5% 이하인 산은?

① HNO_3 ② H_2CO_3
③ H_2SO_4 ④ HCl

해설 이온화도가 5% 이하인 산은 약산으로 볼 수 있다.
① HNO_3, ② H_2SO_4, ④ HCl : 강산
③ H_2CO_3 : 약산

34 Ba^{2+}, Ca^{2+}, Na^+, K^+ 4가지 이온이 섞여 있는 혼합용액이 있다. 양이온 정성분석 시 이들 이온을 Ba^{2+}, Ca^{2+}(5족)과 Na^+, K^+(6족) 이온으로 분족하기 위한 시약은?

① $(NH_4)_2CO_3$
② $(NH_4)_2S$
③ H_2S
④ 6M HCl

해설 5족 양이온은 탄산염[$BaCO_3(s)$, $CaCO_3(s)$]으로 침전된다. 따라서, $(NH_4)_2CO_3$을 넣어준다.

35 Cu^{2+} 시료용액에 깨끗한 쇠못을 담가두고 5분간 방치한 후 못 표면을 관찰하면 쇠못 표면에 붉은색 구리가 석출한다. 그 이유는?

① 철이 구리보다 이온화경향이 크기 때문에
② 침전물이 분해하기 때문에
③ 용해도의 차이 때문에
④ Cu^{2+} 시료용액의 농도가 진하기 때문에

해설 철이 구리보다 이온화경향이 크므로 쇠못 표면의 철이 이온화되고, 구리이온이 쇠못 표면에서 석출되기 때문이다.

36 다음 중 양이온 제3족이 아닌 것은?

① Fe ② Cr
③ Al ④ Zn

해설
- 양이온 제3족 : Fe, Al, Cr
- 양이온 제4족 : Ni, Co, Mn, Zn

37 고체가 액체에 용해되는 경우 용해속도에 영향을 주는 인자로서 가장 거리가 먼 것은?

① 고체 표면적의 크기
② 교반속도
③ 압력의 증감
④ 온도의 변화

해설 압력의 증감은 기체의 용해도에 영향을 준다.

38 린만 그린(Rinmann's green) 반응 결과 녹색의 덩어리로 얻어지는 물질은?

① $Fe(SCN)_2$ ② $Co(ZnO_2)$
③ $Na_2B_4O_7$ ④ $Co(AlO_2)_2$

해설 린만 그린 반응의 결과인 녹색 물질은 아연 산화물 형태의 코발트그린[$Co(ZnO_2)$]이다.

39 염기 표준액의 1차 표준물질로 사용하지 않는 것은?

① 프탈산수소칼륨($C_6H_4COOKCOOH$)
② 옥살산($H_2C_2O_4$)
③ 설파민산($HOSO_2NH_2$)
④ 석탄산(C_6H_5OH)

해설 염기 표준액의 1차 물질 : 프탈산수소칼륨, 옥살산, 설파민산

40 일반적으로 바닷물은 1,000mL당 27g의 NaCl을 함유하고 있다. 바닷물 중에서 NaCl의 몰농도는 약 얼마인가? (단, NaCl의 분자량은 58.5g/mol이다.)

① 0.05 ② 0.5
③ 1 ④ 5

해설 몰농도 : 용액 1L 안의 용질의 몰수

$NaCl = \frac{27g}{58.5} = 0.46 \fallingdotseq 0.5mol$

1,000mL = 1L이므로, 0.5mol/1L
따라서, 0.5이다.

32.① 33.② 34.① 35.① 36.④ 37.③ 38.② 39.④ 40.②

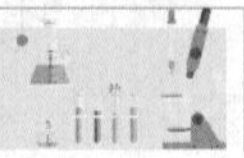

41 종이 크로마토그래피에 의한 분석에서 구리, 비스무트, 카드뮴 이온을 분리할 때 사용하는 전개액으로 가장 적당한 것은?

① 묽은 염산, n−부탄올
② 페놀, 암모니아수
③ 메탄올, n−부탄올
④ 메탄올, 암모니아수

해설 종이 크로마토그래피에서 구리, 비스무트, 카드뮴 이온을 분리할 때 전개액은 혼합물을 용해시키고 R_f값이 차이나게 분리시켜야 한다. 따라서 산성 조건 및 알코올이 포함된 묽은 염산과 알코올(n−부탄올)이 가장 적당하다.

42 유기화합물의 전자전이 중에서 가장 작은 에너지의 빛을 필요로 하고, 일반적으로 약 280nm 이상에서 흡수를 일으키는 것은?

① $\sigma \to \sigma^*$
② $n \to \sigma^*$
③ $\pi \to \pi^*$
④ $n \to \pi^*$

해설 • 에너지 크기 : $\sigma < \pi < n < \pi^* < \sigma^*$
• 에너지 차이가 가장 작은 준위 : $n \to \pi^*$

43 분광광도법에서 자외선 영역에는 어떤 셀을 주로 이용하는가?

① 플라스틱 셀
② 유리 셀
③ 석영 셀
④ 반투명 유리 셀

해설 • 자외선 영역 : 석영 셀
• 가시광선 영역 : 유리 셀, 플라스틱 셀

44 가스 크로마토그래피의 검출기 중 기체의 전기전도도가 기체 중의 전하를 띤 입자의 농도에 직접 비례한다는 원리를 이용한 것은?

① FID ② TCD
③ ECD ④ TID

해설 FID(불꽃이온화 검출기) : 시료의 연소 시 나오는 전하를 띤 생성물들에 의한 전기전도도의 세기를 이용하여 검출하는 방법

45 분자가 자외선과 가시광선 영역의 광에너지를 흡수할 때 전자가 낮은 에너지 상태에서 높은 에너지 상태로 변화하게 된다. 이때 흡수된 에너지를 무엇이라 하는가?

① 전기에너지
② 광에너지
③ 여기에너지
④ 파장

해설 낮은 에너지 상태의 분자가 여기에너지를 흡수하면 높은 에너지 상태로 된다.

46 가스 크로마토그래피는 두 가지 이상의 성분을 단일 성분으로 분리하는데, 혼합물의 각 성분은 어떤 차이에 의해 분리되는가?

① 반응속도
② 흡수속도
③ 주입속도
④ 이동속도

해설 가스 크로마토그래피 : 이동상 기체에 실려가는 분석물질과 정지상의 상호작용에 의한 이동속도 차이에 의해 분리 검출하는 기법

47 UV/VIS는 빛과 물질의 상호작용 중에서 어느 작용을 이용한 것인가?

① 흡수 ② 산란
③ 형광 ④ 인광

해설 UV/VIS 분광광도계는 물질에 따른 흡수파장의 흡광도를 이용하여 분석한다.

48 Fe^{3+}/Fe^{2+} 및 Cu^{2+}/Cu^0로 구성되어 있는 가상 전지에서 얻을 수 있는 전위는? (단, 표준환원전위는 다음과 같다.)

• $Fe^{3+} + e^- \to Fe^{2+}$, $E° = 0.771$
• $Cu^{2+} + 2e^- \to Cu^0$, $E° = 0.337$

① 0.434V ② 1.018V
③ 1.205V ④ 1.879V

해설 표준환원전위차=0.771−0.337=0.434V

41.① 42.④ 43.③ 44.① 45.③ 46.④ 47.① 48.①

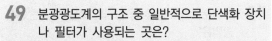

49 분광광도계의 구조 중 일반적으로 단색화 장치나 필터가 사용되는 곳은?

① 광원부
② 파장 선택부
③ 시료부
④ 검출부

해설 단색화 장치 : 여러 파장의 빛 중에서 특정 파장에 해당하는 빛만 분리하는 장치

50 다음 기기분석법 중 광학적 방법이 아닌 것은?

① 전위차 적정법
② 분광분석법
③ 적외선 분광법
④ X선 분석법

해설 • 전기분석법 : 전위차 적정법
• 분광분석법 : 적외선 분광법, X선 분석법

51 어떤 물질 30g을 넣어 용액 150g을 만들었더니 더 이상 녹지 않았다. 이 물질의 용해도는? (단, 온도는 변하지 않았다.)

① 20 ② 25
③ 30 ④ 35

해설 용해도 : 용매 100g에 최대로 녹는 용질의 질량
용매=용액−용질=150−30=120g
30 : 120 = x : 100
∴ x=25

52 람베르트−비어(Lambert−Beer)의 법칙에 대한 설명으로 틀린 것은?

① 흡광도는 액층의 두께에 비례한다.
② 투광도는 용액의 농도에 반비례한다.
③ 흡광도는 용액의 농도에 비례한다.
④ 투광도는 액층의 두께에 비례한다.

해설 • 투광도 $T = \frac{I}{I_0}$
여기서, I_0 : 투과 전 빛의 세기
I : 투과 후 빛의 세기
• 흡광도 $A = \varepsilon bc = -\log T$
여기서, ε : 몰흡광계수
b : 액층의 두께
c : 시료의 농도

53 가스 크로마토그래피에서 시료를 흡착법에 의해 분리하는 곳은?

① 운반기체부
② 주입부
③ 칼럼
④ 검출기

해설 ③ 칼럼 : 정지상과의 상호작용에 의해 분석물질을 분리한다.

54 분광광도법에서 정량분석의 검량선 그래프에 X축은 농도를 나타내고, Y축에는 무엇을 나타내는가?

① 흡광도
② 투광도
③ 파장
④ 여기에너지

해설 분광광도법은 각 물질의 농도에 따른 흡광도를 분석한다. 따라서, X축은 농도, Y축은 흡광도이다.

55 화학전지에서 염다리(salt bridge)는 무엇으로 만드는가?

① 포화 KCl 용액과 젤라틴
② 포화 염산용액과 우뭇가사리
③ 황산알루미늄과 황산칼륨
④ 포화 KCl 용액과 황산알루미늄

해설 염다리는 전하의 균형을 유지시켜 주는 것으로, 포화 KCl 용액과 젤라틴으로 구성된다.

56 용리액으로 불리는 이동상을 고압 펌프로 운반하는 크로마토 장치를 말하며, 펌프, 주입기, 칼럼, 검출기, 데이터 처리장치 등으로 구성되어 있는 기기는?

① 분광광도계
② 원자흡광광도계
③ 가스 크로마토그래프
④ 고성능 액체 크로마토그래프

해설 가스 크로마토그래프는 이동상 흐름으로 기체의 확산을 이용하고, 고성능 액체 크로마토그래프는 이동상인 용매의 이동을 위해 펌프를 이용한다.

49.② 50.① 51.② 52.④ 53.③ 54.① 55.① 56.④

57 HPLC에서 Y축을 높이로 하여 파형의 축을 밑변으로 한 넓이로 알 수 있는 것은?

① 성분
② 신호의 세기
③ 머무른 시간
④ 성분의 양

해설 검출시간은 성분의 종류로, 피크의 넓이는 성분의 농도(양)로 알 수 있다.

58 pH를 측정하는 전극으로 맨 끝에 얇은 막(0.03~0.01mm)이 있고, 그 얇은 막의 양쪽에 pH가 다른 두 용액이 있으며, 그 사이에 전위차가 생기는 것을 이용한 측정법은?

① 수소전극법
② 유리전극법
③ 퀸하이드론(Quinhydrone) 전극법
④ 칼로멜(Calomel) 전극법

해설 유리전극법 : 유리막을 사이에 두고 수소이온의 농도차에 의한 전위차를 이용하여 분석하는 방법

59 전기분석법의 분류 중 전자의 이동이 없는 분석 방법은?

① 전위차적정법
② 전기분해법
③ 전압전류법
④ 전기전도도법

해설 전기전도도법은 전기전도도 차이에 의한 적정법으로, 나머지 방법과 다르게 실질적인 전자의 이동이 관여하지 않는다.

60 다음 중 크로마토그래피에 관한 설명 중 옳지 않은 것은?

① 정지상으로 고체가 사용된다.
② 정지상과 이동상을 필요로 한다.
③ 이동상으로 액체나 고체가 사용된다.
④ 혼합물을 분리 · 분석하는 방법 중의 하나이다.

해설 크로마토그래피의 경우 이동상으로 액체나 기체를 사용한다.

57.④ 58.② 59.④ 60.③

화학분석기능사

Ⅰ 2014년 7월 20일 시행

01 1ppm은 몇 %인가?

① 10^{-2} ② 10^{-3}
③ 10^{-4} ④ 10^{-5}

해설 $1ppm = \frac{1}{1,000,000} \times 100 = 10^{-4}\%$

02 다음 중 식물 세포벽의 기본구조 성분은?

① 셀룰로오스 ② 나프탈렌
③ 아닐린 ④ 에틸에테르

해설 세포벽 : 베타포도당 중합체인 셀룰로오스로 구성되어 있다.

03 다음은 물(H_2O)의 변화를 반응식으로 나타낸 것이다. 이 반응에 대한 설명으로 옳지 않은 것은?

$$H_2O(l) \rightleftarrows H_2O(g)$$

① 가역반응이다.
② 반응의 속도는 온도에 따라 변한다.
③ 정반응속도는 압력의 변화와 관계없이 일정하다.
④ 반응의 평형은 정반응속도와 역반응속도가 같을 때 이루어진다.

해설 순수한 물의 증발에서 온도가 일정하면 증발속도는 일정하다.

04 다음 원소와 이온 중 최외각 전자의 개수가 다른 것은?

① Na^+ ② K^+
③ Ne ④ F

해설 ① Na^+ : 8개 ② K^+ : 8개
③ Ne : 8개 ④ F : 7개

05 다음 중 반데르발스 결합이 가장 강한 것은?

① H_2-Ne ② Cl_2-Xe
③ O_2-Ar ④ N_2-Ar

해설 반데르발스 결합은 분자량이 클수록 커진다.
보기에서 분자량이 가장 큰 물질은 Cl_2-Xe이다.

06 다음 중 1차(primary) 알코올로 분류되는 것은?

① $(CH_3)_2CHOH$ ② $(CH_3)_3COH$
③ C_2H_5OH ④ $(CH_2)_2Br_2$

해설 알코올의 구분
- 1차 알코올 : C_2H_5OH
- 2차 알코올 : $(CH_3)_2CHOH$
- 3차 알코올 : $(CH_3)_3COH$

07 분자량이 100인 어떤 비전해질을 물에 녹였더니 5M 수용액이 되었다. 이 수용액의 밀도가 1.3g/mL이면 몇 몰랄농도(molality)인가?

① 6.25 ② 7.13
③ 8.15 ④ 9.84

해설 5M=5mol/1L
용액 1L=1,000mL
1,000mL×1.3g/mL=1,300g
용질=5mol×100=500g
용매=용액−용질=1,300−500=800g
몰랄농도$=\frac{5mol}{0.8kg}$=6.25M

08 다음 중 각 물질의 성질에 대한 설명으로 틀린 것은?

① $CuSO_4$는 푸른색 결정이다.
② $KMnO_4$은 환원제이며, 용액은 보라색이다.
③ CrO_3에서 크롬은 +6가이다.
④ $AgNO_3$ 용액은 염소이온과 반응하여 흰색 침전을 생성한다.

해설 ② $KMnO_4$는 산화제이다.

09 다음의 반응을 무엇이라고 하는가?

$$3C_2H_2 \rightleftarrows C_6H_6$$

① 치환반응 ② 부가반응
③ 중합반응 ④ 축합반응

해설 3분자의 C_2H_2(에틸렌)이 1분자의 C_6H_6(벤젠)으로 진행되는 중합반응이다.

01.③ 02.① 03.③ 04.④ 05.② 06.③ 07.① 08.② 09.③

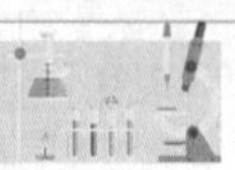

10 원자나 이온의 반지름은 전자껍질의 수, 핵의 전하량, 전자수에 따라 달라진다. 핵의 전하량 변화에 따른 반지름의 변화를 살펴보기 위하여 다음 중 어떤 원자 또는 이온들을 서로 비교해 보는 것이 가장 좋겠는가?

① S^{2-}, Cl^-, K^+, Ca^{2+}
② Li, Na, K, Rb
③ F^+, F^-, Cl^+, Cl^-
④ Na, Mg, O, F

해설 동일한 전자배치를 갖는 이온(등전자이온)들을 비교할 경우 핵 전하량만으로 반지름의 변화를 비교할 수 있다. S^{2-}, Cl^-, K^+, Ca^{2+}의 경우 Ne과 동일한 전자배치를 갖는 등전자이온이다. 등전자이온의 경우 원자번호가 클수록 핵 전하량이 증가해 전자껍질을 당기므로 이온 반지름이 감소한다. 따라서 원자번호가 작을수록 반지름이 커진다.
$S^{2-} > Cl^- > K^+ > Ca^{2+}$

11 다음 공유결합 중 2중결합을 이루고 있는 분자는?

① H_2 ② O_2
③ HCl ④ F_2

해설 ① H－H ② O＝O
③ H－Cl ④ F－F

12 다음 금속 중 환원력이 가장 큰 것은?

① 니켈 ② 철
③ 구리 ④ 아연

해설 환원력이 클수록 산화가 잘 되며, 보기의 물질을 산화가 잘 되는 순서로 나열하면 다음과 같다.
아연(Zn) > 철(Fe) > 니켈(Ni) > 구리(Cu)

13 철을 고온으로 가열한 다음, 수증기를 통과시키면 표면에 피막이 생겨 녹스는 것을 방지하는 역할을 하는 자철광의 주성분은 무엇인가?

① Fe_2O_3
② Fe_3O_4
③ $FeSO_4$
④ $FeCl_2$

해설
- 자철광의 주성분 : Fe_3O_4
- 적철광의 주성분 : Fe_2O_3

14 7.40g의 물을 29.0℃에서 46.0℃로 온도를 높이려고 할 때 필요한 에너지(열)는 약 몇 J인가? (단, 물의 비열은 4.184J/g · ℃이다.)

① 305 ② 416
③ 526 ④ 627

해설 $Q = cm\Delta T$
$= 4.184\text{J/g}\cdot℃ \times 7.40\text{g} \times (46-29)℃$
$= 526\text{J}$

15 원자의 성질에 대한 설명으로 옳지 않은 것은?

① 원자가 양이온이 되면 크기가 작아진다.
② 0족의 기체는 최외각의 전자껍질에 전자가 채워져서 반응성이 낮다.
③ 전기음성도 차이가 큰 원자끼리의 결합은 공유결합성 비율이 커진다.
④ 염화수소(HCl) 분자에서 염소(Cl) 쪽으로 공유된 전자들이 더 많이 분포한다.

해설 ③ 전기음성도 차이가 큰 원자끼리의 결합은 이온결합성 비율이 커진다.

16 다음 중 가장 강한 산화제는?

① $KMnO_4$
② MnO_2
③ Mn_2O_3
④ $MnCl_2$

해설 Mn의 산화수가 클수록 가장 강한 산화제이다.
① $KMnO_4$: Mn(+7)
② MnO_2 : Mn(+4)
③ Mn_2O_3 : Mn(+3)
④ $MnCl_2$: Mn(+2)

17 2.5mol의 질산(HNO_3)의 질량은 얼마인가? (단, N의 원자량은 14, O의 원자량은 16이다.)

① 0.4g
② 25.2g
③ 60.5g
④ 157.5g

해설 HNO_3의 분자량＝1＋14＋16×3＝63
2.5mol×63＝157.5g

10.① 11.② 12.④ 13.② 14.③ 15.③ 16.① 17.④

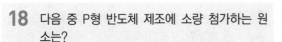

18 다음 중 P형 반도체 제조에 소량 첨가하는 원소는?

① 인　② 비소
③ 붕소　④ 안티몬

해설
- P형 반도체 : 13족 원소(B, In, Ga 등)를 소량 첨가하여 여분의 정공(+)을 만들어 전류의 흐름을 만든다.
- N형 반도체 : 15족 원소(P, As, Sb 등)를 소량 첨가하여 여분의 전자(−)를 만들어 전류의 흐름을 만든다.

19 다음 중 수소결합을 할 수 없는 화합물은?

① H_2O　② CH_4
③ HF　④ CH_3OH

해설 F, O, N에 결합된 H가 수소결합에 참여할 수 있다. 따라서, 보기에서 수소결합이 가능한 분자는 H_2O, HF, CH_3OH이다.

20 산과 염기가 반응하여 염과 물을 생성하는 반응을 무엇이라 하는가?

① 중화반응
② 산화반응
③ 환원반응
④ 연화반응

해설 산 · 염기의 중화반응
산 + 염기 → 염 + 물

21 다음 할로겐원소 중 다른 원소와의 반응성이 가장 강한 것은?

① I　② Br
③ Cl　④ F

해설 전기음성도가 클수록 반응성이 크다.
F > Cl > Br > I

22 황린과 적린이 동소체라는 사실을 증명하는 데 가장 효과적인 실험방법은?

① 녹는점 비교
② 연소생성물 비교
③ 전기전도성 비교
④ 물에 대한 용해도 비교

해설 동소체의 경우 연소생성물이 동일하다.
황린과 적린은 동소체이므로 연소생성물이 동일하다.

23 공유결합(covalent bond) 설명으로 틀린 것은?

① 두 원자가 전자쌍을 공유함으로써 형성되는 결합이다.
② 공유되지 않고 원자에 남아 있는 전자쌍을 비결합 전자쌍 또는 고립 전자쌍이라고 한다.
③ 수소분자나 염소분자의 경우 분자 내 두 원자는 두 개의 결합 전자쌍을 가지는 이중결합을 한다.
④ 분자 내에서 두 원자가 2개 또는 3개의 전자쌍을 공유할 수 있는데 이것을 다중 공유결합이라고 한다.

해설 수소분자 H : H, 염소분자 Cl : Cl
즉, 한 쌍의 전자쌍을 갖는다.

24 산(acid)에 대한 설명으로 틀린 것은?

① 물에 용해되어 수소이온(H^+)을 내는 물질이다.
② 양성자(H^+)를 받아들이는 분자 또는 이온이다.
③ 푸른색 리트머스 종이를 붉게 변화시킨다.
④ 비공유 전자쌍을 받는 물질이다.

해설 산은 양성자(H^+)를 주는 분자 또는 이온이다.

25 포도당의 분자식은?

① $C_6H_{12}O_6$　② $C_{12}H_{22}O_{11}$
③ $(C_6H_{10}O_5)_n$　④ $C_{12}H_{20}O_{10}$

해설 포도당(glucose)의 분자식 : $C_6H_{12}O_6$

26 하이드로퀴논(hydroquinone)을 중크롬산칼륨으로 적정하는 것과 같이 분석물질과 적정액 사이의 산화 · 환원 반응을 이용하여 시료를 정량하는 분석법은?

① 중화 적정법
② 침전 적정법
③ 킬레이트 적정법
④ 산화 · 환원 적정법

해설 산화 · 환원 반응을 이용하여 시료를 정량하는 방법 : 산화 · 환원 적정법

18.③ 19.② 20.① 21.④ 22.② 23.③ 24.② 25.① 26.④

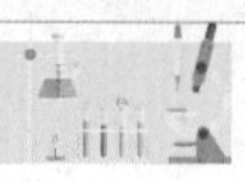

27 1%의 NaOH 용액으로 0.1N-NaOH 100mL를 만들고자 한다. 다음 중 어떤 방법으로 조제하여야 하는가? (단, NaOH의 분자량은 40이다.)

① 원용액 40mL에 60mL의 물을 가한다.
② 원용액 40g에 물을 가하여 100mL로 한다.
③ 원용액 40g에 60g의 물을 가한다.
④ 원용액 40mL에 물을 가하여 100mL로 한다.

해설 당량수$=N\times V=$0.1N×0.1L=0.01eq
NaOH 분자량=NaOH 당량질량
용질 질량=당량수×당량질량=0.1×40=4g
용액 질량×%농도=용질 질량
$x\times$0.01=4g
∴ x=40g
원용액 40g에 물을 가하여 100mL로 한다.

28 양이온의 분리검출에서 각종 금속이온의 용해도를 고려하여 1족~6족으로 구분하고 있다. 다음 중 제4족에 해당하는 금속은?

① Pb^{2+} ② Ni^{2+}
③ Cr^{3+} ④ Fe^{3+}

해설 ① Pb^{2+} : 1족
② Ni^{2+} : 4족
③ Cr^{3+}, ④ Fe^{3+} : 3족

29 네슬러 시약의 조제에 사용되지 않는 약품은?

① KI ② HgI_2
③ KOH ④ I_2

해설 네슬러 시약은 암모니아 검출에 사용하는 시약으로 요오드화수은(HgI_2), 요오드화칼륨(KI)을 수산화칼륨(KOH) 용액에 용해시킨 것이다.

30 다음 중 가장 정확하게 시료를 채취할 수 있는 실험기구는?

① 비커
② 미터글라스
③ 피펫
④ 플라스크

해설 비커, 미터글라스, 플라스크는 다량의 부피를 취할 수 있는 장점이 있으나 눈금에 따른 오차가 클 수 있고, 피펫은 소량을 취해서 옮길 수 있으나 좀 더 정밀하게 시료의 부피를 측정할 수 있다.

31 히파 반응(Hepar reaction)에 의해 주로 검출되는 것은?

① SiF_6^{2-}
② CrO_4^{2-}
③ SO_4^{2-}
④ ClO_3^-

해설 Hepar 반응에서 용해도가 낮은 황산바륨($BsSO_4$)의 침전을 통해 SO_4^{2-}이온을 검출할 수 있다.

32 제2족 양이온 분족 시 염산의 농도가 너무 묽으면 어떠한 현상이 일어나는가?

① 황이온(S^{2-})의 농도가 적어진다.
② H_2S의 용해도가 적어진다.
③ 제2족 양이온의 황화물 침전이 잘 안 된다.
④ 제4족 양이온이 황화물로 침전한다.

해설 제4족 양이온은 약한 염기에서의 황화물 침전인데, 염산의 농도가 묽어지면 pH가 증가하므로 제4족 양이온이 침전된다.

33 2M-NaCl 용액 0.5L를 만들려면 염화나트륨 몇 g이 필요한가? (단, 각 원소의 원자량은 Na은 23이고, Cl는 35.5이다.)

① 24.25 ② 58.5
③ 117 ④ 127

해설 2M×0.5L=1mol NaCl
1mol×58.5g/mol=58.5g

34 $A(g)+B(g) \rightleftarrows C(g)+D(g)$의 반응에서 A와 B가 각각 2mol씩 주입된 후 고온에서 평형을 이루었다. 평형상수값이 1.5이면 평형에서 C의 농도는 몇 mol인가?

① 0.799 ② 0.899
③ 1.101 ④ 1.202

해설 $A(g)+B(g) \rightleftarrows C(g)+D(g)$
2mol 2mol
$-x$ $-x$ x x
$2-x$ $2-x$ x x
$$K=\frac{x^2}{(2-x)^2}=1.5$$
∴ x=1.101

27.② 28.② 29.④ 30.③ 31.③ 32.④ 33.② 34.③

35 침전 적정법에서 사용하지 않는 표준시약은?

① 질산은
② 염화나트륨
③ 티오시안산암모늄
④ 과망간산칼륨

해설 ④ 과망간산칼륨은 산화 · 환원 적정에 사용된다.

36 Pb^{2+}이온을 확인하는 최종 확인시약은?

① H_2S
② K_2CrO_4
③ $NaBiO_3$
④ $(NH_4)_2C_2O_4$

해설 Pb^{2+}과 K_2CrO_4이 반응 시 노란색의 $PbCrO_4$이 생성되므로 Pb^{2+}을 확인할 수 있다.

37 킬레이트 적정에서 EDTA 표준용액 사용 시 완충용액을 가하는 주된 이유는?

① 적정 시 알맞은 pH를 유지하기 위하여
② 금속 지시약의 변색을 선명하게 하기 위하여
③ 표준용액의 농도를 일정하게 하기 위하여
④ 적정에 의하여 생기는 착화합물을 억제하기 위하여

해설 킬레이트 적정을 위해서는 일반적으로 약염기성을 유지해야 한다. 완충용액을 이용하여 pH를 일정하게 유지한다.

38 $[Ag(NH_3)_2]Cl$에서 AgCl의 침전을 얻기 위해 사용되는 물질은?

① NH_4OH ② HNO_3
③ NaOH ④ KCN

해설 pH를 낮춰서 강산 용액으로 만들어주면 NH_3의 리간드가 NH_4^+으로 전환되고 AgCl의 침전이 형성된다.

39 수산화알루미늄$[Al_2(OH)_3]$의 침전은 어떤 pH의 범위에서 침전이 가장 잘 생성되는가?

① 4.0 이하 ② 6.0~8.0
③ 10.0 이하 ④ 10~14

해설 수산화알루미늄의 침전은 약산과 약염기 사이인 pH 6.0~8.0에서 진행한다.

40 다음 두 용액을 혼합했을 때 완충용액이 되지 않는 것은?

① NH_4Cl과 NH_4OH
② CH_3COOH과 CH_3COONa
③ NaCl과 HCl
④ CH_3COOH과 $Pb(CH_3COO)_2$

해설 완충용액은 약산과 약산의 짝염기, 약염기와 약염기의 짝산이 혼합되었을 때 형성된다. HCl 및 NaCl은 강산과 강산의 짝염기이므로 완충용액이 형성되지 않는다.

41 불꽃 없는 원자화 기기의 특징이 아닌 것은?

① 감도가 매우 좋다.
② 시료를 전처리하지 않고 직접 분석이 가능하다.
③ 산화작용을 방지할 수 있어 원자화 효율이 크다.
④ 상대정밀도가 높고, 측정농도범위가 아주 넓다.

해설 불꽃 없는 원자화 기기의 종류로는 고온전기로법, 차가운 증기 및 수소화물 생성법 등이 있다. 불꽃을 사용하지 않으므로 감도가 좋고, 시료를 전처리 없이 직접 분석할 수 있으며, 산화작용을 방지할 수 있다. 하지만 시료를 매우 적은 양을 가하기 때문에 부피의 오차로 인한 재현성이 좋지 않고, 측정농도범위가 좁다.

42 $[H^+][OH^-]=K_w$일 때 상온에서 K_w의 값은?

① 6.02×10^{23}
② 1×10^{-7}
③ 1×10^{-14}
④ 3×10^{-8}

해설 상온(25℃)에서 $K_w=1.0\times10^{-14}$이다.

43 다음 중 자외선 파장에 해당하는 것은?

① 300nm ② 500nm
③ 800nm ④ 900nm

해설 파장 영역의 구분

- 400nm 이하 : 자외선 영역
- 400~800nm : 가시광선 영역
- 800nm 이상 : 적외선 영역

35.④ 36.② 37.① 38.② 39.② 40.③ 41.④ 42.③ 43.①

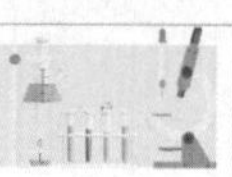

44 전위차법 분석용 전지에서 용액 중의 분석물질 농도나 다른 이온 농도와 무관하게 일정 값의 전극전위를 갖는 것은?

① 기준전극 ② 지시전극
③ 이온전극 ④ 경계전위전극

해설 기준전극은 일정 값의 전극전위를 유지하는 전극으로, 종류로는 수소 기준전극, 포화 칼로멜전극, 포화 염화은전극 등이 있다.

45 제1류 위험물에 대한 설명으로 틀린 것은?

① 분해하여 산소를 방출한다.
② 다른 가연성 물질의 연소를 돕는다.
③ 모두 물에 접촉하면 격렬한 반응을 일으킨다.
④ 불연성 물질로서 환원성 물질 또는 가연성 물질에 대하여 강한 산화성을 가진다.

해설 물에 접촉하면 격렬한 반응을 일으키는 물질은 제3류 위험물인 금수성·자연발화성 물질이다.

46 얇은 막 크로마토그래피를 제조하는 과정에서 도포용 유리의 표면이 더럽혀져 있으면 균일한 얇은 막을 만들기 어렵다. 이를 방지하기 위하여 유리를 담가두는 용액으로 가장 적당한 것은?

① 증류수 ② 크롬산 용액
③ 알코올 용액 ④ 암모니아 용액

해설 일반적으로 초자기구 등의 유리 표면의 유기물질 및 고무질 등을 세척하기 위해 크롬산 용액에 담가둔다.

47 HCl의 표준용액 25.00mL를 채취하여 농도를 분석하기 위해 0.1M NaOH 표준용액을 이용하여 전위차 적정하였다. pH 7에서 소비량이 25.40mL라면 HCl의 농도는 약 몇 M인가? (단, 0.1M NaOH 표준용액의 역가(f)는 1.092이다.)

① 0.01 ② 0.11
③ 1.11 ④ 2.11

해설 $fnMV = f'n'M'V'$
HCl 표준용액의 역가 $f=1$, $n=1$, $V=25$mL
NaOH 표준용액의 역가 $f=1.092$, $n=1$, $M=0.1$M, $V=25.40$mL
$1 \times 1 \times M \times 25\text{mL} = 1.092 \times 1 \times 0.1\text{M} \times 25.40\text{mL}$
$\therefore M = 0.11$

48 정지상으로 작용하는 물을 흡착시켜 머무르게 하기 위한 지지체로서 거름종이를 사용하는 분배 크로마토그래피는?

① 관 크로마토그래피
② 박막 크로마토그래피
③ 기체 크로마토그래피
④ 종이 크로마토그래피

해설 종이 크로마토그래피는 정지상으로 종이를 사용하고, 이동상으로 물 또는 혼합용매를 사용한다.

49 전기전도도법에 대한 설명으로 틀린 것은?

① 같은 전도도를 가진 용액은 구성성분과 농도가 같다.
② 전류가 흐르는 정도는 이온의 수와 종류에 따라 다르다.
③ 전도도는 이온의 농도 및 이동도(mobility)에 따라 다르다.
④ 적정을 통해 많은 물질을 정량할 수 있는 전기화학적 분석법 중의 하나이다.

해설 전도도는 용액의 농도, 이온의 종류, 크기, 전하량 등에 대해서 다양하게 나타날 수 있다. 따라서 같은 전도도를 갖는 것만으로 구성성분과 농도가 같다고 할 수는 없다.

50 가스 크로마토그래피에서 운반기체로 사용할 수 없는 것은?

① N_2 ② He
③ O_2 ④ H_2

해설 운반기체는 가볍고 반응성이 없어야 하며, 일반적으로 질소, 헬륨, 수소 등이 사용된다.

51 초임계 유체 크로마토그래피법에서 이동상으로 가장 널리 사용되는 기체는?

① 이산화탄소
② 일산화질소
③ 암모니아
④ 메탄

해설 이동상은 반응성이 없으면서 초임계 상태를 손쉽게 만들 수 있어야 하므로, 반응성이 없으면서 초임계 상태를 쉽게 만들 수 있는 이산화탄소가 널리 사용된다.

44.① 45.③ 46.② 47.② 48.④ 49.① 50.③ 51.①

52 분자가 자외선 광에너지를 받으면 낮은 에너지 상태에서 높은 에너지 상태로 된다. 이때 흡수된 에너지를 무엇이라 하는가?

① 투광에너지 ② 자외선에너지
③ 여기에너지 ④ 복사에너지

해설 낮은 에너지 상태의 분자가 여기에너지를 흡수하면 높은 에너지 상태로 된다.

53 다음 중 인화성 물질이 아닌 것은?

① 질소 ② 벤젠
③ 메탄올 ④ 에틸에테르

해설 인화성 물질 : 상온에서 휘발성이 큰 액체 물질로, 점화원이 존재하면 연소하한농도(인화점) 이상에서 폭발이 일어날 수 있다.
① 질소 : 반응성이 거의 없는 비활성 기체이다.

54 충분히 큰 에너지의 복사선을 금속 표면에 쪼이면 금속의 자유전자가 방출되는 현상을 무엇이라 하는가?

① 광전효과 ② 굴절효과
③ 산란효과 ④ 반사효과

해설 ② 굴절효과 : 빛이 한 매질에서 다른 매질로 진행할 때 속력이 변하여 빛의 진행방향이 바뀌는 현상
③ 산란효과 : 빛이 입자와 충돌하면 입자가 가진 전자의 에너지 변화에 따라 입자가 여러 방향으로 빛을 방출하는 현상
④ 반사효과 : 진행 중인 빛이 물체와 충돌하여 빛의 진행 방향이 바뀌어 나가는 현상

55 pH에 관한 식을 옳게 나타낸 것은?

① $pH=\log[H^+]$ ② $pH=-\log[H^+]$
③ $pH=\log[OH^-]$ ④ $pH=-\log[OH^-]$

해설 $pH=-\log[H^+]$
$pOH=-\log[OH^-]$

56 분광광도계를 이용하여 측정한 결과 투과도가 10%이었다. 이때, 흡광도는 얼마인가?

① 0 ② 0.5
③ 1 ④ 2

해설 투과도=10%, $T=0.1$
흡광도 $A=-\log T=1$

57 산과 염기의 농도 분석을 전위차법으로 할 때 사용하는 전극은?

① 은전극 – 유리전극
② 백금전극 – 유리전극
③ 포화 칼로멜전극 – 은전극
④ 포화 칼로멜전극 – 유리전극

해설 산 · 염기 농도 분석에서는 기준전극으로 포화 칼로멜전극을 사용하고, 막 지시전극으로 유리전극을 사용한다.

58 가스 크로마토그래피에서 정성분석은 무엇을 이용해서 하는가?

① 크로마토그램의 무게
② 크로마토그램의 면적
③ 크로마토그램의 높이
④ 크로마토그램의 머무름시간

해설
- 정성분석 : 크로마토그램의 머무름시간으로 분석
- 정량분석 : 크로마토그램의 면적으로 분석

59 비휘발성 또는 열에 불안정한 시료의 분석에 가장 적합한 크로마토그래피는?

① GC(기체 크로마토그래피)
② GSC(기체–고체 크로마토그래피)
③ GLC(기체–액체 크로마토그래피)
④ HPLC(고성능 액체 크로마토그래피)

해설 기체 크로마토그래피의 경우 시료를 온도를 높여 휘발시켜야 하므로 열에 민감하거나 비휘발성인 시료는 적합하지 않다. 따라서 고성능 액체 크로마토그래피를 이용한다.

60 전해 결과 두 전극에 전지가 생성되면 이것이 외부로부터 가해지는 전압을 상쇄시키는 기전력을 내는데, 이것을 무엇이라 하는가?

① 분해전압
② 과전압
③ 역기전력
④ 전극반응

해설 전압(기전력)을 상쇄시키기 위해서 역기전력을 낸다.

52.③ 53.① 54.① 55.② 56.③ 57.④ 58.④ 59.④ 60.③

2015년 제 1 회

화학분석기능사

▌2015년 1월 25일 시행

01 다음 중 아염소산의 화학식은?

① HClO
② $HClO_2$
③ $HClO_3$
④ $HClO_4$

해설 ① HClO : 하이포아염소산
② $HClO_2$: 아염소산
③ $HClO_3$: 염소산
④ $HClO_4$: 과염소산

02 같은 주기에서 원자번호가 증가할 때 나타나는 전형원소의 일반적 특성에 대한 설명으로 틀린 것은?

① 이온화에너지는 증가하지만 전자친화도는 감소한다.
② 전기음성도와 전자친화도 모두 증가한다.
③ 금속성과 원자의 크기가 모두 감소한다.
④ 금속성은 감소하고, 전자친화도는 증가한다.

해설 같은 주기에서는 일반적으로 원자번호가 증가할 때 이온화에너지와 전자친화도는 증가하고(단, 비활성 기체 제외), 같은 족에서는 일반적으로 원자번호가 증가할 때 이온화에너지와 전자친화도가 증가한다.

03 어떤 NaOH 수용액 1,000mL를 중화하는 데 2.5N의 HCl 80mL가 소요되었다. 중화한 것을 끓여서 물을 완전히 증발시킨 다음 얻을 수 있는 고체의 양은 약 몇 g인가? (단, 원자량은 Na=23, O=16, Cl=35.45, H=1이다.)

① 1 ② 2
③ 4 ④ 12

해설 NaOH + HCl → H_2O + NaCl
중화반응 시
HCl의 g당량수=NaOH의 g당량수=NaCl의 g당량수
HCl의 당량수=2.5N×80mL
=200mg당량수=0.2당량수=0.2eq
따라서, NaCl의 당량수는 0.2eq이다.
∴ NaCl 질량=g당량수×당량질량
=0.2eq×(23+35.45)≒12g

04 할로겐원소의 성질 중 원자번호가 증가할수록 작아지는 것은?

① 금속성 ② 반지름
③ 이온화에너지 ④ 녹는점

해설 할로겐원소는 원자번호가 증가할수록 금속성, 반지름, 녹는점이 증가하고, 이온화에너지는 감소한다.

05 알칼리금속에 대한 설명으로 틀린 것은?

① 공기 중에서 쉽게 산화되어 금속광택을 잃는다.
② 원자가 전자가 1개이므로 +1가의 양이온이 되기 쉽다.
③ 할로겐원소와 직접 반응하여 할로겐화합물을 만든다.
④ 염소와 1 : 2 화합물을 형성한다.

해설 알칼리금속은 1가 양이온이고, 할로겐족인 염소이온은 1가 음이온이므로 MCl, 즉 1 : 1로 결합한다.

06 염화나트륨 용액을 전기분해할 때 일어나는 반응이 아닌 것은?

① 양극에서 Cl_2기체가 발생한다.
② 음극에서 O_2기체가 발생한다.
③ 양극은 산화반응을 한다.
④ 음극은 환원반응을 한다.

해설 염화나트륨 수용액을 전기분해하면 양극에서는 Cl^-이온이 산화되어 Cl_2기체가 발생하고, 음극에서는 H_2O이 환원되어 H_2기체가 발생한다.

07 다음 화합물 중 순수한 이온결합을 하고 있는 물질은?

① CO_2 ② NH_3
③ KCl ④ NH_4Cl

해설 이온결합 화합물은 금속 양이온과 비금속 음이온의 결합으로 이루어져 있다. 따라서 KCl이 된다.
CO_2, NH_3의 경우 공유결합 화합물이고, NH_4Cl의 경우 공유결합, 배위결합, 이온결합이 모두 존재한다.

01.② 02.① 03.④ 04.③ 05.④ 06.② 07.③

08 다음 중 헥사메틸렌디아민[$H_2N(CH_2)_6NH_2$]과 아디프산[$HOOC(CH_2)_4COOH$]이 반응하여 고분자가 생성되는 반응을 무엇이라 하는가?

① Addition
② Synthetic resin
③ Reduction
④ Condensation

해설 문제에서 설명하는 반응은 6,6-나일론 합성반응으로 축합중합반응(condensation polymerization)이 진행되면서 물이 제거된다.
① Addition : 첨가반응
② Synthetic resin : 합성수지
③ Reduction : 환원반응
④ Condensation : 축합반응

09 다음 중 원자 반지름이 가장 큰 원소는 어느 것인가?

① Mg ② Na
③ S ④ Si

해설 2주기 원소의 원자 반지름 크기 순서
Na > Mg > Al > Si > P > S > Cl > Ar

10 황산 49g을 물에 녹여 용액 1L를 만들었다. 이 수용액의 몰농도는 얼마인가? (단, 황산의 분자량은 98이다.)

① 0.5M ② 1M
③ 1.5M ④ 2M

해설
$$\text{몰농도(M)} = \frac{\text{몰수}}{\text{부피(L)}}$$
$$\text{몰수(mol)} = \frac{\text{질량}}{\text{분자량}} = \frac{49}{98} = 0.5\text{몰}$$
$$\therefore \text{몰농도} = \frac{0.5\text{몰}}{1\text{L}} = 0.5\text{M}$$

11 다음 중 산·염기의 반응이 아닌 것은?

① $NH_3 + HCl \rightarrow NH_4^+ + Cl^-$
② $2C_2H_5OH + 2Na \rightarrow 2C_2H_5ONa + H_2$
③ $H^+ + OH^- \rightarrow H_2O$
④ $NH_3 + BF_3 \rightarrow NH_3BF_3$

해설 ①, ③, ④의 경우는 산·염기 반응이고, ②의 경우는 산화·환원 반응이다.
특별히 ④의 경우를 루이스 산·염기 반응이라고 한다.

12 다음 중 포화 탄화수소 화합물은?

① 요오드값이 큰 것
② 건성유
③ 시클로헥산
④ 생선기름

해설
• 포화 탄화수소는 C−C 결합이 단일결합으로 구성되어 알칸, 시클로알칸 등이 해당된다. 따라서 시클로알칸에 해당하는 시클로헥산이 포화 탄화수소이다.
• 불포화 탄화수소의 경우 일반적으로 불포화 지방산으로 구성된 생선기름, 건성유가 해당되며 요오드값이 크게 나타난다.

13 일정한 온도에서 일정한 몰수를 가지는 기체의 부피는 압력에 반비례한다는 것(보일의 법칙)을 올바르게 표현한 식은? (단, P : 압력, V : 부피, k : 비례상수이다.)

① $PV=k$ ② $P=kV$
③ $V=kP$ ④ $P=\frac{1}{k}V^2$

해설 보일의 법칙은 압력(P)과 부피(V)는 반비례한다는 것이다.
$PV=k$, $P=\frac{k}{V}$

14 질량수가 23인 나트륨의 원자번호가 11이라면 양성자수는 얼마인가?

① 11 ② 12
③ 23 ④ 34

해설 질량수=양성자수+중성자수
양성자수=원자번호
따라서, 원자번호가 11이면 양성자수도 11이 된다.

15 공기는 많은 종류의 기체로 이루어져 있다. 다음 중 가장 많이 포함되어 있는 기체는?

① 산소
② 네온
③ 질소
④ 이산화탄소

해설 건조공기는 78% 정도의 질소, 21% 정도의 산소, 1% 정도의 아르곤 등으로 구성되어 있다.

08.④ 09.② 10.① 11.② 12.③ 13.① 14.① 15.③

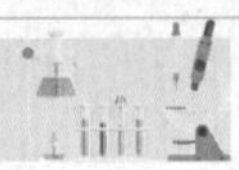

16 다음 반응 중 이산화황이 산화제로 작용한 것은?

① $SO_2 + NaOH \rightleftarrows NaHSO_3$
② $SO_2 + Cl_2 + 2H_2O \rightleftarrows H_2SO_4 + 2HCl$
③ $SO_2 + H_2O \rightleftarrows H_2SO_3$
④ $SO_2 + 2H_2S \rightleftarrows 3S + 2H_2O$

해설 산화제로 작용하기 위해서는 자신이 환원되어야 하며, 환원되는 경우 산화수가 감소하여야 한다.
$SO_2 + 2H_2S \rightleftarrows 3S + 2H_2O$에서
반응물 SO_2의 산화수 : S(+4), O(−2)
생성물 S의 산화수 : S(0)
따라서, S은 +4 → 0으로 감소했으므로 SO_2은 산화제이다.

17 다음 중 헨리의 법칙에 적용이 잘 되지 않는 것은?

① O_2
② H_2
③ CO_2
④ NaCl

해설 헨리의 법칙은 무극성 기체의 용해도는 압력에 비례한다는 것이다. 따라서 무극성 기체가 아닌 NaCl은 헨리의 법칙에 적용되지 않는다.

18 일정한 온도에서 1atm의 이산화탄소 1L와 2atm의 질소 2L를 밀폐된 용기에 넣었더니 전체 압력이 2atm이 되었다. 이 용기의 부피는?

① 1.5L
② 2L
③ 2.5L
④ 3L

해설 $P_{전체}V_{전체} = P_1V_1 + P_2V_2$

$$\therefore V_{전체} = \frac{1atm \times 1L + 2atm \times 2L}{2atm} = 2.5L$$

19 수은기압계에서 수은기둥의 높이가 380mm이었다. 이것은 약 몇 atm인가?

① 0.5 ② 0.6
③ 0.7 ④ 0.8

해설 1atm=760mmHg이므로
1atm : 760mm = P : 380mm
∴ P=0.5atm

20 산화·환원 반응에서 산화수에 대한 설명으로 틀린 것은?

① 한 원소로만 이루어진 화합물의 산화수는 0이다.
② 단원자 이온의 산화수는 전하량과 같다.
③ 산소의 산화수는 항상 −2이다.
④ 중성인 화합물에서 모든 원자와 이온들의 산화수의 합은 0이다.

해설 산소의 산화수는 일반적인 화합물의 구성요소, 즉 CO_2, MgO 등에서는 −2이지만, 한 원소로만 구성된 O_2의 경우는 0이 된다.

21 다음 중 산성의 세기가 가장 큰 것은?

① HF ② HCl
③ HBr ④ HI

해설 할로겐화수소산의 세기가 큰 순서대로 나열하면 다음과 같다.
HI > HBr > HCl > HF

22 질산(HNO_3)의 분자량은 얼마인가? (단, 원자량 H=1, N=14, O=16이다.)

① 63 ② 65
③ 67 ④ 69

해설 분자량은 각 구성원자들의 원자량을 합치면 된다.
H+N+O+O+O=1+14+16×3=63

23 산이나 알칼리에 반응하여 수소를 발생시키는 것은?

① Mg ② Si
③ Al ④ Fe

해설 일반적으로 Al은 양쪽성 원소로 산이나 알칼리(염기)와 반응할 수 있다.

24 다음 중 탄소와 탄소 사이에 π결합이 없는 물질은?

① 벤젠 ② 페놀
③ 톨루엔 ④ 이소부탄

해설 π결합은 C−C 이중결합이나 삼중결합 같은 다중결합이 존재하는 것으로, 벤젠, 페놀, 톨루엔은 다중결합을 갖지만, 이소부탄은 C−C 단일결합으로만 되어 있다.

16.④ 17.④ 18.③ 19.① 20.③ 21.④ 22.① 23.③ 24.④

25 다음 중 산성 산화물은?

① P_2O_5 ② Na_2O
③ MgO ④ CaO

해설 금속 산화물의 경우 염기성 산화물이고, 비금속 산화물의 경우 산성 산화물이다.
따라서, P_2O_5는 비금속 산화물로 산성 산화물이다.

26 다음 반응에서 반응계에 압력을 증가시켰을 때 평형이 이동하는 방향은?

$$2SO_2 + O_2 \rightleftarrows 2SO_3$$

① SO_3이 많이 생성되는 방향
② SO_3이 감소되는 방향
③ SO_2이 많이 생성되는 방향
④ 이동이 없다.

해설 르샤틀리에의 원리에 따르면 압력을 높이면 입자수가 감소하는 방향으로 진행한다. 즉 위 반응에서 반응물은 전체 계수의 합은 3, 생성물은 2이며, 생성물 쪽으로 반응이 진행되어 SO_3이 많이 생성된다.

27 용액 1L 중에 녹아 있는 용질의 g당량수로 나타낸 것을 그 물질의 무엇이라고 하는가?

① 몰농도
② 몰랄농도
③ 노르말농도
④ 포르말농도

해설 용액 1L 중에 녹아 있는 용질의 g당량수를 노르말농도(N)라고 하고, 용액 1L 중에 녹아 있는 용질의 g몰수는 몰농도(M)라고 한다.

28 다음 반응에서 생성되는 침전물의 색상은?

$$Pb^{2+} + H_2SO_4 \rightarrow PbSO_4 + 2H^+$$

① 흰색 ② 노란색
③ 초록색 ④ 검은색

해설 침전물의 색상에 따른 물질 구분
• 흰색 : AgCl, ZnS, $CaCO_3$, $PbSO_4$, $BaSO_4$, $CaSO_4$
• 노란색 : AgI, PbI_2, CdS, $PbCrO_4$
• 검은색 : CuS, PbS

29 고체를 액체에 녹일 때 일정 온도에서 일정량의 용매에 녹을 수 있는 용질의 최대량은?

① 몰농도 ② 용해도
③ 백분율 ④ 천분율

해설 ① 몰농도 : 용액 1L에 녹아 있는 용질의 몰수(mol)
② 용해도 : 용매 100g에 최대로 녹일 수 있는 용질의 양(g)
③ 백분율 : 용액 100g에 녹아 있는 용질의 양(g)
④ 천분율 : 용액 1,000g에 녹아 있는 용질의 양(g)

30 산의 전리상수값이 다음과 같을 때 가장 강한 산은?

① 5.8×10^{-2} ② 2.4×10^{-4}
③ 8.9×10^{-2} ④ 9.3×10^{-5}

해설 $K_a = \frac{[H^+][A^-]}{[HA]}$, 전리상수값이 클수록 산의 세기가 강하다. 따라서, 가장 큰 값인 8.9×10^{-2}이 가장 강한 산이다.

31 pH 10인 NaOH 용액 1L에는 Na^+이온이 몇 개 포함되어 있는가? (단, 아보가드로수는 6×10^{23}이다.)

① 6×10^{16} ② 6×10^{19}
③ 6×10^{21} ④ 6×10^{25}

해설 pH + pOH = 14, pH = 10이면 pOH = 4
pH = $-\log[H^+]$, pOH = $-\log[OH^-]$ = 4
따라서 $[OH^-] = 10^{-4}$이다.
$NaOH \rightarrow Na^+ + OH^-$이므로
$[Na^+] = [OH^-] = 10^{-4}M$
1L 안에 Na^+의 몰수가 10^{-4}mol 들어있다.
이온수 = 몰수×아보가드로수
= $10^{-4}\times6\times10^{23}$
= 6×10^{19}

32 수산화크롬, 수산화알루미늄은 산과 만나면 염기로 작용하고, 염기와 만나면 산으로 작용한다. 이런 화합물을 무엇이라 하는가?

① 이온성 화합물
② 양쪽성 화합물
③ 혼합물
④ 착화물

해설 산과 염기로 양쪽 다 작용할 수 있는 물질을 양쪽성 물질이라 한다.

25.① 26.① 27.③ 28.① 29.② 30.③ 31.② 32.②

33 칼륨이 불꽃반응을 하면 어떤 색깔의 불꽃으로 나타나는가?

① 백색 ② 빨간색
③ 노란색 ④ 보라색

해설 보기의 불꽃반응색을 띠는 대표적 물질은 다음과 같다.
② 빨간색 : 리튬
③ 노란색 : 나트륨
④ 보라색 : 칼륨

34 이온곱과 용해도곱상수(K_{sp})의 관계 중 침전을 생성시킬 수 있는 것은?

① 이온곱 > K_{sp}
② 이온곱 = K_{sp}
③ 이온곱 < K_{sp}
④ 이온곱 = $\frac{K_{sp}}{해리상수}$

해설
- 이온곱 > K_{sp} 이면, 침전 생성
- 이온곱 < K_{sp} 이면, 이온화
- 이온곱 = K_{sp} 이면, 평형

35 요오드포름 반응으로 확인할 수 있는 물질은?

① 에틸알코올
② 메틸알코올
③ 아밀알코올
④ 옥틸알코올

해설 요오드포름 반응으로 확인할 수 있는 물질에는 에틸알코올(C_2H_5OH), 2차 알코올, CH_3CO를 포함하는 아세톤(CH_3COCH_3), 아세트알데하이드(CH_3CHO) 등이 있다.

36 다음 실험기구 중 적정 실험을 할 때 직접적으로 쓰이지 않는 것은?

① 분석천칭
② 뷰렛
③ 데시케이터
④ 메스플라스크

해설 ① 분석천칭 : 시료의 질량 분석에 사용
② 뷰렛 : 분석화학에서 방울로 떨어뜨린 액체의 양을 측정하는 데 사용
③ 데시케이터 : 건조기기
④ 메스플라스크 : 정해진 부피의 용액을 담는 도구

37 AgCl의 용해도가 0.0016g/L일 때 AgCl의 용해도곱은 약 얼마인가? (단, Ag의 원자량은 108, Cl의 원자량은 35.5이다.)

① 1.12×10^{-5} ② 1.12×10^{-3}
③ 1.2×10^{-5} ④ 1.2×10^{-10}

해설 $AgCl(s) \rightarrow Ag^+(aq) + Cl^-(aq)$
AgCl의 용해도=0.0016g/L
AgCl의 몰 용해도$=\frac{0.0016}{(108+35.5)}=1.115\times10^{-5}$mol/L
$[Ag^+] = [Cl^-] = 1.115\times10^{-5}$mol/L
용해도곱 $K_{sp}=[Ag^+][Cl^-]=1.2\times10^{-10}$

38 '용해도가 크지 않은 기체의 용해도는 그 기체의 압력에 비례한다.'와 관련이 깊은 법칙은?

① 헨리의 법칙
② 보일의 법칙
③ 보일-샤를의 법칙
④ 질량보전의 법칙

해설 ① 헨리의 법칙 : 무극성 기체(용해도가 작은 기체)의 용해도는 기체의 압력에 비례한다.
② 보일의 법칙 : $PV=k$
③ 보일-샤를의 법칙 : $\frac{PV}{T}=k$
④ 질량보전의 법칙 : 반응 전과 후의 질량은 변하지 않는다.

39 황산(H_2SO_4)의 1g당량은 얼마인가? (단, 황산의 분자량은 98g/mol이다.)

① 4.9g ② 49g
③ 9.8g ④ 98g

해설
산의 당량질량$=\frac{화학식량}{H^+수}$
1g 당량 = 당량질량g
따라서, 황산의 경우 1g 당량$=\frac{98}{2}=$49g이다.

40 다음 중 침전 적정법이 아닌 것은?

① 모어법
② 파얀스법
③ 폴하르트법
④ 킬레이트법

해설 ④ 킬레이트법은 킬레이트 결합에 의한 착화합물 형성방법이다.

33.④ 34.① 35.① 36.③ 37.④ 38.① 39.② 40.④

41 다음 중 시약의 취급방법에 대한 설명으로 틀린 것은?

① 나트륨과 칼륨의 알칼리금속은 물속에 보관한다.
② 브롬산, 플루오르화수소산은 피부에 닿지 않게 한다.
③ 알코올, 아세톤, 에테르 등은 가연성이므로 취급에 주의한다.
④ 농축 및 가열 등의 조작 시 끓임 쪽을 넣는다.

해설 나트륨과 칼륨은 물과 반응하여 수소기체를 발생시키므로 석유 속에 보관한다.

42 가시선-자외선 분광광도계의 기본적인 구성요소의 순서로서 가장 올바른 것은?

① 광원 – 단색화 장치 – 검출기 – 흡수용기 – 기록계
② 광원 – 단색화 장치 – 흡수용기 – 검출기 – 기록계
③ 광원 – 흡수용기 – 검출기 – 단색화 장치 – 기록계
④ 광원 – 흡수용기 – 단색화 장치 – 검출기 – 기록계

해설 광원에서 나오는 빛을 단색화 장치를 통해 원하는 파장으로 분리한다. 이를 흡수용기에 통과시킨 후 검출기를 통해 흡광도를 조사하고, 기록계로 기록한다.

43 다음 중 분광광도계에서 빛이 지나가는 순서로 맞는 것은?

① 입구 슬릿 → 시료부 → 분산장치 → 출구 슬릿 → 검출부
② 입구 슬릿 → 분산장치 → 시료부 → 출구 슬릿 → 검출부
③ 입구 슬릿 → 분산장치 → 출구 슬릿 → 시료부 → 검출부
④ 입구 슬릿 → 출구 슬릿 → 분산장치 → 시료부 → 검출부

해설 입구 슬릿으로 들어온 빛은 분산장치(회절발)를 통해 파장별로 분리되고, 원하는 파장을 출구 슬릿으로 내보낸 후 시료를 통과시키고 검출부에서 확인한다.

44 pH 미터에 사용하는 포화 칼로멜전극의 내부 관에 채워져 있는 재료로 나열된 것은?

① Hg, Hg_2Cl_2, 포화 KCl
② 포화 KOH 용액
③ Hg_2Cl_2, KCl
④ Hg, KCl

해설 $Hg_2Cl_2 + 2e^- \rightarrow 2Hg + 2Cl^-$
포화 $KCl \rightleftarrows K^+ + Cl^-$
따라서 Hg, Hg_2Cl_2, 포화 KCl이 필요하다.

45 분광광도계에서 빛의 파장을 선택하기 위한 단색화 장치로 사용되는 것만으로 짝지어진 것은?

① 프리즘, 회절격자
② 프리즘, 반사거울
③ 반사거울, 회절격자
④ 볼록거울, 오목거울

해설
- 프리즘 : 빛의 굴절을 이용한 단색화 장치
- 회절격자 : 빛의 회절을 이용한 단색화 장치

46 전해로 석출되는 속도와 확산에 의해 보충되는 물질의 속도가 같아서 흐르는 전류를 무엇이라 하는가?

① 이동전류
② 한계전류
③ 잔류전류
④ 확산전류

해설 전압전류곡선에서 전압을 높이게 되면 전류(확산전류)가 점차 증가하다가 일정한 전류에 이르게 되는데 이를 한계전류라고 한다. 한계전류에서 석출되는 속도와 확산에 의해 보충되는 속도가 같아지게 된다.

47 분석시료의 각 성분이 액체 크로마토그래피 내부에서 분리되는 이유는?

① 흡착
② 기화
③ 건류
④ 혼합

해설 액체 크로마토그래피에서 분석시료는 이동상인 액체의 용해와 정지상인 고체의 흡착에 의한 상호작용에 의해서 분리된다.

41.① 42.② 43.③ 44.① 45.① 46.② 47.①

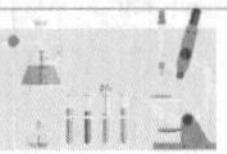

48 원자흡광광도계에 사용할 표준용액을 제조하려고 한다. 이때 정확히 100mL를 조제하고자 할 때 가장 적합한 실험기구는?

① 메스피펫
② 용량플라스크
③ 비커
④ 뷰렛

해설 100mL 눈금이 표시된 용량플라스크에 원하는 양만큼 시료를 넣고 증류수를 100mL 눈금에 도달하도록 넣는다.

49 종이 크로마토그래피에서 우수한 분리도에 대한 이동도의 값은?

① 0.2~0.4 ② 0.4~0.8
③ 0.8~1.2 ④ 1.2~1.6

해설 분리도 $R_f = \frac{\text{분석시료의 전개길이}}{\text{용매의 전개길이}}$로, 통상 0.4~0.8이 가장 좋다.

50 0.01M NaOH의 pH는 얼마인가?

① 10 ② 11
③ 12 ④ 13

해설 $pOH = -\log[OH^-]$
$NaOH \rightarrow Na^+ + OH^-$
[NaOH] = 0.01M이면 $[OH^-]$ = 0.01M이 된다.
따라서 pOH=2이다.
pH=14−pOH
∴ pH=12

51 황산구리($CuSO_4$) 수용액에 10A의 전류를 30분 동안 가하였을 때, (−)극에서 석출하는 구리의 양은 약 몇 g인가? (단, Cu의 원자량은 64이다.)

① 0.01g ② 3.98g
③ 5.97g ④ 8.45g

해설 $Cu^{2+} + 2e^- \rightarrow Cu(s)$

$$\text{전자의 몰수} = \frac{10A \times 30 \times 60}{96{,}500}$$

$$\text{석출된 구리의 몰수} = \frac{\text{전자의 몰수}}{2}$$

$$\therefore \text{석출된 구리의 질량} = \frac{\text{전자의 몰수}}{2} \times 64 = 5.97g$$

52 가스 크로마토그래피의 기본원리로 보기 어려운 것은?

① 이동상이 기체이다.
② 고정상은 휘발성 액체이다.
③ 혼합물이 각 성분의 이동속도의 차이 때문에 분리된다.
④ 분리된 각 성분들은 검출기에서 검출된다.

해설 가스 크로마토그래피의 이동상은 기체이고, 고정상은 비휘발성으로 관 벽에 코팅된 비휘발성 액체 성분이다.

53 다음 중 전위차법에서 사용하는 장치로 옳은 것은?

① 광원 ② 시료용기
③ 파장 선택기 ④ 기준전극

해설 광원, 시료용기, 파장 선택기는 분광분석법에서 사용하는 기기이고, 기준전극은 전위차법에서 사용한다.

54 유지의 추출에 사용되는 용제는 대부분 어떤 물질인가?

① 발화성 물질
② 용해성 물질
③ 인화성 물질
④ 폭발성 물질

해설 유지의 추출에 사용되는 용제는 유지를 쉽게 녹여 추출한 후 쉽게 휘발되서 제거되어야 하므로 인화성 물질을 사용한다.

55 원자흡광광도법에서 빛의 흡수와 원자 농도와의 관계는?

① 비례
② 반비례
③ 제곱근에 비례
④ 제곱근에 반비례

해설 $A = \varepsilon bc$
여기서, A : 흡광도
ε : 몰흡광계수
b : 빛의 투과길이
c : 원자 농도
따라서, 비례 관계이다.

48.② 49.② 50.③ 51.③ 52.② 53.④ 54.③ 55.①

56 분극성의 미소전극과 비분극성의 대극과의 사이에 연속적으로 변화하는 전압을 가하여 전해에 의해 생긴 전류를 측정하고, 전압과 전류의 관계곡선(전류－전압 곡선)을 그려 이것을 해석하여 목적성분을 분리하는 방법은?

① 전위차 분석
② 폴라로그래피
③ 전해중량 분석
④ 전기량 분석

해설 폴라로그래피는 적하수은전극을 미소전극으로 사용하여 전류－전압 곡선에 의해 물질의 정성 및 정량 분석을 하는 방법이다.

57 1,350cm^{-1}에서 나타나는 벤젠 흡수피크의 몰흡광계수의 값은 4,950$M^{-1}\cdot cm^{-1}$이다. 0.05mm 용기에서 이 피크의 흡광도가 0.01이 되는 벤젠의 몰농도는?

① 4.04×10^{-2}M
② 4.04×10^{-3}M
③ 4.04×10^{-4}M
④ 4.04×10^{-5}M

해설 $A = \varepsilon bc$

여기서, A(흡광도)=0.01

ε(몰흡광계수)=4,950$M^{-1}\cdot cm^{-1}$

b(빛의 투과길이)=0.05mm=0.005cm

$\therefore$ 농도 $c = \frac{A}{\varepsilon b} = 4.04\times10^{-4}$M

58 가스 크로마토그래피에서 사용되는 운반기체로 가장 부적당한 것은?

① He ② N_2
③ H_2 ④ C_2H_2

해설 운반기체는 일반적으로 가볍고 검출 시 나타나지 말아야 한다. 따라서 He, N_2, H_2를 사용한다.

59 분광광도계에 사용할 시료용기에 용액을 채울 때 어느 정도가 가장 적당한가?

① 1/2 ② 1/3
③ 2/3 ④ 1/4

해설 일반적으로 2/3 정도 채운다. 시료용기의 빛의 투과하는 면은 자국이 남지 않게 깨끗하게 유지한다.

60 분광광도계에서 정성분석에 대한 정보를 주는 흡수 스펙트럼 파장은 어느 것인가?

① 최저 흡수파장
② 최대 흡수파장
③ 중간 흡수파장
④ 평균 흡수파장

해설 정성분석은 최대 흡수파장으로 확인하고, 정량분석의 최대 흡수파장은 흡광도를 분석해서 확인한다.

56.② 57.③ 58.④ 59.③ 60.②

화학분석기능사

▎2015년 7월 19일 시행

01 20℃, 0.5atm에서 10L인 기체가 있다. 표준상태에서 이 기체의 부피는?

① 2.54L
② 4.65L
③ 5L
④ 10L

해설 표준상태는 0℃, 1atm 상태에서의 부피이다.
일반적으로 기체의 부피는 절대온도에 비례하고, 압력에 반비례하므로,
0℃ → 273K
20℃ → 293K
$\therefore \frac{273}{293}\times\frac{0.5}{1}\times 10\text{L}=4.65\text{L}$

02 에탄올에 진한 황산을 넣고 180℃에서 반응시켰을 때 알코올의 제거반응으로 생성되는 물질은?

① CH_3OH
② $CH_2=CH_2$
③ $CH_3CH_2CH_2SO_3$
④ CH_3CH_2S

해설 에탄올을 180℃로 가열 시 다음과 같은 반응이 일어난다.
$C_2H_5OH \rightarrow CH_2=CH_2 + H_2O$

03 이온결합에 대한 설명으로 틀린 것은?

① 이온 결정은 극성 용매인 물에 잘 녹지 않는 것이 많다.
② 전자를 잃은 원자는 양이온이 되고, 전자를 얻은 원자는 음이온이 된다.
③ 이온 결정은 고체 상태에서는 양이온과 음이온이 강하게 결합되어 있기 때문에 전류가 흐르지 않는다.
④ 전자를 잃기 쉬운 금속 원자로부터 전자를 얻기 쉬운 비금속 원자로 하나 이상의 전자가 이동할 때 형성된다.

해설 이온결합은 극성 용매인 물에 녹아 양이온과 음이온으로 나눠진다. 이온결합물질이 녹은 수용액이나 이온결합물질의 용융액은 전기가 흐른다.

04 CO_2와 H_2O은 모두 공유결합으로 된 삼원자 분자인데 CO_2는 비극성이고, H_2O은 극성을 띠고 있다. 그 이유로 옳은 것은?

① C가 H보다 비금속성이 크다.
② 결합구조가 H_2O은 굽은형이고, CO_2는 직선형이다.
③ H_2O의 분자량이 CO_2의 분자량보다 적다.
④ 상온에서 H_2O은 액체이고, CO_2는 기체이다.

해설 CO_2의 경우 O=C=O의 직선형 구조로 전기음성도 차이에 의한 전자의 치우침(쌍극자 모멘트)이 서로 반대방향으로 형성되어 상호 상쇄되므로 비극성이고, H_2O의 경우 굽은형 구조로 쌍극자 모멘트가 상쇄되지 않으므로 극성을 갖는다.

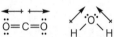

$\ddot{O}=C=\ddot{O}$

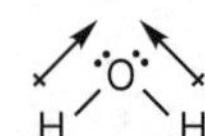

05 수산화나트륨(NaOH) 80g을 물에 녹여 전체 부피가 1,000mL가 되게 하였다. 이 용액의 N농도는 얼마인가? (단, 수산화나트륨의 분자량은 40이다.)

① 0.08N　② 1N
③ 2N　④ 4N

해설
NaOH의 당량수 $=\frac{80}{40}=2\text{eq}$

노르말농도(N) $=\frac{\text{당량수(eq)}}{\text{부피(L)}}=\frac{2\text{eq}}{1\text{L}}=2\text{N}$

06 500mL의 물을 증발시키는 데 필요한 열은 얼마인가? (단, 물의 증발열은 40.6kJ/mol이다.)

① 222kJ　② 1,128kJ
③ 2,256kJ　④ 20,300kJ

해설 물의 밀도가 1g/mL라고 가정하면
500mL×1g/mL=500g
물의 분자량은 18g/mol이므로, 물의 몰수는 $\frac{500}{18}$ 이다.
∴ 물의 증발열 $=40.6\text{kJ/mol}\times\frac{500}{18}=1{,}128\text{kJ}$

01.② 02.② 03.① 04.② 05.③ 06.②

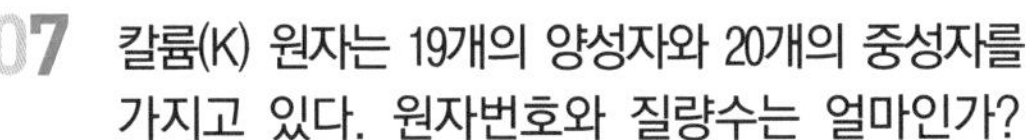

07 칼륨(K) 원자는 19개의 양성자와 20개의 중성자를 가지고 있다. 원자번호와 질량수는 얼마인가?

① 9, 19　② 9, 39
③ 19, 20　④ 19, 39

해설 원자번호=양성자수=19
질량수=양성자수+중성자수=19+20=39

08 다음 중 이온화에너지가 가장 작은 원소는?

① 나트륨(Na)　② 마그네슘(Mg)
③ 알루미늄(Al)　④ 규소(Si)

해설 2주기 원소의 이온화에너지 크기는 다음과 같다.
Na < Ma < Si < Al < S < P < Cl < Ar
따라서, Na이 가장 작다.

09 벤젠의 반응에서 소량의 철의 존재하에서 벤젠과 염소가스를 반응시키면 수소원자와 염소원자의 치환이 일어나 클로로벤젠이 생기는 반응을 무엇이라 하는가?

① 니트로화　② 설폰화
③ 할로겐화　④ 알킬화

해설 $C_6H_6 + Cl_2 \rightarrow C_6H_5Cl + HCl$
Cl의 할로겐원소가 결합하는 할로겐화 반응이다.

10 '어떠한 화학반응이라도 반응물 전체의 질량과 생성물 전체의 질량은 서로 차이가 없고 완전히 같다.'라고 설명할 수 있는 법칙은?

① 일정성분비의 법칙
② 배수비례의 법칙
③ 질량보존의 법칙
④ 기체반응의 법칙

해설 ① 일정성분비의 법칙 : 화합물을 구성하는 원소의 질량비는 일정하다는 법칙
② 배수비례의 법칙 : 두 종류 이상의 원소가 결합하여 두 종류 이상의 화합물을 만들 때 한쪽 원소의 일정량과 결합하는 또 하나의 원소의 질량비는 간단한 정수비가 된다는 법칙
④ 기체반응의 법칙 : 온도와 압력이 일정할 때, 기체와 기체 사이의 화학반응에서 반응하기 전 기체와 반응 후 생성되는 기체의 부피 사이에는 간단한 정수비가 성립한다는 법칙

11 다음 중 카르복시기는?

① −O−　② −OH
③ −CHO　④ −COOH

해설 ① 에테르기 : −O−
② 하이드록시기 : −OH
③ 알데하이드기 : −CHO
④ 카르복시기 : −COOH

12 다음 유기화합물 중 파라핀계 탄화수소는?

① C_5H_{10}　② C_4H_8
③ C_3H_6　④ CH_4

해설 파라핀계는 포화 탄화수소로 일반적으로 C_nH_{2n+1}로 표현되고, 올레핀계의 경우 불포화 탄화수소로 보통 이중결합이 하나 포함되어 C_nH_{2n}으로 표현된다.
따라서 $n=1$인 CH_4의 경우 C_nH_{2n+1}의 파라핀계 탄화수소이고, $n=3, 4, 5$인 경우 C_3H_6, C_4H_8, C_5H_{10}은 C_nH_{2n}의 올레핀계 탄화수소이다.

13 다음 중 성격이 다른 화학식은?

① CH_3COOH　② C_2H_5OH
③ C_2H_5CHO　④ $C_2H_3O_2$

해설 $C_2H_5OH \xrightarrow{\text{산화}} C_2H_5CHO \xrightarrow{\text{산화}} CH_3COOH$

14 다음 물질 중 혼합물인 것은?

① 염화수소　② 암모니아
③ 공기　④ 이산화탄소

해설
• 혼합물 : 물리적 분리가 가능한 물질
예 공기(질소와 산소로 구성)
• 화합물 : 두 종류 이상의 원소로 구성된 물리적 분리가 불가능한 물질
예 염화수소(HCl), 암모니아(NH_3), 이산화탄소(CO_2)

15 27℃인 수소 4L를 압력을 일정하게 유지하면서 부피를 2L로 줄이려면 온도를 얼마로 하여야 하는가?

① −273℃　② −123℃
③ 157℃　④ 327℃

해설 부피는 절대온도에 비례하고 압력에 반비례한다.
절대온도(K)=섭씨온도(℃)+273
27℃+273=300K
300K : 4L = T(K) : 2L
T=150K
섭씨온도로 환산하면, 150−273=−123℃

07.④ 08.① 09.③ 10.③ 11.④ 12.④ 13.④ 14.③ 15.②

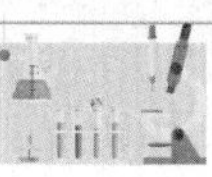

16 건조공기 속에서 네온은 0.0018%를 차지한다. 몇 ppm인가?

① 1.8ppm ② 18ppm
③ 180ppm ④ 1,800ppm

해설 1ppm$=\frac{1}{10^6}$

1%$=\frac{1}{100}$

따라서, 1ppm$=10^4$%

0.0018%=18ppm

17 1g의 라듐으로부터 1m 떨어진 거리에서 1시간 동안 받는 방사선의 영향을 무엇이라 하는가?

① 1뢴트겐
② 1큐리
③ 1렘
④ 1베크렐

해설 ① 1뢴트겐 : 건조한 공기 1kg당 2.58×10^{-4}쿨롱의 전기량을 만들어내는 γ선 혹은 X선의 세기
② 1큐리 : 1초 동안 3.7×10^{10}개의 원자핵이 붕괴하면서 발생시키는 방사선량으로 1g의 라듐이 내는 방사능의 세기
④ 1베크렐 : 방사성 물질이 1초 동안 1개의 원자핵이 붕괴

18 다음 중 분자 안에 배위결합이 존재하는 화합물은?

① 벤젠
② 에틸알코올
③ 염소이온
④ 암모늄이온

해설 배위결합 : 비공유 전자쌍을 제공하여 형성되는 결합
$H^+ + :NH_3 \rightarrow NH_4^+$

19 증기압에 대한 설명으로 틀린 것은?

① 증기압이 크면 증발이 어렵다.
② 증기압이 크면 끓는점이 낮아진다.
③ 증기압은 온도가 높아짐에 따라 커진다.
④ 증기압이 크면 분자 간 인력이 작아진다.

해설 증기압은 액체 표면의 입자가 증발하여 나타내는 압력으로, 증기압이 큰 액체의 경우 휘발성이 크고, 분자 간 인력이 약하며, 기준끓는점이 낮다. 또한 증기압은 온도가 높아짐에 따라 증가하는 경향을 갖는다.

20 볼타전지의 음극에서 일어나는 반응은?

① 환원 ② 산화
③ 응집 ④ 킬레이트

해설 볼타전지의 음극(−)은 산화가 일어나고, 양극(+)은 환원이 일어난다.

21 황산구리 용액에 아연을 넣을 경우 구리가 석출되는 것은 아연이 구리보다 무엇의 크기가 크기 때문인가?

① 이온화경향 ② 전기저항
③ 원자가 전자 ④ 원자번호

해설 아연이 구리에 비해 산화가 잘 된다. 즉 이온화경향이 크다. 따라서 아연이 산화되고 구리이온이 환원된다.
- $Zn \rightarrow Zn^{2+} + 2e$
- $Cu^{2+} + 2e \rightarrow Cu$

22 NH_4^+의 원자가 전자는 총 몇 개인가?

① 7 ② 8
③ 9 ④ 10

해설 N의 원자가 전자=5
H의 원자가 전자=1
NH_4^+의 경우 : N+4H=5+4×1=9
여기서, NH_4^+이므로 전자 하나를 제거하면 9−1=8이다.

23 다음 중 1패럿(F)의 전기량은?

① 1mol의 물질이 갖는 전기량
② 1개의 전자가 갖는 전기량
③ 96,500개의 전자가 갖는 전기량
④ 1g당량 물질이 생성될 때 필요한 전기량

해설 1F=전자 1몰의 전기량
=96,500C/mol
=1g당량 물질이 생성될 때 필요한 전기량

24 반응속도에 영향을 주는 인자로서 가장 거리가 먼 것은?

① 반응온도 ② 반응식
③ 반응물의 농도 ④ 촉매

해설 반응속도식 $r=k[\mathrm{A}]^a[\mathrm{B}]^b$
즉, 반응농도 : [A], [B]
k(반응속도상수) : 반응온도, 촉매가 영향을 준다.

16.② 17.③ 18.④ 19.① 20.② 21.① 22.② 23.④ 24.②

25 다음 중 콜로이드 용액이 아닌 것은?

① 녹말 용액
② 점토 용액
③ 설탕 용액
④ 수산화알루미늄 용액

해설 입자의 크기가 가장 작은 설탕 용액, 소금 용액 등은 참용액이고, 이에 비해 입자의 크기가 큰 녹말 용액, 점토 용액, 수산화알루미늄 용액 등은 콜로이드 용액이다.

26 Ni^{2+}의 확인반응에서 다이메틸글리옥심(dimethylglyoxime)을 넣으면 무슨 색으로 변하는가?

① 붉은색 ② 푸른색
③ 검은색 ④ 하얀색

해설 Ni^{2+}에 다이메틸글리옥심이 반응하여 착이온이 형성되며, 붉은색을 띠게 된다.

27 다음 황화물 중 흑색 침전이 아닌 것은?

① PbS ② CuS
③ HgS ④ CdS

해설 ④ CdS은 노란색 침전이다.

28 양이온의 계통적인 분리검출법에서는 방해물질을 제거시켜야 한다. 다음 중 방해물질이 아닌 것은?

① 유기물 ② 옥살산이온
③ 규산이온 ④ 암모늄이온

해설 양이온의 방해물질은 양이온과 반응해야 하는데, 암모늄이온의 경우 NH_4^+의 양전하를 띠고 있어 양이온과 반응하지 못해 방해물질이 될 수 없다.

29 0.01M Ca^{2+} 50.0mL와 반응하려면 0.05M EDTA 몇 mL가 필요한가?

① 10 ② 25
③ 50 ④ 100

해설 Ca^{2+} + EDTA → CaY^{2-}
즉, Ca^{2+}과 EDTA는 1 : 1로 반응한다.
Ca^{2+}의 몰수=0.01M×50mL=0.5mmol
EDTA 몰수=0.05M× V=0.5mmol
따라서, V=10mL

30 몰농도를 구하는 식을 옳게 나타낸 것은?

① 몰농도(M) $= \dfrac{\text{용질의 몰수(mol)}}{\text{용액의 부피(L)}}$

② 몰농도(M) $= \dfrac{\text{용질의 몰수(mol)}}{\text{용매의 질량(kg)}}$

③ 몰농도(M) $= \dfrac{\text{용질의 질량(g)}}{\text{용액의 질량(kg)}}$

④ 몰농도(M) $= \dfrac{\text{용질의 당량}}{\text{용액의 부피(L)}}$

해설
- 몰농도(M) $= \dfrac{\text{용질의 몰수(mol)}}{\text{용액의 부피(L)}}$
- 몰랄농도(m) $= \dfrac{\text{용질의 몰수(mol)}}{\text{용매의 질량(kg)}}$
- 노르말농도(N) $= \dfrac{\text{용질의 당량(eq)}}{\text{용액의 부피(L)}}$

31 중화적정에 사용되는 지시약으로서 pH 8.3~10.0 정도의 변색범위를 가지며 약산과 강염기의 적정에 사용되는 것은?

① 메틸옐로
② 페놀프탈레인
③ 메틸오렌지
④ 브롬티몰블루

해설 지시약의 변색 pH
- 메틸레드 : 4.2~6.3
- 메틸오렌지 : 3.1~4.5
- 브롬티몰블루 : 6.0~7.6
- 페놀프탈레인 : 8.3~10

32 다음 반응에서 정반응이 일어날 수 있는 경우는?

$$N_2 + 3H_2 \rightleftarrows 2NH_3 + 22\text{kcal}$$

① 반응온도를 높인다.
② 질소의 농도를 감소시킨다.
③ 수소의 농도를 감소시킨다.
④ 암모니아의 농도를 감소시킨다.

해설 르샤틀리에의 원리에 따라 정반응이 진행되기 위해서는 반응물의 농도를 높이거나 생성물의 농도를 낮추며, 발열반응이므로 온도를 낮춘다.
따라서 질소나 수소의 농도를 높이거나 암모니아의 농도를 낮추면 정반응으로 진행된다.

25.③ 26.① 27.④ 28.④ 29.① 30.① 31.② 32.④

33 다음 수용액 중 산성이 가장 강한 것은?

① pH = 5인 용액
② $[H^+] = 10^{-8}M$인 용액
③ $[OH^-] = 10^{-4}M$인 용액
④ pOH = 7인 용액

해설 pH가 작을수록, $[H^+]$의 농도가 클수록 산의 세기가 크다.
$pH + pOH = 14$, $pH = -\log[H^+]$, $pOH = -\log[OH^-]$
① pH=5
② $[H^+]=10^{-8}M$, pH=8
③ $[OH^-]=10^{-4}M$, pOH=4, pH=10
④ pOH=7, pH=7
따라서, pH=5가 가장 작으므로 산의 세기가 가장 크다.

34 용액의 전리도(a)를 옳게 나타낸 것은?

① $\dfrac{\text{전리된 몰농도}}{\text{분자량}}$ ② $\dfrac{\text{분자량}}{\text{전리된 몰농도}}$
③ $\dfrac{\text{전체 몰농도}}{\text{전리된 몰농도}}$ ④ $\dfrac{\text{전리된 몰농도}}{\text{전체 몰농도}}$

해설
$a = \dfrac{\text{전리된 몰농도}}{\text{용해된 전체 몰농도}}$
• a=0일 경우 : 비전해질
• a=1일 경우 : 완전 이온화

35 제2족 구리족 양이온과 제2족 주석족 양이온을 분리하는 시약은?

① HCl ② H_2S
③ Na_2S ④ $(NH_4)_2CO_3$

해설 양이온의 분족시약 구분
• 제1족 : 염화이온 Cl^- (HCl)
• 제2족 : 황화이온 S^{2-} (H_2S)
• 제3족 : 수산화이온 OH^- (NH_4OH)
• 제4족 : 황화이온 S^{2-} (H_2S)
• 제5족 : 탄산이온 CO_3^{2-} [$(NH_4)_2CO_3$]

36 다음 중 건조용으로 사용되는 실험기구는?

① 데시케이터 ② 피펫
③ 메스실린더 ④ 플라스크

해설 ① 데시케이터 : 건조기구
② 피펫 : 정확한 부피의 용액을 옮길 때 사용되는 기구
③ 메스실린더 : 액체의 부피를 측정하는 도구
④ 플라스크 : 시료를 담고 실험을 하기 위한 기구

37 25℃에서 용해도가 35인 염 20g을 50℃의 물 50mL에 완전 용해시킨 다음 25℃로 냉각하면 약 몇 g의 염이 석출되는가?

① 2.0 ② 2.3
③ 2.5 ④ 2.8

해설 25℃에서 용해도가 35이면 용매 100g에 용질이 최대 35g 녹아 있는 용액이다. 이때 용매가 50g이라면 35/2=17.5g이 최대로 녹을 수 있다.
따라서, 용질 20g을 녹이면 17.5g이 녹고, 나머지 2.5g이 석출된다.

38 불꽃반응 색깔을 관찰할 때 노란색을 띠는 것은?

① K ② As
③ Ca ④ Na

해설 ① K : 보라색
② As : 푸른색
③ Ca : 주황색
④ Na : 노란색

39 약염기를 강산으로 적정할 때 당량점의 pH는?

① pH 4 이하 ② pH 7 이하
③ pH 7 이상 ④ pH 4 이상

해설 • 강산과 강염기를 적정할 때 당량점의 액성 : 중성
• 강산과 약염기를 적정할 때 당량점의 액성 : 약산성
• 약산과 강염기를 적정할 때 당량점의 액성 : 약염기성
∴ 약산성이므로 pH는 7보다 조금 작다.

40 97wt% H_2SO_4의 비중이 1.836이라면 이 용액 노르말농도는 약 몇 N인가? (단, H_2SO_4의 분자량은 98.08이다.)

① 18 ② 36
③ 54 ④ 72

해설 97wt%이면 100g 중 97g이 H_2SO_4을 포함하고 있는 용액이다.

H_2SO_4의 몰수$=\dfrac{97}{98.08}=0.99\text{mol}$

H_2SO_4의 당량수=몰수×2=1.98eq

100g의 부피$=100\text{g}\times\dfrac{1}{1.836\text{g/mL}}=54.47\text{mL}$

∴ 노르말농도(N)$=\dfrac{1.98\text{eq}}{0.05447\text{L}}=36\text{N}$

33.① 34.④ 35.② 36.① 37.③ 38.④ 39.② 40.②

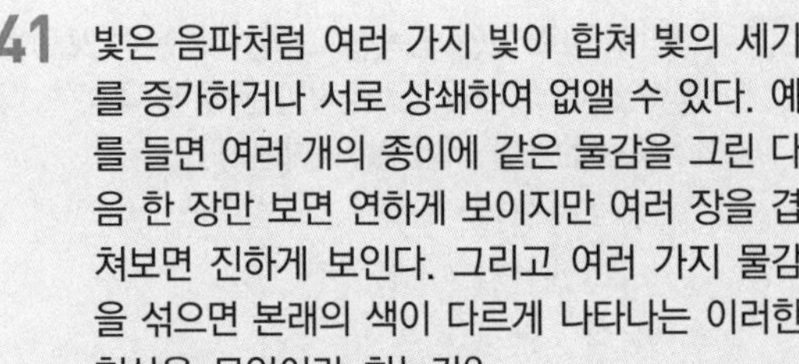

41 빛은 음파처럼 여러 가지 빛이 합쳐 빛의 세기를 증가하거나 서로 상쇄하여 없앨 수 있다. 예를 들면 여러 개의 종이에 같은 물감을 그린 다음 한 장만 보면 연하게 보이지만 여러 장을 겹쳐보면 진하게 보인다. 그리고 여러 가지 물감을 섞으면 본래의 색이 다르게 나타나는 이러한 현상을 무엇이라 하는가?

① 빛의 상쇄 ② 빛의 간섭
③ 빛의 이중성 ④ 빛의 회절

해설 ① 빛의 상쇄 : 빛이 상호 반대되는 위상이 만날 때 상쇄되는 현상(상쇄간섭현상)
② 빛의 간섭 : 동일한 위상의 빛이 만날 때 상호 보강되는 현상(보강간섭현상)
※ 간섭현상이란 원칙적으로 보강간섭과 상쇄간섭을 모두 포함하는 용어이다. 이 문제에서는 보강간섭의 의미로 사용하였다.
③ 빛의 이중성 : 빛이 입자성과 파동성의 두가지 성질을 모두 보여주는 현상
④ 빛의 회절 : 직진하던 빛이 작은 구멍을 통과하면 회절되어 사방으로 퍼지는 현상

42 다음 중 포화 칼로멜(calomel) 전극 안에 들어있는 용액은?

① 포화 염산
② 포화 황산알루미늄
③ 포화 염화칼슘
④ 포화 염화칼륨

해설 포화 칼로멜전극의 구성물질 : 포화 칼로멜(Hg_2Cl_2), 수은(Hg), 포화 염화칼륨(KCl)

43 다음 중 유리기구의 취급방법에 대한 설명으로 틀린 것은?

① 유리기구를 세척할 때에는 중크롬산칼륨과 황산의 혼합용액을 사용한다.
② 유리기구와 철제, 스테인리스강 등 금속 재질의 실험실습기구는 같이 보관한다.
③ 뷰렛, 메스실린더, 피펫 등 눈금이 표시된 유리기구는 가열하지 않는다.
④ 깨끗이 세척된 유리기구는 유리기구의 벽에 물방울이 없으며, 깨끗이 세척되지 않은 유리기구의 벽은 물방울이 남아 있다.

해설 유리기구를 철제 금속 재질의 실험실습기구와 같이 보관할 경우 쉽게 깨질 수 있으므로 분리하여 보관한다.

44 기체 크로마토그래피에서 정지상에 사용하는 흡착제의 조건이 아닌 것은?

① 점성이 높아야 한다.
② 성분이 일정해야 한다.
③ 화학적으로 안정해야 한다.
④ 낮은 증기압을 가져야 한다.

해설 정지상에 사용되는 흡착제는 이동상에 의해 쉽게 분해되거나 증발되면 안 되고 균질해야 한다. 따라서 낮은 증기압을 갖고, 화학적으로 안정하며 성분이 일정하게 유지되어야 한다.

45 과망간산칼륨 시료를 20ppm으로 1L를 만들려고 한다. 이때 과망간산칼륨을 몇 g을 칭량하여야 하는가?

① 0.0002g ② 0.002g
③ 0.02g ④ 0.2g

해설 1ppm=1mg/L로 볼 수 있으므로, 20ppm은 20mg/L로 볼 수 있다.
따라서 0.02g이다.

46 가스 크로마토그래프의 주요 구성부가 아닌 것은?

① 운반기체부 ② 주입부
③ 흡광부 ④ 칼럼

해설 가스 크로마토그래피 주요 구성부 : 주입부, 칼럼, 운반기체부(carrier gas), 검출부
③ 흡광부는 분광광도계의 구성부분이다.

47 용액이 산성인지 알칼리성인지 또는 중성인지를 알려면 용액 속에 들어있는 공존물질과는 관계가 없고, 용액 중 $[H^+]$: $[OH^-]$의 농도비로 결정되는데, 다음 중 농도비가 $[H^+] > [OH^-]$인 용액은?

① 산성 ② 알칼리성
③ 중성 ④ 약성

해설
- 산성 : $[H^+] > [OH^-]$
- 중성 : $[H^+] = [OH^-]$
- 염기성 : $[H^+] < [OH^-]$

41.② 42.④ 43.② 44.① 45.③ 46.③ 47.①

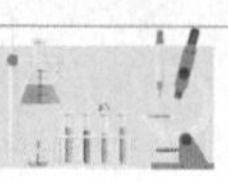

48 가스 크로마토그래피의 검출기 중 불꽃이온화 검출기에 사용되는 불꽃을 위해 필요한 기체는?

① 헬륨
② 질소
③ 수소
④ 산소

해설 불꽃이온화 검출기는 불꽃 발생을 위한 기체로, 수소기체를 노즐에 통과시켜 분사한다.

49 가스 크로마토그래피의 시료 혼합성분은 운반기체와 함께 분리관을 따라 이동하게 되는데, 분리관의 성능에 영향을 주는 요인으로 가장 거리가 먼 것은?

① 분리관의 길이
② 분리관의 온도
③ 검출기의 기록계
④ 고정상의 충전방법

해설 분리관(칼럼)의 길이, 온도, 고정상의 충전방법에 따라서 분리관의 성능효율이 결정된다.
③ 검출기의 기록계는 분리관을 나온 성분에 대한 검출 기록을 한다.

50 분광광도계를 이용하여 시료의 투과도를 측정한 결과 투과도(T)가 10%이었다. 이때 흡광도는 얼마인가?

① 0.5　② 1
③ 1.5　④ 2

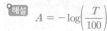

해설
$$A = -\log\left(\frac{T}{100}\right)$$
여기서, A : 흡광도, T(%) : %투과도
$\therefore A=1$

51 다음 중 발화성 위험물끼리 짝지어진 것은?

① 칼륨, 나트륨, 황, 인
② 수소, 아세톤, 에탄올, 에틸에테르
③ 등유, 아크릴산, 아세트산, 크레졸
④ 질산암모늄, 니트로셀룰로오스, 피크린산

해설 발화성 위험물 : 온도가 높아짐에 따라 점화원 없이 자연연소가 일어나기 쉬운 물질
예 나트륨, 칼륨 등의 알칼리금속류나 황, 인 등

52 일반적으로 어떤 금속을 그 금속이온이 포함된 용액 중에 넣었을 때 금속이 용액에 대하여 나타내는 전위를 무엇이라 하는가?

① 전극전위
② 과전압전위
③ 산화·환원 전위
④ 분극전위

해설 일반적으로 금속과 금속이온의 산화·환원 반응에 의해 나타나는 전위를 전극전위라고 하고, 25℃, 1기압에서 1M의 금속이온과 반응하여 나타나는 전위를 표준전극전위라고 한다.

53 용액 중의 물질이 빛을 흡수하는 성질을 이용하는 분석기기를 무엇이라 하는가?

① 비중계
② 용액광도계
③ 액성광도계
④ 분광광도계

해설 물질이 잘 흡수하는 특정 파장의 흡광도를 조사하여 물질을 분석하는 분석기기를 분광광도계라고 한다.

54 분광광도계의 부분장치 중 다음과 관련 있는 것은?

광전증배관, 광다이오드, 광다이오드 어레이

① 광원부
② 파장 선택부
③ 시료부
④ 검출부

해설 광전증배관, 광다이오드, 광다이오드 어레이는 검출부에서 빛을 전기신호로 변환하는 장치이다.

55 다음의 기호 중 적외선을 나타내는 것은 어느 것인가?

① VIS　② UV
③ IR　④ X−Ray

해설 ① VIS(Visible Ray) : 가시광선
② UV(Ultra Violet) : 자외선
③ IR(Infra Red) : 적외선
④ X−Ray : X선

48.③ 49.③ 50.② 51.① 52.① 53.④ 54.④ 55.③

56 가스 크로마토그래피(gas chromatography)로 가능한 분석은?

① 정성분석만 가능
② 정량분석만 가능
③ 반응속도분석만 가능
④ 정량분석과 정성분석이 가능

해설 머무름시간(retention time)을 통한 정성분석 및 피크(peak)의 크기를 통한 정량분석이 모두 가능하다.

57 가시선의 광원으로 주로 사용하는 것은?

① 수소방전등
② 중수소방전등
③ 텅스텐등
④ 나트륨등

해설 • 수소방전등, 중수소방전등 : 자외선 영역
• 텅스텐등 : 가시선 · 근적외선 영역

58 가스 크로마토그래피(GC)에서 운반가스로 주로 사용되는 것은?

① O_2, H_2
② O_2, N_2
③ He, Ar
④ CO_2, CO

해설 운반가스는 가볍고 반응성이 없어야 하므로, He, H_2, Ar, N_2를 주로 사용한다.

59 액체-고체 크로마토그래피(LSC)의 분리 메커니즘은?

① 흡착 ② 이온교환
③ 배제 ④ 분배

해설 이동상은 액체, 고정상은 고체 크로마토그래피로, 이동상으로부터 분석시료가 고정상의 고체물질에 흡착하면서 분리된다.

60 람베르트-비어 법칙에 대한 설명으로 맞는 것은?

① 흡광도는 용액의 농도에 비례하고, 용액의 두께에 반비례한다.
② 흡광도는 용액의 농도에 반비례하고, 용액의 두께에 비례한다.
③ 흡광도는 용액의 농도와 용액의 두께에 비례한다.
④ 흡광도는 용액의 농도와 용액의 두께에 반비례한다.

해설 람베르트-비어의 법칙
$A = \varepsilon bc$
여기서, A : 흡광도
ε : 몰흡광계수
b : 빛의 투과길이, 용액의 두께
c : 용액의 농도
따라서, 흡광도는 용액의 농도와 용액의 두께에 비례한다.

56.④ 57.③ 58.③ 59.① 60.③

화학분석기능사

▌2016년 1월 24일 시행

01 벤젠고리 구조를 포함하고 있지 않은 것은?

① 톨루엔 ② 페놀
③ 자일렌 ④ 시클로헥산

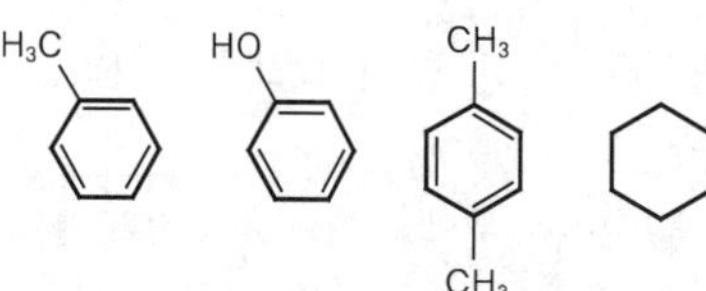

시클로헥산은 벤젠고리를 포함하지 않는다.

02 다음의 반응식을 기준으로 할 때 수소의 연소열은 몇 kcal/mol인가?

$$2H_2 + O_2 \rightleftarrows 2H_2O + 136\text{kcal}$$

① 136 ② 68
③ 34 ④ 17

해설 연소열은 1몰을 기준으로 계산한다.
따라서 2몰의 반응열이 136kcal이므로 수소 1몰당 연소열은 136/2=68kcal가 된다.

03 포화 탄화수소 중 알케인(alkane) 계열의 일반식은?

① C_nH_{2n} ② C_nH_{2n+2}
③ C_nH_{2n-2} ④ C_nH_{2n-1}

해설 ① C_nH_{2n} : 알켄
② C_nH_{2n+2} : 알케인
③ C_nH_{2n-2} : 알카인
④ C_nH_{2n-1} : 알킬기

04 석고 붕대의 재료로 사용되는 소석고의 성분을 옳게 나타낸 것은?

① H_2SO_4 ② $CaCO_3$
③ Fe_2O_3 ④ $CaSO_4 \cdot \frac{1}{2}H_2O$

해설 • 소석고 : $CaSO_4 \cdot \frac{1}{2}H_2O$
• 소석회 : $CaCO_3$

05 o-(ortho), m-(meta), p-(para)의 3가지 이성질체를 가지는 방향족 탄화수소의 유도체는?

① 벤젠 ② 알데하이드
③ 자일렌 ④ 톨루엔

o-자일렌 (ortho) m-자일렌 (meta) p-자일렌 (para)

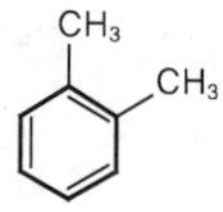

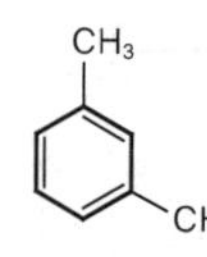

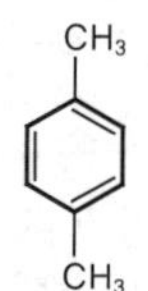

06 25wt%의 NaOH 수용액 80g이 있다. 이 용액에 NaOH을 가하여 30wt%의 용액을 만들려고 한다. 약 몇 g의 NaOH을 가해야 하는가?

① 3.7g ② 4.7g
③ 5.7g ④ 6.7g

해설 NaOH을 가하는 질량을 x(g)라고 하면
NaOH의 질량=80g×0.25+x=(80+x)×0.3
∴ x=5.7g

07 어떤 비전해질 3g을 물에 녹여 1L로 만든 용액의 삼투압을 측정하였더니, 27℃에서 1기압이었다. 이 물질의 분자량은 약 얼마인가?

① 33.8 ② 53.8
③ 73.8 ④ 93.8

해설 $\pi = CRT = \frac{n}{V}RT = \frac{w/M}{V}RT$

여기서, π : 삼투압
C : 몰농도
R : 기체상수
T : 절대온도
n : 몰수
V : 용액의 부피
w : 용질 질량
M : 용질 분자량

$M = \frac{w/\pi}{V}RT$
$= \frac{3\text{g}/1\text{atm}}{1\text{L}} \times 0.0821\text{L} \cdot \text{atm/mol} \cdot \text{K} \times (27+273)\text{K}$
$= 73.8\text{g/mol}$

01.④ 02.② 03.② 04.④ 05.③ 06.③ 07.③

08 탄산수소나트륨 수용액의 액성은?

① 중성 ② 염기성
③ 산성 ④ 양쪽성

해설 탄산수소나트륨($NaHCO_3$)은 수용액 속에서 pH=8.3 정도의 약한 염기성을 띤다.

09 다음 0.1mol 용액 중 전리도가 가장 작은 것은?

① NaOH ② H_2SO_4
③ NH_4OH ④ HCl

해설 전리도가 작은 것은 약한 전해질을 찾으면 된다.
- 강전해질 : NaOH, H_2SO_4, HCl
- 약전해질 : NH_4OH

10 전기음성도의 크기 순서로 옳은 것은?

① Cl > Br > N > F
② Br > Cl > O > F
③ Br > F > Cl > N
④ F > O > Cl > Br

해설 전기음성도는 주기율표에서 오른쪽 위로 갈수록 커진다(비활성 기체 제외).
보기 물질들의 전기음성도는 다음과 같다.
F(4.0), O(3.5), N(3.0), Cl(3.0), Br(2.5)

11 건조공기 속에서 헬륨은 0.00052%를 차지한다. 이는 몇 ppm인가?

① 0.052 ② 0.52
③ 5.2 ④ 52

해설 ppm(part per million) : 백만분의 일
$\frac{0.00052}{100} \times 10^6 = 5.2\text{ppm}$

12 탄산음료수의 병마개를 열었을 때 거품(기포)이 솟아오르는 이유는?

① 수증기가 생기기 때문이다.
② 이산화탄소가 분해되기 때문이다.
③ 온도가 올라가게 되어 용해도가 증가하기 때문이다.
④ 병 속의 압력이 줄어들어 용해도가 줄어들기 때문이다.

해설 기체의 용해도는 압력이 클수록 증가하는데, 병마개를 열면 압력이 감소하여 용해도가 줄어든다.

13 다음 중 원소 주기율표상 족이 다른 하나는?

① 리튬(Li) ② 나트륨(Na)
③ 마그네슘(Mg) ④ 칼륨(K)

해설 마그네슘은 2족 알칼리토금속이고, 나머지는 1족 알칼리금속이다.

14 지방족 탄화수소가 아닌 것은?

① 아릴(aryl) ② 알켄(alkene)
③ 알킨(alkyne) ④ 알칸(alkane)

해설 아릴기는 방향족 탄화수소로 분류된다.

15 산소분자의 확산속도는 수소분자 확산속도의 얼마 정도인가?

① 4배 ② $\frac{1}{4}$
③ 16배 ④ $\frac{1}{16}$

해설 확산속도의 비

$$\frac{v_{O_2}}{v_{H_2}} = \sqrt{\frac{M_{H_2}}{M_{O_2}}} = \sqrt{\frac{2}{32}} = \frac{1}{4}$$

16 펜탄(C_5H_{12})은 몇 개의 이성질체가 존재하는가?

① 2개 ② 3개
③ 4개 ④ 5개

해설 펜탄은 다음 3개의 이성질체가 존재한다.

```
C－C－C－C－C

   C
   |
C－C－C－C

   C
   |
C－C－C
   |
   C
```

17 Na^+이온의 전자배열에 해당하는 것은?

① $1s^2 2s^2 2p^6$
② $1s^2 2s^2 3s^2 2p^4$
③ $1s^2 2s^2 3s^2 2p^5$
④ $1s^2 2s^2 2p^6 3s^1$

해설 Na^+의 전자배치는 Ne의 전자배치와 동일하다.
$\therefore 1s^2 2s^2 2p^6$

08.② 09.③ 10.④ 11.③ 12.④ 13.③ 14.① 15.② 16.② 17.①

18 10g의 프로판이 완전연소하면 몇 g의 CO_2가 발생하는가?

① 25g ② 27g
③ 30g ④ 33g

해설 프로판의 연소반응식은 다음과 같다.

$C_3H_8 + 5O_2 \rightarrow 3CO_2 + 4H_2O$

44 : 3×44

10 : x

$\therefore x = 30g$

19 반감기가 5년인 방사성 원소가 있다. 이 동위원소 2g이 10년이 경과하였을 때 몇 g이 남겠는가?

① 0.125
② 0.25
③ 0.5
④ 1.5

해설 반감기가 지날 경우 50%로 감소하므로 10년이 지나면 5년의 반감기가 2번 지나게 된다.
따라서, 2g → 1g → 0.5g이 된다.

20 다음 중 극성 분자인 것은?

① H_2O ② O_2
③ CH_4 ④ CO_2

해설
- 극성 분자 : 쌍극자 모멘트의 합이 존재하는 분자
  예 H_2O

- 무극성 분자 : 쌍극자 모멘트의 합이 0인 분자
  예 O_2, CH_4, CO_2

21 어떤 용기에 20℃, 2기압의 산소 8g이 들어있을 때 부피는 약 몇 L인가? (단, 산소는 이상기체로 가정하고, 이상기체상수 R의 값은 0.082atm · L/mol · K이다.)

① 3 ② 6
③ 9 ④ 12

해설 산소의 몰수 $= \frac{8}{32} = 0.25mol$

$$V = \frac{nRT}{P} = \frac{0.25 \times 0.082 \times (273+20)}{2} = 3$$

22 다음 중 원자의 반지름이 가장 큰 것은?

① Na ② K
③ Rb ④ Li

해설 같은 족의 경우 주기율표상에서 원자번호가 커질수록, 즉 아래로 내려올수록 원자 반지름이 커진다.
$\therefore$ Li < Na < K < Rb

23 다음 중 비활성 기체가 아닌 것은?

① He ② Ne
③ Ar ④ Cl

해설 비활성 기체 : 주기율표상 0족 원소
예 He, Ne, Ar, Kr, Xe 등
④ Cl는 할로겐원소이다.

24 물질의 일반식과 그 명칭이 옳지 않은 것은?

① R_2CO : 케톤
② R－O－R : 알코올
③ RCHO : 알데하이드
④ $R-CO_2-R$: 에스테르

해설 ② R－O－R : 에테르

25 물 100g에 NaCl 25g을 녹여서 만든 수용액의 질량백분율 농도는?

① 18% ② 20%
③ 22.5% ④ 25%

해설

$$\text{질량백분율} = \frac{\text{용질의 질량}}{\text{용액의 질량}} \times 100 = \frac{25}{100+25} \times 100 = 20\%$$

26 아세톤이나 에탄올 검출에 이용되는 반응은?

① 은거울 반응
② 요오드포름 반응
③ 비누화 반응
④ 설폰화 반응

해설 요오드포름 반응 : CH_3CO 작용기 검출에 이용
- 아세톤 : CH_3COCH_3
- 에탄올 : CH_3CH_2OH

에탄올의 경우는 검출 시 한번 산화하여 에탄올이 아세트알데하이드(CH_3CHO)로 전환되면서 검출된다.

18.③ 19.③ 20.① 21.① 22.③ 23.④ 24.② 25.② 26.②

27 1차 표준물질이 갖추어야 할 조건 중 틀린 것은?

① 분자량이 작아야 한다.
② 조성이 순수하고 일정해야 한다.
③ 습기, CO_2 등의 흡수가 없어야 한다.
④ 건조 중 조성이 변하지 않아야 한다.

해설 1차 표준물질은 분자량이 커야 한다. 분자량이 작으면 질량 오차에 대한 몰수 변화가 커져 적정 시 오차가 커지게 된다.

28 다음 중 알데하이드 검출에 주로 쓰이는 시약은?

① 밀론용액
② 비토용액
③ 펠링용액
④ 리베르만용액

해설 알데하이드(–CHO)는 펠링용액 환원반응과 은거울 반응을 한다.

29 산화 · 환원 적정에 주로 사용되는 산화제는?

① $FeSO_4$ ② $KMnO_4$
③ $Na_2C_2O_4$ ④ $Na_2S_2O_3$

해설 산화 · 환원 적정의 산화제로는 중크롬산칼륨($K_2Cr_2O_7$)과 과망간산칼륨($KMnO_4$)이 주로 사용된다.

30 황산바륨의 침전물에 흡착하기 쉽기 때문에 황산바륨의 침전물을 생성시키기 전에 제거해 주어야 할 이온은?

① Zn^{2+} ② Cu^{2+}
③ Fe^{2+} ④ Fe^{3+}

해설 황산바륨의 침전물에 흡착하기 쉬운 이온 : Fe^{3+}

31 다음 중 염소산 화합물의 세기 순서가 옳게 나열된 것은?

① $HClO > HClO_2 > HClO_3 > HClO_4$
② $HClO_4 > HClO > HClO_3 > HClO_2$
③ $HClO_4 > HClO_3 > HClO_2 > HClO$
④ $HClO > HClO_3 > HClO_2 > HClO_4$

해설 산소가 많을수록 전기음성도가 커져 수소이온을 잘 내놓게 된다. 즉 산의 세기가 커진다.
∴ $HClO_4 > HClO_3 > HClO_2 > HClO$

32 양이온 제1족에 해당하는 것은?

① Ba^{++} ② K^+
③ Na^+ ④ Pb^{++}

해설 양이온 제1족 : Pb^{2+}, Ag^+, Hg_2^{2+}

33 10℃에서 염화칼륨의 용해도는 43.1이다. 10℃ 염화칼륨 포화용액의 %농도는?

① 30.1 ② 43.1
③ 76.2 ④ 86.2

해설 용해도 : 용매 100g에 최대로 녹는 용질의 질량

$$\%농도 = \frac{용질의\ 질량}{용액의\ 질량} \times 100$$

$$= \frac{43.1}{100+43.1} \times 100 = 30.1\%$$

34 양이온 제1족의 분족시약은?

① HCl ② H_2S
③ NH_4OH ④ $(NH_4)_2CO_3$

해설 양이온의 분족시약 구분
- 제1족 : 염화이온 Cl^- (HCl)
- 제2족 : 황화이온 S^{2-} (H_2S)
- 제3족 : 수산화이온 OH^- (NH_4OH)
- 제4족 : 황화이온 S^{2-} (H_2S)
- 제5족 : 탄산이온 CO_3^{2-} [$(NH_4)_2CO_3$]

35 양이온 계통 분리 시 분족시약이 없는 족은?

① 제3족 ② 제4족
③ 제5족 ④ 제6족

해설 ④ 제6족은 분족시약이 없다.

36 20℃에서 포화 소금물 60g 속에 소금 10g이 녹아 있다면, 이 용액의 용해도는?

① 10 ② 14
③ 17 ④ 20

해설 용액(소금물) = 용매(물) + 용질(소금)
60g = 50g + 10g
50g : 10g = 100g : 용해도
즉, 용해도는 20이다.

27.① 28.③ 29.② 30.④ 31.③ 32.④ 33.① 34.① 35.④ 36.④

37 철광석 중 철의 정량 실험에서 자철광과 같은 시료는 염산에 분해되기 어렵다. 이때 분해되기 쉽도록 하기 위해서 넣어주는 것은?

① 염화제일주석
② 염화제이주석
③ 염화나트륨
④ 염화암모늄

해설 $SnCl_2$(염화제일주석) : 자철광이 염산에 쉽게 분해되도록 첨가
※ $SnCl_4$: 염화제이주석

38 기체의 용해도에 대한 설명으로 옳은 것은?

① 질소는 물에 잘 녹는다.
② 무극성인 기체는 물에 잘 녹는다.
③ 기체의 용해도는 압력에 비례한다.
④ 기체는 온도가 올라가면 물에 녹기 쉽다.

해설 ① 질소는 무극성 기체로 물에 잘 녹지 않는다.
② 무극성 기체는 물에 잘 녹지 않는다.
④ 기체는 온도가 낮을수록, 압력이 높을수록 용해도가 증가한다.

39 제4족 양이온 분족 시 최종 확인시약으로 다이메틸글리옥심을 사용하는 것은?

① 아연 ② 철
③ 니켈 ④ 코발트

해설 • 제4족 양이온 시약 : 코발트, 니켈, 망간
• 다이메틸글리옥심 확인시약 : 니켈(분홍색을 띤다.)

40 0.1N−NaOH 표준용액 1mL에 대응하는 염산의 양(g)은? (단, HCl의 분자량은 36.47g/mol이다.)

① 0.0003647g
② 0.003647g
③ 0.03647g
④ 0.3647g

해설 노르말농도×부피=당량수

$\frac{\text{질량}}{\text{당량질량}}=\text{당량수}$

0.1N×1mL=0.1meq

$\frac{w(\text{mg})}{36.47}=0.1\text{meq}$

$\therefore w=3.647\text{mg}=0.003647\text{g}$

41 탄화수소화합물의 검출에 가장 적합한 가스 크로마토그래피 검출기는?

① TID ② TCD
③ ECD ④ FID

해설 탄화수소의 경우 불꽃으로 연소시켜 생성되는 이온들에 의한 전류변화로 측정한다. 즉 불꽃이온화 검출기(FID ; Flame Ionization Detector)를 이용한다.

42 전기분해반응 $Pb^{2+}+2H_2O \rightleftarrows PbO_2(s)+H_2(g)+2H^+$에서 0.1A의 전류가 20분 동안 흐른다면, 약 몇 g의 PbO_2가 석출되겠는가? (단, PbO_2의 분자량은 239로 한다.)

① 0.10g ② 0.15g
③ 0.20g ④ 0.30g

해설 흘러간 전하량=0.1A×20×60s=120C
흘러간 전자몰수=120/96,500=0.001244mol
잃은 전자 : $Pb^{2+} \rightarrow PbO_2+2e^-$
즉, PbO_2 : $2e^-=x$: 0.001244
PbO_2의 몰수=0.000622mol
∴ PbO_2의 질량=0.000622×239g=0.15g

43 금속이온의 수용액에 음극과 양극 2개의 전극을 담그고 직류전압을 통하여 주면 금속이온이 환원되어 석출된다. 이때, 석출된 금속 또는 금속산화물을 칭량하여 금속시료를 분석하는 방법은?

① 비색분석 ② 전해분석
③ 중량분석 ④ 분광분석

해설 전기분해로 금속을 석출시켜 시료를 분석하는 방법은 전기분해분석, 즉 전해분석법이다.

44 가스 크로마토그래피로 정성 및 정량 분석하고자 할 때 다음 중 가장 먼저 해야 할 것은?

① 본체의 준비
② 기록계의 준비
③ 표준용액의 조제
④ 가스 크로마토그래피에 의한 정성 및 정량 분석

해설 정성 및 정량 분석을 위해서는 그 기준이 되는 표준용액의 조제가 먼저 준비되어야 한다.

37.① 38.③ 39.③ 40.② 41.④ 42.② 43.② 44.③

45 액체 크로마토그래피에서 이동상으로 사용하는 용매의 구비조건이 아닌 것은?

① 점도가 커야 한다.
② 적당한 가격으로 쉽게 구입할 수 있어야 한다.
③ 관 온도보다 20~50℃ 정도 끓는점이 높아야 한다.
④ 분석물의 봉우리와 겹치지 않는 고순도이어야 한다.

해설 액체 크로마토그래피에서 이동상의 점도가 크게 되면 이동상의 속도가 저하되어 검출시간이 매우 길어져 적절한 시간에 측정이 어려워진다.

46 두 가지 이상의 혼합물질을 단일성분으로 분리하여 분석하는 기법은?

① 분광광도법
② 전기무게분석법
③ 크로마토그래피법
④ 핵자기공명 흡수법

해설 크로마토그래피법 : 혼합물질을 이동상과 정지상의 상호 인력의 차이에 의해 분리 · 분석하는 방법

47 람베르트–비어의 법칙은 $\log(I_0/I)=\varepsilon bc$로 나타낼 수 있다. 여기서 c를 mol/L, b를 액층의 두께(cm)로 표시할 때, 비례상수 ε인 몰흡광계수의 단위는?

① L/cm · mol ② kg/cm · mol
③ L/cm ④ L/mol

해설 $\log(I_0/I)=\varepsilon bc$은 무차원이므로 ε은 bc 차원의 역수이다. 따라서, 단위는 L/cm · mol이다.

48 전해분석방법 중 폴라로그래피(polarography)에서 작업전극으로 주로 사용하는 전극은?

① 포화 칼로멜전극
② 적하수은전극
③ 백금전극
④ 유리막전극

해설 전해분석법 중 적하수은전극을 사용하는 전압전류법을 폴라로그래피법이라 한다.

49 다음 중 투광도가 50%일 때의 흡광도는 얼마인가?

① 0.25
② 0.30
③ 0.35
④ 0.40

해설 $A = -\log(T\%/100)$
여기서, A : 흡광도
$T(\%)$: %투과도
$-\log(0.5)=0.301$

50 다음 중 원자흡광광도계에서 시료 원자부가 하는 역할은?

① 시료를 검출한다.
② 시료를 원자 상태로 환원시킨다.
③ 빛의 파장을 원하는 값으로 조절한다.
④ 스펙트럼을 원하는 파장으로 분리한다.

해설 시료 원자부는 시료를 원자화시키는 장치이다.

51 크로마토그래피 구성 중 가스 크로마토그래피에는 없고, 액체 크로마토그래피에는 있는 것은 무엇인가?

① 펌프
② 검출기
③ 주입구
④ 기록계

해설 이동상이 액체인 액체 크로마토그래피는 펌프를 이용하여 이동시키고, 이동상이 기체인 가스 크로마토그래피는 압력을 이용하여 이동상인 기체를 이동시킨다.

52 pH 미터 보정에 사용하는 완충용액의 종류가 아닌 것은?

① 붕산염 표준용액
② 프탈산염 표준용액
③ 옥살산염 표준용액
④ 구리산염 표준용액

해설 pH 미터 보정 시 사용하는 표준용액은 오차가 적은 붕산염, 프탈산염, 옥살산염 등의 1차 표준물질을 사용한다.

45.① 46.③ 47.① 48.② 49.② 50.② 51.① 52.④

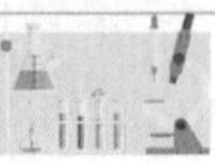

53 기체를 이동상으로 주로 사용하는 크로마토그래피는?

① 겔 크로마토그래피
② 분배 크로마토그래피
③ 기체－액체 크로마토그래피
④ 이온교환 크로마토그래피

- 이동상이 기체인 크로마토그래피 : 기체－액체 크로마토그래피
- 이동상이 액체인 크로마토그래피 : 겔 크로마토그래피, 분배 크로마토그래피, 이온교환 크로마토그래피

54 종이 크로마토그래피법에서 이동도(R_f)를 구하는 식은? (단, C : 기본선과 이온이 나타난 사이의 거리[cm], K : 기본선과 전개용매가 전개한 곳까지의 거리[cm]이다.)

① $R_f=\dfrac{C}{K}$ ② $R_f=C\times K$

③ $R_f=\dfrac{K}{C}$ ④ $R_f=K+C$

$$R_f=\frac{\text{기준선으로부터 분석시료의 전개높이}}{\text{기준선으로부터 전개용매의 전개높이}}$$

55 다음 반반응의 Nernst식을 바르게 표현한 것은? (단, O_x : 산화형, Red : 환원형, E : 전극전위, E^o : 표준전극전위이다.)

$$aO_x+ne^-\rightleftarrows b\text{Red}$$

① $E=E^o-\dfrac{0.0591}{n}\log\dfrac{[\text{Red}]^b}{[O_x]^a}$

② $E=E^o-\dfrac{0.0591}{n}\log\dfrac{[O_x]^a}{[\text{Red}]^b}$

③ $E=2E^o+\dfrac{0.0591}{n}\log\dfrac{[\text{Red}]^b}{[O_x]^a}$

④ $E=2E^o-\dfrac{0.0591}{n}\log\dfrac{[\text{Red}]^b}{[O_x]^a}$

해설 Nernst식

$aO_x+ne^-\rightleftarrows b\text{Red}$

$$E=E^o-\frac{0.0591}{n}\log\frac{[\text{Red}]^b}{[O_x]^a}$$

56 전위차 적정의 원리식(Nernst식)에서 n은 무엇을 의미하는가?

$$E=E^o+\frac{0.0591}{n}\log C$$

① 표준전위차
② 단극전위차
③ 이온농도
④ 산화수 변화

해설
- n : 산화수 변화
- E^o : 표준전위차

57 다음 중 분광광도계의 검출기 종류가 아닌 것을 고르면?

① 광전증배관
② 광다이오드
③ 음극진공관
④ 광다이오드 어레이

해설 ③ 음극진공관의 경우 광원으로 사용한다.

58 다음 중 원자흡광광도계의 특징으로 가장 거리가 먼 것은?

① 공해물질의 측정에 사용된다.
② 금속의 미량 분석에 편리하다.
③ 조작이나 전처리가 비교적 용이하다.
④ 유기재료의 불순물 측정에 널리 사용된다.

해설 주로 무기재료 등 금속의 미량 분석에 이용된다.

59 분광광도계로 미지시료의 농도를 측정할 때 시료를 담아 측정하는 기구의 명칭은?

① 흡수셀
② 광다이오드
③ 프리즘
④ 회절격자

해설
- 빛을 파장별로 분리하는 기구 : 프리즘, 회절격자
- 빛을 전기신호로 전환하여 검출하는 기구 : 광다이오드
- 시료를 담아 측정하는 기구 : 흡수셀

53.③ 54.① 55.① 56.④ 57.③ 58.④ 59.①

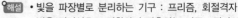

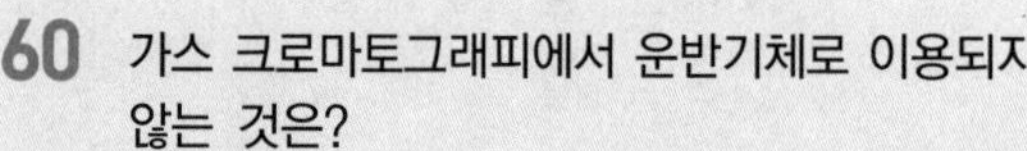

60 가스 크로마토그래피에서 운반기체로 이용되지 않는 것은?

① 헬륨　　② 질소

③ 수소　　④ 산소

해설 시료와 반응성이 없고 가벼운 기체를 주로 이동상으로 사용하며, 일반적으로 헬륨, 질소, 수소 등이 사용된다.

60.④

화학분석기능사

❙ 2016년 7월 10일 시행

01 유리의 원료이며 조미료, 비누, 의약품 등 화학공업의 원료로 사용되는 무기화합물로 분자량이 약 106인 것은?

① 탄산칼슘 ② 황산칼슘
③ 탄산나트륨 ④ 염화칼륨

해설 ① 탄산칼슘($CaCO_3$)의 분자량 : 100
② 황산칼슘($CaSO_4$)의 분자량 : 136
③ 탄산나트륨(Na_2CO_3)의 분자량 : 106
④ 염화칼륨($CaCl_2$)의 분자량 : 111

02 다음 중 이온화경향이 가장 큰 것은?

① Ca ② Al
③ Si ④ Cu

해설 주기율표상에서 왼쪽 · 아래쪽으로 갈수록 이온화경향이 커진다.

03 불순물을 10% 포함한 코크스가 있다. 이 코크스 1kg을 완전연소시키면 몇 kg의 CO_2가 발생하는가?

① 3.0 ② 3.3
③ 12 ④ 44

해설 코크스 질량－불순물 질량＝순수한 코크스 질량
1kg－0.1kg＝0.9kg＝900g
C(MW=12), CO_2(MW=44)
$C(s) + O_2(g) \rightarrow CO_2(g)$
12 : 44
900g : x
∴ x=3,300g=3.3kg

04 다음 물질 중 승화와 거리가 가장 먼 것은?

① 드라이아이스
② 나프탈렌
③ 알코올
④ 요오드

해설 • 승화성 물질 : 드라이아이스, 나프탈렌, 요오드
• 인화성 물질 : 알코올(기화)

05 다음 반응식에서 평형이 왼쪽으로 이동하는 경우는?

$$N_2 + 3H_2 \rightleftarrows 2NH_3 + 92kJ$$

① 온도를 높이고, 압력을 낮춘다.
② 온도를 낮추고, 압력을 높인다.
③ 온도와 압력을 높인다.
④ 온도와 압력을 낮춘다.

해설 위 반응은 발열반응이고, 생성물 계수의 합이 감소하는 반응이므로, 외부의 온도를 낮추고 압력을 높일 경우 평형이 오른쪽으로 이동하여 암모니아의 수득률이 증가한다. 반대로, 평형을 왼쪽으로 이동시키기 위해서는 온도를 높이고 압력을 낮춘다.

06 다음 화학식의 올바른 명명법은?

$$CH_3CH_2C \equiv CH$$

① 2－에틸－3－부텐
② 2,3－메틸에틸프로판
③ 1－부틴
④ 2－메틸－3에틸부텐

해설 • C－C 결합 : 알칸
• C=C 결합 : 알켄
• C≡C 결합 : 알킨
C가 3개이고, 삼중결합이 1번째 탄소와 연결되어 있으므로 1－부틴이다.

07 2M NaOH 용액 100mL 속에 있는 수산화나트륨의 무게는 얼마인가? (단, 원자량은 Na=23, O=16, H=1이다.)

① 80g
② 40g
③ 8g
④ 4g

해설 NaOH(MW=40)
• NaOH의 몰수=2M×0.1L=0.2mol
• NaOH의 질량=0.2mol×40g/mol=8g

01.③ 02.① 03.② 04.③ 05.① 06.③ 07.③

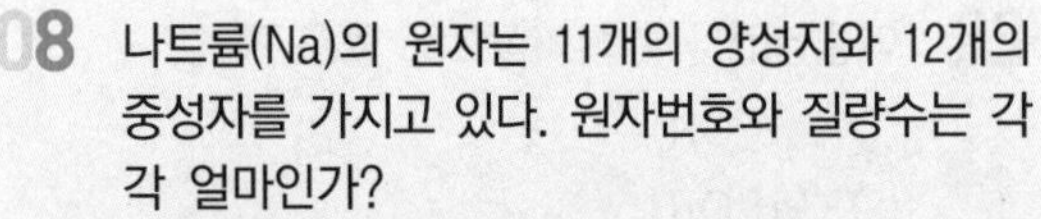

08 나트륨(Na)의 원자는 11개의 양성자와 12개의 중성자를 가지고 있다. 원자번호와 질량수는 각각 얼마인가?

① 원자번호 : 11, 질량수 : 12
② 원자번호 : 12, 질량수 : 11
③ 원자번호 : 11, 질량수 : 23
④ 원자번호 : 11, 질량수 : 1

해설 원자번호=양성자수=11
질량수=양성자수+중성자수=23

09 다음 중 유리를 부식시킬 수 있는 것은?

① HF
② HNO_3
③ NaOH
④ HCl

해설 유리(SiO_2)의 부식 반응식
$4HF + SiO_2 \rightarrow 2H_2O + SiF_4$

10 47℃, 4기압에서 8L의 부피를 가진 산소를 27℃, 2기압으로 낮추었다. 이때 산소의 부피는 얼마가 되겠는가?

① 7.5L
② 15L
③ 30L
④ 60L

해설
$$PV=nRT,\ V=\frac{nRT}{P}$$
$$V \propto \frac{T}{P}$$
$$\frac{V_2}{V_1}=\frac{T_2/P_2}{T_1/P_1},\ \frac{V_2}{8L}=\frac{(273+47)/4}{(273+27)/2}$$
$\therefore\ V_2$=15L

11 중크롬산칼륨($K_2Cr_2O_7$)에서 크롬의 산화수는?

① 2 ② 4
③ 6 ④ 8

해설 K(+1), O(−2)
2K + 2Cr + 7O = 0
2(+1) + 2Cr + 7(−2) = 0
∴ Cr(+6)

12 수소분자 6.02×10^{23}개의 질량은 몇 g인가?

① 2 ② 16
③ 18 ④ 20

해설 수소분자(H_2) 6.02×10^{23}개의 질량=1몰의 질량=2g

13 다음 물질 중에서 유기화합물이 아닌 것은?

① 프로판
② 녹말
③ 염화코발트
④ 아세톤

해설 • 유기화합물 : C로 구성된 화합물
① 프로판 : C_3H_8
② 녹말 : α−포도당($C_6H_{12}O_6$) 중합체
④ 아세톤 : CH_3COCH_3
• 무기화합물 : C 외의 원소로 구성된 화합물
③ 염화코발트 : $CoCl_2$

14 주기율표상에서 원자번호 7의 원소와 비슷한 성질을 가진 원소의 원자번호는?

① 2 ② 11
③ 15 ④ 17

해설 원자번호 7인 질소와 같은 족의 원소가 비슷한 성질을 갖는다. 따라서 같은 족의 원자번호를 찾는다.
예 $_7N$, $_{15}P$, $_{33}As$, $_{51}Sb$

15 소금 200g을 물 600g에 녹였을 때 소금용액의 wt% 농도는?

① 25% ② 33.3%
③ 50% ④ 60%

해설 $\frac{소금}{소금+물}\times100=\frac{200}{200+600}\times100=25\%$

16 다음 중 방향족 탄화수소가 아닌 것은?

① 벤젠 ② 자일렌
③ 톨루엔 ④ 아닐린

해설 아닐린 : C, H 이외에도 N가 포함되어 있어 방향족 탄화수소 유도체이다.

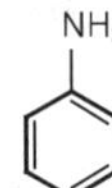

08.③ 09.① 10.② 11.③ 12.① 13.③ 14.③ 15.① 16.④

17 이소프렌, 부타디엔, 클로로프렌은 다음 중 무엇을 제조할 때 사용되는가?

① 유리 ② 합성고무
③ 비료 ④ 설탕

해설 이소프렌, 부타디엔, 클로로프렌은 공중합을 형성하여 중합체인 고무를 합성한다.

18 어떤 기체의 공기에 대한 비중이 1.10일 때 이 기체에 해당하는 것은? (단, 공기의 평균분자량은 29이다.)

① H_2 ② O_2
③ N_2 ④ CO_2

해설
기체의 비중$=\frac{\text{분자량}}{29}=1.1$
분자량이 32이므로, 해당 기체는 O_2이다.

19 혼합물의 분리방법이 아닌 것은?

① 여과
② 대류
③ 증류
④ 크로마토그래피

해설 ② 대류는 열전달의 한 방법이다.

20 다음 중 이온화에너지가 가장 작은 것은?

① Li ② Na
③ K ④ Rb

해설 알칼리금속의 경우 원자번호가 커질수록 이온화에너지는 감소한다.
보기의 물질을 원자번호가 큰 것부터 나열하면 다음과 같다.
Li > Na > K > Rb

21 $MgCl_2$ 2몰에 포함된 염소분자는 몇 개인가?

① 6.02×10^{23}개
② 12.04×10^{23}개
③ 18.06×10^{23}개
④ 24.08×10^{23}개

해설 염화마그네슘($MgCl_2$) 1몰에는 염소원자(Cl) 2몰과 염소분자(Cl_2) 1몰이 포함되어 있다.
따라서, $MgCl_2$ 2몰당 염소분자(Cl_2) 2몰을 포함한다.
∴ 염소분자수=2몰$\times6.02\times10^{23}=12.04\times10^{23}$개

22 에틸알코올의 화학식으로 옳은 것은?

① C_2H_5OH
② C_2H_4OH
③ CH_3OH
④ CH_2OH

해설
• 에틸알코올 : C_2H_5OH
• 메틸알코올 : CH_3OH

23 순물질에 대한 설명으로 틀린 것은?

① 순수한 하나의 물질로만 구성되어 있는 물질
② 산소, 칼륨, 염화나트륨 등과 같은 물질
③ 물리적 조작을 통하여 두 가지 이상의 물질로 나누어지는 물질
④ 끓는점, 어는점 등 물리적 성질이 일정한 물질

해설 ③ 물리적 조작을 통해 두 가지 이상의 물질로 나누어지는 물질은 혼합물이다.

24 묽은 염산에 넣을 때 많은 수소기체가 발생하며 반응하는 금속은?

① Au
② Hg
③ Ag
④ Na

해설 산에 대한 반응성이 큰 금속에는 K, Ca, Na, Mg 등이 있으며, 반응 시 수소기체가 발생한다.

25 다음 설명 중 틀린 것은?

① 물의 이온곱은 25℃에서 $1.0\times10^{-14}(mol/L)^2$이다.
② 순수한 물의 수소이온농도는 1.0×10^{-7} mol/L이다.
③ 산성 용액은 H^+의 농도가 OH^-보다 더 큰 용액이다.
④ pOH 4는 산성 용액이다.

해설
pH < 7, pOH > 7 : 산성
pH = pOH = 7 : 중성
pH > 7, pOH < 7 : 염기성

17.② 18.② 19.② 20.④ 21.② 22.① 23.③ 24.④ 25.④

26 다음 중 알칼리금속에 속하지 않는 것은?

① Li ② Na
③ K ④ Si

해설 알칼리금속의 종류 : Li, Na, K, Rb, Cs

27 강산과 강염기의 작용에 의하여 생성되는 화합물의 액성은?

① 산성 ② 중성
③ 양성 ④ 염기성

해설
- 강산과 강염기의 생성 염 : 중성
- 강산과 약염기의 생성 염 : 산성
- 약산과 강염기의 생성 염 : 염기성

28 0.1N−NaOH 25.00mL를 삼각플라스크에 넣고 페놀프탈레인 지시약을 가하여 0.1N−HCl 표준용액(f=1.000)으로 적정하였다. 적정에 사용된 0.1N−HCl 표준용액의 양이 25.15mL이었다면, 0.1N−NaOH 표준용액의 역가(factor)는 얼마인가?

① 0.1 ② 0.1006
③ 1.006 ④ 10.006

해설 $N \times V \times f = N' \times V' \times f'$

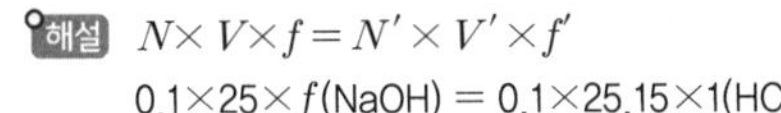

$0.1 \times 25 \times f(\text{NaOH}) = 0.1 \times 25.15 \times 1(\text{HCl})$

$\therefore f = 1.006$

29 다음 중 양이온 분족시약이 아닌 것은?

① 제1족 − 묽은 염산
② 제2족 − 황화수소
③ 제3족 − 암모니아수
④ 제5족 − 염화암모늄

해설 ④ 제5족 − 탄산암모늄

30 EDTA 1mol에 대한 금속이온 결합의 비는?

① 1 : 1
② 1 : 2
③ 1 : 4
④ 1 : 6

해설 EDTA는 6자리 리간드로, 금속과 1 : 1로 배위결합한다.

31 교반이 결정성장에 미치는 영향이 아닌 것은?

① 확산속도의 증진
② 1차 입자의 용해 촉진
③ 2차 입자의 용해 촉진
④ 불순물의 공침현상을 방지

해설 교반을 통해 용액의 확산속도를 증가시켜 전체 용액을 균일하게 유지할 수 있다. 이를 통해 1차 입자의 용해가 촉진되고 과포화 상태에서 결정핵이 형성되며, 이를 통해 결정성장이 진행된다. 결정성장 시 불순물의 공침현상을 방지할 수 있다.

32 As_2O_3 중에 As의 1g당량은 얼마인가? (단, As의 원자량은 74.92이다.)

① 18.73 ② 24.97
③ 37.46 ④ 74.92

해설 1g당량

(As^{3+}) As의 $\frac{\text{원자량}}{\text{전하}} = \frac{74.92}{3} = 24.97$

33 양이온 1족에 속하는 Ag^+, Hg^{2+}, Pb^+의 염화물에 따라 용해도곱상수(K_{sp})가 큰 순서대로 바르게 나타낸 것은?

① $AgCl > PbCl_2 > Hg_2Cl_2$
② $PbCl_2 > AgCl > Hg_2Cl_2$
③ $Hg_2Cl_2 > AgCl > PbCl_2$
④ $PbCl_2 > Hg_2Cl_2 > AgCl$

해설
- AgCl의 $K_{sp} = 1.8 \times 10^{-10}$
- $PbCl_2$의 $K_{sp} = 1.6 \times 10^{-5}$
- Hg_2Cl_2의 $K_{sp} = 1.3 \times 10^{-18}$

34 $aA + bB \rightleftarrows cC$ 식의 정반응 평형상수는?

① $\frac{[A][B]}{[C]}$ ② $\frac{[A]^a[B]^b}{[C]^c}$
③ $\frac{[C]^c}{[A]^a[B]^b}$ ④ $\frac{c[C]}{a[A]b[B]}$

해설 $aA + bB \rightleftarrows cC$

$K = \frac{[C]^c}{[A]^a[B]^b} = \frac{\text{생성물}}{\text{반응물}}$

26.④ 27.② 28.③ 29.④ 30.① 31.③ 32.② 33.② 34.③

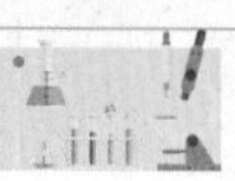

35 수소화비소를 연소시켜 이 불꽃을 증발접시의 밑바닥에 접속시키면 비소거울이 된다. 이 반응의 명칭은?

① 구차이트 시험
② 베텐도르프 시험
③ 마시 시험
④ 린만 그린 시험

해설 ① 구차이트 시험 : 미량 비소의 발색을 이용한 분석법
② 베텐도르프 시험 : 비산염 용액에 진한 염산을 가한 후 염화주석(Ⅱ)에 진한 염산 포화 용액을 가하는 비소 검출 분석법
④ 린만 그린 시험 : 아연이온 분석시험

36 10g의 어떤 산을 물에 녹여 200mL의 용액을 만들었을 때 그 농도가 0.5M이었다면, 이 산 1몰은 몇 g인가?

① 40g ② 80g
③ 100g ④ 160g

해설
$$\frac{\frac{10}{\text{분자량}}}{0.2\text{L}}=0.5\text{M}$$
분자량=100
따라서, 1몰의 질량은 100g이다.

37 은법 적정 중 하나인 모어(Mohr) 적정법은 염소이온(Cl^-)을 질산은($AgNO_3$) 용액으로 적정하면 은이온과 반응하여 적색 침전을 형성하는 반응이다. 이때 사용하는 지시약은?

① K_2CrO_4 ② Cr_2O_7
③ $KMnO_4$ ④ $Na_2C_2O_4$

해설 $AgNO_3$의 Ag^+이온이 Cl^-과 침전을 형성한 후 당량점에서 K_2CrO_4의 CrO_4^{2-}이온과 Ag^+이온이 결합하여 Ag_2CrO_4 적색 침전이 형성된다.

38 양이온 정성분석에서 제3족에 해당하는 이온이 아닌 것은?

① Fe^{3+} ② Ni^{2+}
③ Cr^{3+} ④ Al^{3+}

해설 • 제3족 양이온 : Fe^{3+}, Cr^{3+}, Al^{3+}
• 제4족 양이온 : Co^{2+}, Ni^{2+}, Mn^{2+}, Zn^{2+}

39 중량분석에 이용되는 조작방법이 아닌 것은?

① 침전중량법
② 휘발중량법
③ 전해중량법
④ 건조중량법

해설 ④ 건조중량법은 중량을 측정하기 위해 수분을 제거하는 기본적인 절차이다.

40 다음 킬레이트제 중 물에 녹지 않고 에탄올에 녹는 흰색 결정성 가루로서 NH_3 염기성 용액에서 Cu^{2+}과 반응하여 초록색 침전을 만드는 것은?

① 쿠프론
② 다이페닐카르바지드
③ 디티존
④ 알루미논

해설 쿠프론은 α −벤조인옥심($C_{14}H_{13}NO_2$)으로, 구리이온, 몰리브덴이온의 검출시약이다.

41 액체 크로마토그래피의 분석용 관의 길이로서 가장 적당한 것은?

① 1~3cm
② 10~30cm
③ 100~300cm
④ 300~1,000cm

해설 액체 크로마토그래피의 분석용 관(칼럼)의 길이는 일반적으로 10~30cm 정도이다.

42 가스 크로마토그래피(GC)에서 사용되는 검출기가 아닌 것은?

① 불꽃이온화 검출기
② 전자포획 검출기
③ 자외선−가시광선 검출기
④ 열전도도 검출기

해설 가스 크로마토그래피 검출기의 종류
• 불꽃이온화 검출기(FID)
• 전자포획 검출기(ECD)
• 열전도도 검출기(TCD)
③ 자외선−가시광선 검출기는 액체 크로마토그래피 및 분광분석법에서 사용한다.

35.③ 36.③ 37.① 38.② 39.④ 40.① 41.② 42.③

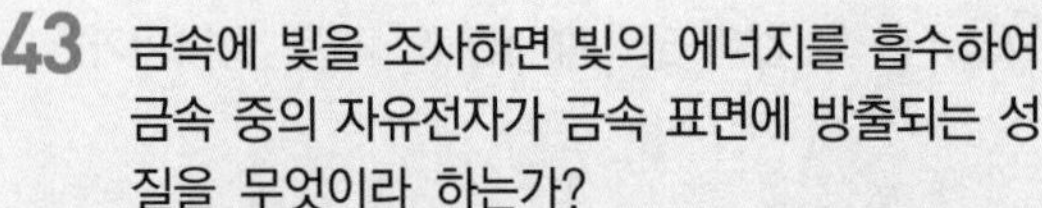

43 금속에 빛을 조사하면 빛의 에너지를 흡수하여 금속 중의 자유전자가 금속 표면에 방출되는 성질을 무엇이라 하는가?

① 광전효과
② 틴들 현상
③ Ramann 효과
④ 브라운 운동

해설 ② 틴들 현상 : 빛의 산란에 의해 빛의 진행경로가 관찰되는 현상
③ Ramann 효과 : 흡수파장과 다른 크기 파장의 빛이 관찰되는 효과
④ 브라운 운동 : 액체나 기체 속의 미소입자들이 불규칙하게 운동하는 현상

44 비색 측정을 하기 위한 발색반응이 아닌 것은?

① 염석 생성
② 착이온 생성
③ 콜로이드용액 생성
④ 킬레이트화합물 생성

해설 비색 측정을 하기 위해서는 용액 전체에 균일하게 발색되어야 한다. 따라서 염석 생성의 경우 바닥에 침전물이 형성되어 불균일 용액이 형성되므로 발색반응으로는 적합하지 않다.

45 다음 중 전해분석에 대한 설명으로 옳지 않은 것은?

① 석출물은 다른 성분과 함께 전착하거나, 산화물을 함유하도록 한다.
② 이온의 석출이 완결되었으면 비커를 아래로 내리고 전원스위치를 끈다.
③ 석출물을 세척, 건조, 칭량할 때에 전극에서 벗겨지거나 떨어지지 않도록 치밀한 전착이 이루어지게 한다.
④ 한 번 사용한 전극을 다시 사용할 때에는 따뜻한 6N$-HNO_3$ 용액에 담가 전착된 금속을 제거한 다음 세척하여 사용한다.

해설 전해분석의 경우 석출된 금속의 질량을 정확히 측정할 필요가 있으므로, 목적 금속 외에 다른 물질이 함유되지 않도록 한다.

46 원자흡수분광계에서 광원으로 속빈 음극등에 사용되는 기체가 아닌 것은?

① 네온(Ne)
② 아르곤(Ar)
③ 헬륨(He)
④ 수소(H_2)

해설 속빈 음극등은 반응성이 적은 비활성 기체를 이용하여 양이온화시키고, 양이온의 충돌에 의해 발생되는 빛을 광원으로 사용한다.

47 다음 중 표준수소전극에 대한 설명으로 틀린 것은?

① 수소의 분압은 1기압이다.
② 수소전극의 구성은 구리로 되어 있다.
③ 용액의 이온 평균활동도는 보통 1에 가깝다.
④ 전위차계의 마이너스 단자에 연결된 왼쪽 반쪽 전지를 말한다.

해설 표준수소전극은 기준전극으로 수소이온 1M 농도, 수소기체 1기압을 유지하면서 전극으로는 백금전극을 사용한다. 이때 표준수소전극을 0V로 정한다.

48 용매만 있으면 모든 물질을 분리할 수 있고, 비휘발성이거나 고온에 약한 물질 분리에 적합하여 용매 및 칼럼, 검출기의 조합을 선택하여 넓은 범위의 물질을 분석대상으로 할 수 있는 장점이 있는 분석기기는?

① 기체 크로마토그래피 (gas chromatography)
② 액체 크로마토그래피 (liquid chromatography)
③ 종이 크로마토그래피 (paper chromatography)
④ 분광광도계 (photoelectric spectrophotometer)

해설 상온에서 이동상인 액체(용매)를 이용하여 혼합물을 분리하는 것을 액체 크로마토그래피라고 한다. 시료를 기화시킬 필요가 없고, 보통 상온에서 진행하므로 비휘발성 및 고온에 약한 물질 분리에 적합하다.

43.① 44.① 45.① 46.④ 47.② 48.②

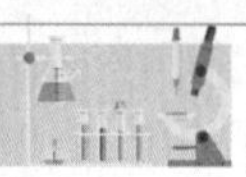

49 가스 크로마토그래피를 이용하여 분석을 할 때, 혼합물을 단일성분으로 분리하는 원리는?

① 각 성분의 부피 차이
② 각 성분의 온도 차이
③ 각 성분의 이동속도 차이
④ 각 성분의 농도 차이

해설 가스 크로마토그래피는 혼합물의 각 성분이 이동상에 실려 이동하면서 칼럼 내의 정지상과 상호작용을 일으켜 이동속도 차이로 분리하는 방법이다.

50 특정 물질의 전류와 전압의 2가지 전기적 성질을 동시에 측정하는 방법은 무엇인가?

① 폴라로그래피
② 전위차법
③ 전기전도도법
④ 전기량법

해설 적하수은전극을 이용하여 전압을 변화시켜 전류의 크기를 측정하는 방법을 폴라로그래피법이라고 한다.

51 분광광도계에서 광전관, 광전자증배관, 광전도셀 또는 광전지 등을 사용하여 빛의 세기를 측정하는 장치 부분은?

① 광원부
② 파장 선택부
③ 시료부
④ 측광부

해설 측광부에서는 광전효과를 이용하여 빛의 세기를 전기신호로 변환시켜 측정한다.

52 혼합물로부터 각 성분들을 순수하게 분리하거나 확인 · 정량하는 데 사용하는 편리한 방법으로, 물질의 분리는 혼합물이 정지상이나 이동상에 대한 친화성이 서로 다른 점을 이용하는 분석법은?

① 분광광도법
② 크로마토그래피법
③ 적외선 흡수분광법
④ 자외선 흡수분광법

해설 크로마토그래피법은 혼합물이 정지상과 이동상의 상호 인력의 차이에 따라 분리하는 분리분석법이다.

53 pH의 값이 5일 때 pOH의 값은 얼마인가?

① 3
② 5
③ 7
④ 9

해설 pH+pOH=14 (25℃)
∴ pOH=14−5=9

54 어느 시료의 평균 분자들이 칼럼의 이동상에 머무르는 시간의 분율을 무엇이라 하는가?

① 분배계수
② 머무름비
③ 용량인자
④ 머무름부피

해설 일반적으로 시료가 머무르는 시간을 머무름시간(retention time)이라고 하며, 머무름시간이 크면 그 만큼 이동하는 용매가 많으므로 머무름부피도 커진다.
문제에서는 머무름시간의 분율에 대한 질문이므로 머무름시간의 비, 즉 머무름비이다.

55 분광광도계에서 투과도에 대한 설명으로 옳은 것은?

① 시료 농도에 반비례한다.
② 입사광의 세기에 비례한다.
③ 투과광의 세기에 비례한다.
④ 투과광의 세기에 반비례한다.

해설 투과도 $T(\%) = \frac{I}{I_0}$
여기서, I : 투과 후의 빛의 세기(투과광)
I_0 : 투과 전의 빛의 세기
따라서, 투과광의 세기에 비례한다.

56 수소이온(H^+)의 농도가 0.01mol/L일 때 수소이온농도지수(pH)는 얼마인가?

① 1
② 2
③ 13
④ 14

해설 $pH = -\log[H^+] = -\log(0.01) = 2$

49.③ 50.① 51.④ 52.② 53.④ 54.② 55.③ 56.②

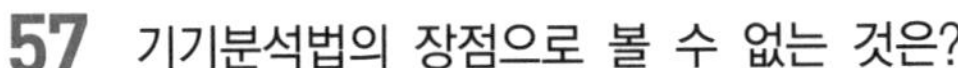

57 기기분석법의 장점으로 볼 수 없는 것은?

① 원소들의 선택성이 높다.
② 전처리가 비교적 간단하다.
③ 낮은 오차범위를 나타낸다.
④ 보수, 유지관리가 비교적 간단하다.

해설 분석기기들은 정밀하지만, 가격이 비싸고 보수 및 유지관리가 복잡하다.

58 약 8,000Å보다 긴 파장의 광선을 무엇이라 하는가?

① 방사선 ② 자외선
③ 적외선 ④ 가시광선

해설 1Å=0.1nm이므로 8,000Å=800nm이다.
따라서, 800nm 이상의 긴 파장은 적외선에 속한다.

59 과망간산칼륨 표준용액을 조제하려고 한다. 과망간산칼륨의 분자량은 얼마인가? (단, 원자량은 각각 K=39, Mn=55, O=16이다.)

① 126 ② 142
③ 158 ④ 197

해설 $KMnO_4$의 분자량
K+Mn+4O=39+55+16×4=158

60 약품을 보관하는 방법에 대한 설명으로 틀린 것은?

① 인화성 약품은 자연발화성 약품과 함께 보관한다.
② 인화성 약품은 전기의 스파크로부터 멀고 찬 곳에 보관한다.
③ 흡습성 약품은 완전히 건조시켜 건조한 곳이나 석유 속에 보관한다.
④ 폭발성 약품은 화기를 사용하는 곳에서 멀리 떨어져 있는 창고에 보관한다.

해설 인화성 약품은 가연성 기체의 발생으로 화재 및 폭발 위험성이 크고, 자연발화성 약품 역시 낮은 발화점으로 인해 연소가 쉽게 일어나기 때문에 두 약품은 상호 분리하여 보관한다.

57.④ 58.③ 59.③ 60.①

제3편

최신 CBT 기출문제

Craftsman Chemical Analysis

화 / 학 / 분 / 석 / 기 / 능 / 사

최신 CBT 기출문제 150선

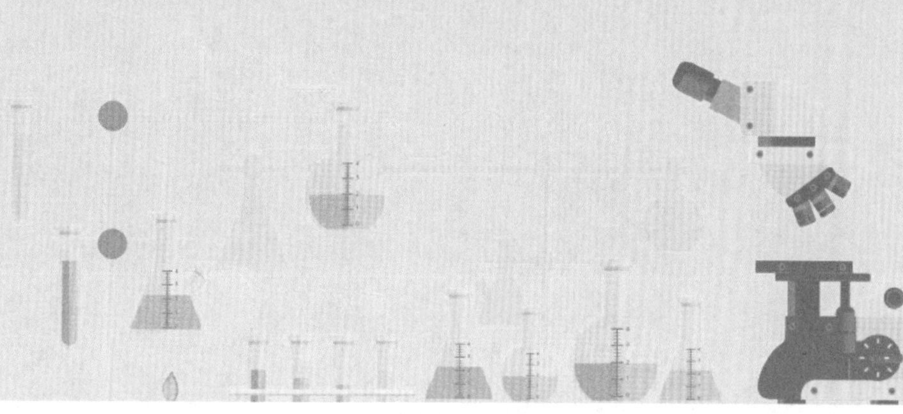

화학분석기능사

www.cyber.co.kr

최신 CBT 기출문제 150선

01 알칼리금속에 대한 설명으로 틀린 것은?

① 공기 중에서 쉽게 산화되어 금속광택을 잃는다.
② 원자가 전자가 1개이므로 +1가의 양이온이 되기 쉽다.
③ 할로겐원소와 직접 반응하여 할로겐화합물을 만든다.
④ 염소와 1 : 2 화합물을 형성한다.

해설 알칼리금속은 1가 양이온이고, 할로겐족인 염소이온은 1가 음이온이므로 MCl, 즉 1 : 1로 결합한다.

02 원자번호 3번 Li의 화학적 성질과 비슷한 원소의 원자번호는?

① 8 ② 10
③ 11 ④ 18

해설 같은 족의 경우 화학적 성질이 비슷하다.
원자번호 3번 Li의 경우 1족인 알칼리금속이며, 성질이 비슷한 알칼리금속으로는 Li(3), Na(11), K(19) 등이 있다.

03 CO_2와 H_2O은 모두 공유결합으로 된 삼원자 분자인데 CO_2는 비극성이고, H_2O은 극성을 띠고 있다. 그 이유로 옳은 것은?

① C가 H보다 비금속성이 크다.
② 결합구조가 H_2O은 굽은형이고, CO_2는 직선형이다.
③ H_2O의 분자량이 CO_2의 분자량보다 적다.
④ 상온에서 H_2O은 액체이고, CO_2는 기체이다.

해설 CO_2의 경우 O=C=O의 직선형 구조로 전기음성도 차이에 의한 전자의 치우침(쌍극자 모멘트)이 서로 반대방향으로 형성되어 상호 상쇄되므로 비극성이고, H_2O의 경우 굽은형 구조로 쌍극자 모멘트가 상쇄되지 않으므로 극성을 갖는다.

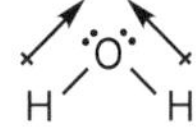

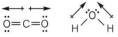

04 실리콘이라고도 하며, 반도체로서 트랜지스터나 다이오드 등의 원료가 되는 물질은?

① C ② Si
③ Cu ④ Mn

해설 문제에서 설명하는 물질은 규소(Si)이다.

05 나트륨(Na)의 원자는 11개의 양성자와 12개의 중성자를 가지고 있다. 원자번호와 질량수는 각각 얼마인가?

① 원자번호 : 11, 질량수 : 12
② 원자번호 : 12, 질량수 : 11
③ 원자번호 : 11, 질량수 : 23
④ 원자번호 : 11, 질량수 : 1

해설 원자번호=양성자수=11
질량수=양성자수+중성자수=23

06 다음 중 삼원자 분자가 아닌 것은?

① 아르곤
② 오존
③ 물
④ 이산화탄소

해설 각 보기의 분자식은 다음과 같다.
① 아르곤 : Ar
② 오존 : O_3
③ 물 : H_2O
④ 이산화탄소 : CO_2

07 산화시키면 카르복시산이 되고, 환원시키면 알코올이 되는 것은?

① C_2H_5OH
② $C_2H_5OC_2H_5$
③ CH_3CHO
④ CH_3COCH_3

해설 $C_2H_5OH \underset{환원}{\overset{산화}{\rightleftarrows}} CH_3CHO \underset{환원}{\overset{산화}{\rightleftarrows}} CH_3COOH$

01.④ 02.③ 03.② 04.② 05.③ 06.① 07.③

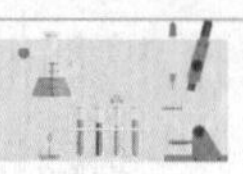

08 황산 49g을 물에 녹여 용액 1L를 만들었다. 이 수용액의 몰농도는 얼마인가? (단, 황산의 분자량은 98이다.)

① 0.5M ② 1M
③ 1.5M ④ 2M

몰농도(M) = $\frac{\text{몰수}}{\text{부피(L)}}$

몰수(mol) = $\frac{\text{질량}}{\text{분자량}} = \frac{49}{98} = 0.5$몰

∴ 몰농도 = $\frac{0.5\text{몰}}{1\text{L}} = 0.5$M

09 R－O－R의 일반식을 가지는 지방족 탄화수소의 명칭은?

① 알데하이드
② 카르복시산
③ 에스테르
④ 에테르

해설 ① 알데하이드 : R－CHO
② 카르복시산 : R－COOH
③ 에스테르 : R－COO－R
④ 에테르 : R－O－R

10 다음의 반응을 무엇이라고 하는가?

$$3C_2H_2 \rightleftarrows C_6H_6$$

① 치환반응 ② 부가반응
③ 중합반응 ④ 축합반응

해설 3분자의 C_2H_2(에틸렌)이 1분자의 C_6H_6(벤젠)으로 진행되는 중합반응이다.

11 다음 변화 중 물리적 변화에 해당하는 것은?

① 연소
② 승화
③ 발효
④ 금속이 공기 중에서 녹슬 때

해설 • 물리적 변화 : 물질의 조성이 유지되고 상태가 변하는 것
예 승화 : 고체 ⇄ 기체
• 화학적 변화 : 물질의 조성이 변하는 것
예 연소, 발효, 금속이 공기 중에서 녹슬 때

12 다음 물질 중 물에 가장 잘 녹는 기체는?

① NO ② C_2H_2
③ NH_3 ④ CH_4

해설 보기 중 물에 가장 잘 녹는 기체는 극성이며 수소결합이 가능한 기체인 NH_3이다.

13 공기는 많은 종류의 기체로 이루어져 있다. 다음 중 가장 많이 포함되어 있는 기체는?

① 산소 ② 네온
③ 질소 ④ 이산화탄소

해설 건조공기는 78% 정도의 질소, 21% 정도의 산소, 1% 정도의 아르곤 등으로 구성되어 있다.

14 수소분자 6.02×10^{23}개의 질량은 몇 g인가?

① 2 ② 16
③ 18 ④ 20

해설 수소분자(H_2) 6.02×10^{23}개의 질량 = 1몰의 질량 = 2g

15 다음 금속이온을 포함한 수용액으로부터 전기분해로 같은 무게의 금속을 각각 석출시킬 때 전기량이 가장 적게 드는 것은?

① Ag^+ ② Cu^{2+}
③ Ni^{2+} ④ Fe^{3+}

해설 $Q \propto \frac{nF}{M}$

여기서, n : 산화수, F : 패러데이상수, M : 원자량

① $Ag^+ = \frac{F}{108}$ ② $Cu^{2+} = \frac{2F}{64}$

③ $Ni^{2+} = \frac{2F}{59}$ ④ $Fe^{3+} = \frac{3F}{56}$

16 다음 중 방향족 탄화수소가 아닌 것은?

① 벤젠 ② 자일렌
③ 톨루엔 ④ 아닐린

해설 아닐린 : C, H 이외에도 N가 포함되어 있어 방향족 탄화수소 유도체이다.

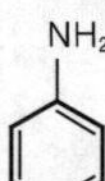

08.① 09.④ 10.③ 11.② 12.③ 13.③ 14.① 15.① 16.④

17 수산화나트륨에 대한 설명으로 틀린 것은?

① 물에 잘 녹는다.
② 조해성 물질이다.
③ 양쪽성 원소와 반응하여 수소를 발생한다.
④ 공기 중의 이산화탄소를 흡수하여 탄산나트륨이 된다.

해설 양쪽성 물질은 산과 염기 모두 반응할 수 있는 물질로, 수산화나트륨 같은 염기와 양쪽성 물질이 반응하면 중화반응이 진행되면서 물이 생성된다.
다음과 같이 Al_2O_3 등이 양쪽성 물질이다.
- $Al_2O_3 + 6HCl \rightarrow 2AlCl_3 + 3H_2O$
- $Al_2O_3 + 2NaOH \rightarrow 2NaAlO_2 + H_2O$

18 다음 중 원자의 반지름이 가장 큰 것은?

① Na ② K
③ Rb ④ Li

해설 같은 족의 경우 주기율표상에서 원자번호가 커질수록, 즉 아래로 내려올수록 원자 반지름이 커진다.
∴ Li < Na < K < Rb

19 당량에 대한 정의로 옳은 것은?

① 분자량의 절반
② 원자가×원자량
③ 표준온도와 표준압력에서 22.4L의 무게
④ 어떤 원소가 수소 1과 결합 또는 치환할 수 있는 원소의 양

해설 당량이란 어떤 원소가 수소 1과 결합 또는 치환할 수 있는 원소의 양 또는 어떤 원소가 전자 1과 산화 또는 환원할 수 있는 원소의 양을 의미한다.

20 주기율표의 같은 주기에 있는 원소들은 왼쪽에서 오른쪽으로 갈수록 어떻게 변하는가?

① 금속성이 증가한다.
② 전자를 끄는 힘이 약해진다.
③ 양이온이 되려는 경향이 커진다.
④ 산화물들의 산성이 점점 강해진다.

해설 같은 주기의 원자번호가 증가할 경우(왼쪽에서 오른쪽으로 갈 경우)의 변화
- 금속성이 감소한다.
- 전자를 끄는 힘이 강해진다.
- 음이온이 되려는 경향이 커진다.
- 산화물들의 산성이 점점 강해진다.

21 다음 중 수소결합을 할 수 없는 화합물은?

① H_2O ② CH_4
③ HF ④ CH_3OH

해설 F, O, N에 결합된 H가 수소결합에 참여할 수 있다.
따라서, 보기에서 수소결합이 가능한 분자는 H_2O, HF, CH_3OH이다.

22 다음 중 보일-샤를의 법칙이 가장 잘 적용되는 기체는?

① O_2 ② CO_2
③ NH_3 ④ H_2

해설 보일-샤를의 법칙이 적용되는 기체는 이상기체이며, 분자 간 인력이 약하고 입자의 크기가 작을수록 이상기체에 가까워진다.
따라서 분자량이 작고, 인력이 가장 약한 H_2가 이상기체에 가장 가깝다.

23 어떤 전해질 5mol이 녹아 있는 용액에서 0.2mol이 전리되었다면 전리도는 얼마인가?

① 0.01 ② 0.04
③ 1 ④ 25

해설 전리도 $\alpha = \frac{0.2}{5} = 0.04$

24 다음 중 가장 강한 산화제는?

① $KMnO_4$ ② MnO_2
③ Mn_2O_3 ④ $MnCl_2$

해설 Mn의 산화수가 클수록 가장 강한 산화제이다.
① $KMnO_4$: Mn(+7)
② MnO_2 : Mn(+4)
③ Mn_2O_3 : Mn(+3)
④ $MnCl_2$: Mn(+2)

25 다음 중 1패럿(F)의 전기량은?

① 1mol의 물질이 갖는 전기량
② 1개의 전자가 갖는 전기량
③ 96,500개의 전자가 갖는 전기량
④ 1g당량 물질이 생성될 때 필요한 전기량

해설 1F=전자 1몰의 전기량
=96,500C/mol
=1g당량 물질이 생성될 때 필요한 전기량

17.③ 18.③ 19.④ 20.④ 21.② 22.④ 23.② 24.① 25.④

26 다음 중 강산과 약염기의 반응으로 생성된 염은?

① NH_4Cl
② $NaCl$
③ K_2SO_4
④ $CaCl_2$

해설 $HCl + NH_4OH \rightarrow H_2O + NH_4Cl$
강산 약염기 물 염

27 아세톤이나 에탄올 검출에 이용되는 반응은?

① 은거울 반응
② 요오드포름 반응
③ 비누화 반응
④ 설폰화 반응

해설 요오드포름 반응 : CH_3CO 작용기 검출에 이용
- 아세톤 : CH_3COCH_3
- 에탄올 : CH_3CH_2OH
  에탄올의 경우는 검출 시 한번 산화하여 에탄올이 아세트알데하이드(CH_3CHO)로 전환되면서 검출된다.

28 다음 중 양이온 제4족 원소는?

① 납
② 바륨
③ 철
④ 아연

해설 제4족은 $NH_4OH + H_2S$로 주로 황화물로 침전되며 Ni^{2+}, Co^{2+}, Mn^{2+}, Zn^{2+}를 침전시킨다.

29 산화·환원 반응에 대한 설명으로 틀린 것은?

① 산화는 전자를 잃는(산화수가 증가하는) 반응을 말한다.
② 환원은 전자를 얻는(산화수가 감소하는) 반응을 말한다.
③ 산화제는 자신이 쉽게 환원되면서 다른 물질을 산화시키는 성질이 강한 물질이다.
④ 산화·환원 반응에서 어떤 원자가 전자를 방출하면 방출한 전자수만큼 원자의 산화수가 감소된다.

해설 전자를 방출하면 산화수가 증가하고, 전자를 받으면 산화수가 감소한다.

30 $CuSO_4 \cdot 5H_2O$ 중의 Cu를 정량하기 위해 시료 0.5012g을 칭량하여 물에 녹여 KOH을 가했을 때 $Cu(OH)_2$의 청백색 침전이 생긴다. 이때 이론상 KOH은 약 몇 g이 필요한가? (단, 원자량은 각각 Cu=63.54, S=32, O=16, K=39이다.)

① 0.1125
② 0.2250
③ 0.4488
④ 1.0024

해설 $CuSO_4 \cdot 5H_2O$의 화학식량은 다음과 같다.
$63.54+32+16\times4+5\times(2+16)=249.54$
여기서 Cu^{2+}이므로, 당량질량은 $249.54/2=124.77$
$CuSO_4 \cdot 5H_2O$의 당량수$=0.5012g/124.77=0.004eq$
Cu^{2+}의 당량수$=0.004eq$
필요한 KOH의 당량수$=0.004eq$
∴ KOH의 질량=당량수×당량질량
$=0.004\times(39+16+1)=0.225g$

31 황산구리($CuSO_4$) 수용액에 10A의 전류를 30분 동안 가하였을 때, (-)극에서 석출하는 구리의 양은 약 몇 g인가? (단, Cu의 원자량은 64이다.)

① 0.01g
② 3.98g
③ 5.97g
④ 8.45g

해설 $Cu^{2+} + 2e^- \rightarrow Cu(s)$

전자의 몰수$=\dfrac{10A\times30\times60}{96,500}$

석출된 구리의 몰수$=\dfrac{\text{전자의 몰수}}{2}$

∴ 석출된 구리의 질량$=\dfrac{\text{전자의 몰수}}{2}\times64=5.97g$

32 다음 중 식물 세포벽의 기본구조 성분은?

① 셀룰로오스
② 나프탈렌
③ 아닐린
④ 에틸에테르

해설 식물 세포벽 구성 성분으로는 셀룰로오스, 헤미셀룰로오스, 리그닌 등이 있다.

26.① 27.② 28.④ 29.④ 30.② 31.③ 32.①

33 0.01M Ca^{2+} 50.0mL와 반응하려면 0.05M EDTA 몇 mL가 필요한가?

① 10 ② 25
③ 50 ④ 100

해설 Ca^{2+} + EDTA → CaY^{2-}
즉, Ca^{2+}과 EDTA는 1 : 1로 반응한다.
Ca^{2+}의 몰수=0.01M×50mL=0.5mmol
EDTA 몰수=0.05M× V=0.5mmol
따라서, V=10mL

34 다음과 같은 화학반응식으로 나타낸 반응이 어느 일정한 온도에서 평형을 이루고 있다. 여기에 AgCl의 분말을 더 넣어주면 어떠한 변화가 일어나겠는가?

$$Ag^+(\text{수용액}) + Cl^-(\text{수용액}) \rightleftarrows AgCl(\text{고체})$$

① AgCl이 더 용해한다.
② Cl^-의 농도가 증가한다.
③ Ag^+의 농도가 증가한다.
④ 외견상 아무 변화가 없다.

해설 이미 침전되어 포화(평형)에 도달된 후에는 더 이상 변화가 발생하지 않는다.

35 Ba^{2+}, Ca^{2+}, Na^+, K^+ 4가지 이온이 섞여 있는 혼합용액이 있다. 양이온 정성분석 시 이들 이온을 Ba^{2+}, Ca^{2+}(5족)과 Na^+, K^+(6족) 이온으로 분족하기 위한 시약은?

① $(NH_4)_2CO_3$ ② $(NH_4)_2S$
③ H_2S ④ 6M HCl

해설 5족 양이온은 탄산염[$BaCO_3(s)$, $CaCO_3(s)$]으로 침전된다. 따라서, $(NH_4)_2CO_3$을 넣어준다.

36 일정한 온도 및 압력하에서 용질이 용해도 이상으로 용해된 용액을 무엇이라고 하는가?

① 포화 용액 ② 불포화 용액
③ 과포화 용액 ④ 일반 용액

해설 ① 포화 용액 : 용질이 용해도만큼 용해된 용액
② 불포화 용액 : 용질이 용해도 미만으로 용해된 용액
③ 과포화 용액 : 용질이 용해도를 초과하여 용해된 용액

37 킬레이트 적정에서 EDTA 표준용액 사용 시 완충용액을 가하는 주된 이유는?

① 적정 시 알맞은 pH를 유지하기 위하여
② 금속 지시약의 변색을 선명하게 하기 위하여
③ 표준용액의 농도를 일정하게 하기 위하여
④ 적정에 의하여 생기는 착화합물을 억제하기 위하여

해설 킬레이트 적정을 위해서는 일반적으로 약염기성을 유지해야 한다. 완충용액을 이용하여 pH를 일정하게 유지한다.

38 현재 사용되는 주기율표는 다음 중 어느 것에 의해 만들어 졌는가?

① 중성자의 수
② 양성자의 수
③ 원자핵의 무게
④ 질량수

해설 현대의 주기율표는 원소의 원자번호를 양성자의 수로 정하여 원자번호 순으로 배열한 표이다.

39 다음 중 포화 탄화수소 화합물은?

① 요오드값이 큰 것
② 건성유
③ 시클로헥산
④ 생선기름

해설
- 포화 탄화수소는 C−C 결합이 단일결합으로 구성되어 알칸, 시클로알칸 등이 해당된다. 따라서 시클로알칸에 해당하는 시클로헥산이 포화 탄화수소이다.
- 불포화 탄화수소의 경우 일반적으로 불포화 지방산으로 구성된 생선기름, 건성유가 해당되며 요오드값이 크게 나타난다.

40 $SrCO_3$, $BaCO_3$ 및 $CaCO_3$을 모두 녹일 수 있는 시약은?

① NH_4OH ② CH_3COOH
③ H_2SO_4 ④ HNO_3

해설 탄산염을 강산에 녹일 경우 CO_2가 생성되면서 용해되므로, 용해만 시키기 위해서는 약산 용액 조건에서 용해시키는 것이 좋다. 따라서 CH_3COOH을 이용한다.

33.① 34.④ 35.① 36.③ 37.① 38.② 39.③ 40.②

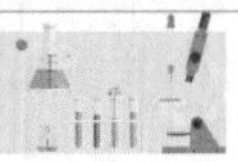

41 금속이온의 수용액에 음극과 양극 2개의 전극을 담그고 직류전압을 통하여 주면 금속이온이 환원되어 석출된다. 이때, 석출된 금속 또는 금속산화물을 칭량하여 금속시료를 분석하는 방법은?

① 비색분석 ② 전해분석
③ 중량분석 ④ 분광분석

해설 전기분해로 금속을 석출시켜 시료를 분석하는 방법은 전기분해분석, 즉 전해분석법이다.

42 황산(H_2SO_4)의 1g당량은 얼마인가? (단, 황산의 분자량은 98g/mol이다.)

① 4.9g ② 49g
③ 9.8g ④ 98g

해설 산의 당량질량 $= \frac{\text{화학식량}}{H^+\text{수}}$

1g 당량 = 당량질량g

따라서, 황산의 경우 1g 당량$=\frac{98}{2}=$49g이다.

43 $KMnO_4$ 표준용액으로 적정할 때 HCl 산성으로 하지 않는 주된 이유는?

① MnO_2이 생성하므로
② Cl_2가 발생하므로
③ 높은 온도로 가열해야 하므로
④ 종말점 판정이 어려우므로

해설 $KMnO_4$은 강한 산화제이므로, HCl를 이용할 경우 Cl^-을 산화시켜 Cl_2의 유독기체를 발생시킬 수 있다.

44 제1류 위험물에 대한 설명으로 틀린 것은?

① 분해하여 산소를 방출한다.
② 다른 가연성 물질의 연소를 돕는다.
③ 모두 물에 접촉하면 격렬한 반응을 일으킨다.
④ 불연성 물질로서 환원성 물질 또는 가연성 물질에 대하여 강한 산화성을 가진다.

해설 물에 접촉하면 격렬한 반응을 일으키는 물질은 제3류 위험물인 금수성 · 자연발화성 물질이다.

45 다음 중 포화 칼로멜(calomel) 전극 안에 들어 있는 용액은?

① 포화 염산
② 포화 황산알루미늄
③ 포화 염화칼슘
④ 포화 염화칼륨

해설 포화 칼로멜전극의 구성물질 : 포화 칼로멜(Hg_2Cl_2), 수은(Hg), 포화 염화칼륨(KCl)

46 유기화합물은 무기화합물에 비하여 다음과 같은 특성을 가지고 있다. 이에 대한 설명으로 틀린 것은?

① 유기화합물은 일반적으로 탄소화합물이므로 가연성이 있다.
② 유기화합물은 일반적으로 물에 용해되기 어렵고, 알코올이나 에테르 등의 유기용매에 용해되는 것이 많다.
③ 유기화합물은 일반적으로 녹는점, 끓는점이 무기화합물보다 낮으며, 가열했을 때 열에 약하여 쉽게 분해된다.
④ 유기화합물에는 물에 용해 시 양이온과 음이온으로 해리되는 전해질이 많으나, 무기화합물은 이온화되지 않는 비전해질이 많다.

해설
- 유기화합물 : 탄소를 중심으로 공유결합으로 구성된 분자로 존재하고, 주로 비전해질이거나 약한 전해질로서 물에 용해 시 거의 해리되지 않는다.
- 무기화합물 : 주로 금속원소가 포함된 이온결합 형태로 존재하여, 물에 용해 시 양이온과 음이온으로 해리된다.

47 두 가지 이상의 혼합물질을 단일성분으로 분리하여 분석하는 기법은?

① 분광광도법
② 전기무게분석법
③ 크로마토그래피법
④ 핵자기공명 흡수법

해설 크로마토그래피법 : 혼합물질을 이동상과 정지상의 상호 인력의 차이에 의해 분리 · 분석하는 방법

41.② 42.② 43.② 44.③ 45.④ 46.④ 47.③

48 Fe^{3+}/Fe^{2+} 및 Cu^{2+}/Cu^{0}로 구성되어 있는 가상 전지에서 얻을 수 있는 전위는? (단, 표준환원전위는 다음과 같다.)

> • $Fe^{3+}+e^{-} \rightarrow Fe^{2+}$, $E°=0.771$
> • $Cu^{2+}+2e^{-} \rightarrow Cu^{0}$, $E°=0.337$

① 0.434V ② 1.018V
③ 1.205V ④ 1.879V

해설 표준환원전위차=0.771−0.337=0.434V

49 용액의 두께가 10cm, 농도가 5mol/L, 흡광도가 0.2일 경우, 몰흡광도계수(L/mol · cm)는?

① 0.001 ② 0.004
③ 0.1 ④ 0.2

해설 $A=\varepsilon bc$
여기서, A : 흡광도, ε : 몰흡광도
b : 용액의 두께, c : 용액의 농도
$0.2=\varepsilon\times10\times5$
$\therefore\ \varepsilon=0.004$

50 분광광도계에서 투과도에 대한 설명으로 옳은 것은?

① 시료 농도에 반비례한다.
② 입사광의 세기에 비례한다.
③ 투과광의 세기에 비례한다.
④ 투과광의 세기에 반비례한다.

해설 투과도 $T(\%)=\dfrac{I}{I_0}$
여기서, I : 투과 후의 빛의 세기(투과광)
I_0 : 투과 전의 빛의 세기
따라서, 투과광의 세기에 비례한다.

51 유지의 추출에 사용되는 용제는 대부분 어떤 물질인가?

① 발화성 물질
② 용해성 물질
③ 인화성 물질
④ 폭발성 물질

해설 유지의 추출에 사용되는 용제는 유지를 쉽게 녹여 추출한 후 쉽게 휘발되서 제거되어야 하므로 인화성 물질을 사용한다.

52 분광광도계의 시료 흡수용기 중 자외선 영역에서 셀로 적합한 것은?

① 석영 셀
② 유리 셀
③ 플라스틱 셀
④ KBr 셀

해설 ① 석영 셀 : 자외선 영역
② 유리 셀, ③ 플라스틱 셀 : 가시광선 영역
④ KBr 셀 : 적외선 영역

53 금속에 빛을 조사하면 빛의 에너지를 흡수하여 금속 중의 자유전자가 금속 표면에 방출되는 성질을 무엇이라 하는가?

① 광전효과
② 틴들 현상
③ Ramann 효과
④ 브라운 운동

해설 ② 틴들 현상 : 빛의 산란에 의해 빛의 진행경로가 관찰되는 현상
③ Ramann 효과 : 흡수파장과 다른 크기 파장의 빛이 관찰되는 효과
④ 브라운 운동 : 액체나 기체 속의 미소입자들이 불규칙하게 운동하는 현상

54 공업용 NaOH의 순도를 알고자 4.0g을 물에 용해시켜 1L로 하고, 그 중 25mL를 취하여 0.1N H_2SO_4로 중화시키는 데 20mL가 소요되었다. 이 NaOH의 순도는 몇 %인가? (단, 원자량은 Na=23, S=32, H=1, O=16이다.)

① 60 ② 70
③ 80 ④ 90

해설 NaOH의 순도 비율을 x라고 하면, 실제 4g 중 NaOH의 질량은 $4x$이다. NaOH의 당량질량은 23+16+1=40이므로, NaOH의 당량수는 $4x/40=0.1x$이다.
이를 1L에 용해시켜 25mL를 취했으므로 1/4만큼 감소하게 된다. 따라서 $0.1x/4=0.025x$가 황산(H_2SO_4)과 반응한 당량수이다.
황산의 당량수는 노르말농도(N)×부피(V)이므로,
0.1×0.02=0.002eq이다.
따라서, $0.025x=0.002$이므로, $x=0.8$이 되고, %순도는 100을 곱한 80%이다.

48.① 49.② 50.③ 51.③ 52.① 53.① 54.③

55 전위차법에서 이상적인 기준전극에 대한 설명 중 옳은 것은?

① 비가역적이어야 한다.
② 작은 전류가 흐른 후에는 본래 전위로 돌아오지 않아야 한다.
③ Nernst식에 벗어나도 상관이 없다.
④ 온도 사이클에 대하여 히스테리시스를 나타내지 않아야 한다.

해설 기준전극은 가역적으로 원래의 전위차를 유지하여야 한다. 히스테리시스란 처음 상태로 돌아오지 못하고 다른 값으로 변하는 현상을 나타내는데, 기준전극은 처음 전극의 전위차를 유지해야 하므로 히스테리시스를 나타내지 않아야 한다.

56 수산화이온의 농도가 5×10^{-5}일 때, 이 용액의 pH는 얼마인가?

① 7.7　　② 8.3
③ 9.7　　④ 10.3

해설 $pOH = -\log[OH^-] = -\log(5\times10^{-5}) = 4.3$
$pH = 14 - pOH = 9.7$

57 과망간산칼륨 시료를 20ppm으로 1L를 만들려고 한다. 이때 과망간산칼륨을 몇 g을 칭량하여야 하는가?

① 0.0002g
② 0.002g
③ 0.02g
④ 0.2g

해설 1ppm=1mg/L로 볼 수 있으므로, 20ppm은 20mg/L로 볼 수 있다.
따라서 0.02g이다.

58 1ppm은 몇 %인가?

① 10^{-2}
② 10^{-3}
③ 10^{-4}
④ 10^{-5}

해설 $1ppm = \frac{1}{1,000,000}\times100 = 10^{-4}\%$

59 poise는 무엇을 나타내는 단위인가?

① 비열　　② 무게
③ 밀도　　④ 점도

해설 poise는 점도의 단위로, 1poise=1g/cm · s이다.

60 약품을 보관하는 방법으로 틀린 것은?

① 인화성 약품은 자연발화성 약품과 함께 보관한다.
② 인화성 약품은 전기의 스파크로부터 멀고 찬 곳에 보관한다.
③ 흡습성 약품은 완전히 건조시켜 건조한 곳이나 석유 속에 보관한다.
④ 폭발성 약품은 화기를 사용하는 곳에서 멀리 떨어져 있는 창고에 보관한다.

해설 인화성 약품은 가연성 기체의 발생으로 화재 및 폭발 위험성이 크고, 자연발화성 약품 역시 낮은 발화점으로 인해 연소가 쉽게 일어나기 때문에 두 약품은 상호 분리하여 보관한다.

61 한 원소의 화학적 성질을 주로 결정하는 것은?

① 원자량
② 전자의 수
③ 원자번호
④ 최외각의 전자 수

해설 원자의 최외각 전자가 주로 화학반응에 참여하므로 최외각 전자 수가 같은 원소들은 화학적 성질이 비슷하다.

62 다음 중 표준전극전위에 대한 설명으로 틀린 것은?

① 각 표준전극전위는 0.000V를 기준으로 하여 정한다.
② 수소의 환원 반쪽 반응에 대한 전극전위는 0.000V이다.
③ $2H^+ + 2e \rightarrow H_2$는 산화반응이다.
④ $2H^+ + 2e \rightarrow H_2$의 반응에서 생긴 전극전위를 기준으로 하여 다른 반응의 표준전극전위를 정한다.

해설 ③ $2H^+ + 2e \rightarrow H_2$는 환원반응이다.
• 산화반응 : 전자를 잃는 반응
• 환원반응 : 전자를 얻는 반응

55.④ 56.③ 57.③ 58.③ 59.④ 60.① 61.④ 62.③

63 다음 중 반데르발스 결합이 가장 강한 것은?

① H_2-Ne
② Cl_2-Xe
③ O_2-Ar
④ N_2-Ar

해설 반데르발스 결합은 분자량이 클수록 커진다.
보기에서 분자량이 가장 큰 물질은 Cl_2-Xe이다.

64 다음의 반응식을 기준으로 할 때 수소의 연소열은 몇 kcal/mol인가?

$$2H_2 + O_2 \rightleftarrows 2H_2O + 136kcal$$

① 136 ② 68
③ 34 ④ 17

해설 연소열은 1몰을 기준으로 계산한다.
따라서 2몰의 반응열이 136kcal이므로 수소 1몰당 연소열은 136/2=68kcal가 된다.

65 pH meter를 사용하여 산화 · 환원 전위차를 측정할 때 사용되는 지시전극은?

① 백금전극
② 유리전극
③ 안티몬전극
④ 수은전극

해설 pH meter의 지시전극으로 유리막전극(유리전극)을 사용하며, 기준전극으로 주로 포화 칼로멜전극으로 이용한다.

66 산화알루미늄 Al_2O_3의 분자식으로부터 Al의 원자가는 얼마인가?

① +2 ② −2
③ +3 ④ −3

해설 $(Al^{3+})_2(O^{2-})_3$

67 pH 미터 보정에 사용하는 완충용액의 종류가 아닌 것은?

① 붕산염 표준용액
② 프탈산염 표준용액
③ 옥살산염 표준용액
④ 구리산염 표준용액

해설 pH 미터 보정 시 사용하는 표준용액은 오차가 적은 붕산염, 프탈산염, 옥살산염 등의 1차 표준물질을 사용한다.

68 분자 간에 작용하는 힘에 대한 설명으로 틀린 것은?

① 반데르발스 힘은 분자 간에 작용하는 힘으로서 분산력, 이중극자 간 인력 등이 있다.
② 분산력은 분자들이 접근할 때 서로 영향을 주어 전하의 분포가 비대칭이 되는 편극현상에 의해 나타나는 힘이다.
③ 분산력은 일반적으로 분자의 분자량이 커질수록 강해지나 분자의 크기와는 무관하다.
④ 헬륨이나 수소기체도 낮은 온도와 높은 압력에서는 액체나 고체 상태로 존재할 수 있는데, 이는 각각의 분자 간에 분산력이 작용하기 때문이다.

해설 분산력은 분자의 분자량이 클수록, 크기가 클수록 증가한다.

69 25wt%의 NaOH 수용액 80g이 있다. 이 용액에 NaOH을 가하여 30wt%의 용액을 만들려고 한다. 약 몇 g의 NaOH을 가해야 하는가?

① 3.7g
② 4.7g
③ 5.7g
④ 6.7g

해설 NaOH을 가하는 질량을 x(g)라고 하면
NaOH의 질량$=80g\times0.25+x=(80+x)\times0.3$
$\therefore x=5.7g$

70 다음 중 상온에서 찬물과 반응하여 심하게 수소를 발생시키는 것은?

① K ② Mg
③ Al ④ Fe

해설 찬물과 반응해서 수소기체를 발생시키는 물질의 반응성은 알칼리금속인 1족 원소가 가장 크고, 1족 원소 중에서도 원자번호가 클수록 반응성이 커진다.
① K : 1족 원소(알칼리금속)
② Mg : 2족 원소(알칼리토금속)
③ Al : 13족 원소
④ Fe : 전이원소

63.② 64.② 65.② 66.③ 67.④ 68.③ 69.③ 70.①

71 다음 물질 중 혼합물인 것은?

① 염화수소 ② 암모니아
③ 공기 ④ 이산화탄소

해설
- 혼합물 : 물리적 분리가 가능한 물질
  예 공기(질소와 산소로 구성)
- 화합물 : 두 종류 이상의 원소로 구성된 물리적 분리가 불가능한 물질
  예 염화수소(HCl), 암모니아(NH_3), 이산화탄소(CO_2)

72 할로겐에 대한 설명으로 옳지 않은 것은?

① 자연상태에서 2원자 분자로 존재한다.
② 전자를 얻어 음이온이 되기 쉽다.
③ 물에는 거의 녹지 않는다.
④ 원자번호가 증가할수록 녹는점이 낮아진다.

해설 할로겐은 원자번호가 증가할수록 끓는점이 증가한다.

73 적외선 분광광도계의 흡수 스펙트럼으로부터 유기물질의 구조를 결정하는 방법 중 카르보닐기가 강한 흡수를 일으키는 파장의 영역은?

① $1,300 \sim 1,000cm^{-1}$
② $1,820 \sim 1,660cm^{-1}$
③ $3,400 \sim 2,400cm^{-1}$
④ $3,600 \sim 3,300cm^{-1}$

해설 카르보닐기 C=O의 파수는 평균적으로 $1,750cm^{-1}$이다.
∴ $1,820 \sim 1,660cm^{-1}$

74 0.1M NaOH 0.5L와 0.2M HCl 0.5L를 혼합한 용액의 몰농도(M)는?

① 0.05 ② 0.1
③ 0.3 ④ 1

해설 HCl의 몰수=0.2M×0.5L=0.1mol
NaOH의 몰수=0.1M×0.5L=0.05mol
반응 후 남는 HCl의 몰수=0.1−0.05=0.05mol
용액의 부피=0.5L+0.5L=1L
∴ 몰농도(M)=0.05mol/1L=0.05M

75 다음 중 분자 1개의 질량이 가장 작은 것은?

① H_2 ② NO_2
③ HCl ④ SO_2

해설 분자량의 크기가 가장 작은 것을 고르면 된다.
각 보기의 분자량은 다음과 같다.
① H_2 : 2
② NO_2 : 46
③ HCl : 36.5
④ SO_2 : 64

76 수산화크롬, 수산화알루미늄은 산과 만나면 염기로 작용하고, 염기와 만나면 산으로 작용한다. 이런 화합물을 무엇이라 하는가?

① 이온성 화합물
② 양쪽성 화합물
③ 혼합물
④ 착화물

해설 산과 염기로 양쪽 다 작용할 수 있는 물질을 양쪽성 물질이라 한다.

77 어떤 기체의 공기에 대한 비중이 1.10이라면 이것은 어떤 기체의 분자량과 같은가? (단, 공기의 평균 분자량은 29이다.)

① H_2 ② O_2
③ N_2 ④ CO_2

해설 기체의 분자량=비중×공기 분자량(29)=1.10×29=32
각 보기의 분자량은 다음과 같다.
① H_2 : 1+1=2
② O_2 : 16+16=32
③ N_2 : 14+14=28
④ CO_2 : 12+16+16=44
따라서, O_2의 분자량과 같다.

78 산화 · 환원 반응에서 산화수에 대한 설명으로 틀린 것은?

① 한 원소로만 이루어진 화합물의 산화수는 0이다.
② 단원자 이온의 산화수는 전하량과 같다.
③ 산소의 산화수는 항상 −2이다.
④ 중성인 화합물에서 모든 원자와 이온들의 산화수의 합은 0이다.

해설 산소의 산화수는 일반적인 화합물의 구성요소, 즉 CO_2, MgO 등에서는 −2이지만, 한 원소로만 구성된 O_2의 경우는 0이 된다.

71.③ 72.④ 73.② 74.① 75.① 76.② 77.② 78.③

소방 분야

강좌명	수강료	학습일	강사
소방설비기사 필기+실기+실기 핵심 과년도	370,000원	170일	공하성
소방설비기사 필기	180,000원	100일	공하성
소방설비기사 실기 과년도 문제풀이 포함	280,000원	180일	공하성
소방설비산업기사 필기	130,000원	100일	공하성
소방설비산업기사 실기	200,000원	100일	공하성
화재감식평가기사 · 산업기사	192,000원	120일	김인범
소방안전관리자 1급	100,000원	30일	공하성

환경 분야

강좌명	수강료	학습일	강사
대기환경기사 · 산업기사 필기	200,000원	180일	이승원
대기환경기사 · 산업기사 실기	100,000원	30일	이승원
수질환경기사 필기 과년도문제풀이 포함	170,000원	120일	장준영
수질환경산업기사 필기 과년도문제풀이 포함	150,000원	120일	장준영
수질환경기사 · 산업기사 필기	150,000원	90일	이승원
수질환경기사 · 산업기사 실기	100,000원	30일	이승원
폐기물처리기사 · 산업기사 필기	150,000원	90일	이승원
폐기물처리기사 · 산업기사 실기	100,000원	30일	이승원
온실가스관리기사 · 산업기사 필기	225,000원	120일	강헌, 박기학
온실가스관리기사 · 산업기사 실기	252,000원	90일	박기학
토양환경기사 필기+실기	400,000원	90일	이승원
환경기능사 필기 · 문제풀이+실기	210,000원	210일	이승원

위험물 · 화학 분야

강좌명	수강료	학습일	강사
위험물기능장 필기+실기 과년도 문제풀이 포함	280,000원	180일	현성호, 박병호
위험물산업기사 필기+실기 [대학생 합격패스]	250,000원	최대4년	현성호
위험물산업기사 필기+실기+과년도	350,000원	180일	현성호
위험물산업기사 필기	100,000원	90일	현성호
위험물산업기사 실기	100,000원	60일	현성호
위험물기능사 필기+실기 평생 CLASS	300,000원	평생	여승훈
위험물기능사 필기+실기 12개월 프리패스	270,000원	365일	현성호
화학분석기사 필기 과년도 문제풀이 포함	220,000원	160일	이영진
화학분석기사 실기(작업형)	100,000원	30일	이은부

품질경영 분야

강좌명	수강료	학습일	강사
품질경영기사 필기+실기 [FREE PASS]	400,000원	365일	임성래
품질경영산업기사 필기+실기 [FREE PASS]	380,000원	365일	임성래

산업위생 분야

강좌명	수강료	학습일	강사
산업위생관리기술사	1,000,000원	365일	임대성
산업위생관리기사 필기+실기	390,000원	240일	서영민
산업위생관리기사 필기	240,000원	120일	서영민
산업위생관리기사 실기	180,000원	120일	서영민
산업위생관리산업기사 필기+실기	390,000원	240일	서영민
산업위생관리산업기사 필기	240,000원	120일	서영민
산업위생관리산업기사 실기	180,000원	120일	서영민
산업위생관리기사 · 산업기사 필기+실기 [청춘패스]	640,000원	365일	서영민

전기 · 전자 분야

강좌명	수강료	학습일	강사
전기기사 필기+실기 [대학생 합격패스]	270,000원	최대4년	오우진, 문영철
전기산업기사 필기+실기 [대학생 합격패스]	240,000원	최대4년	오우진, 문영철
60일 완성 전기기사 필기+실기 종합반	270,000원	240일	오우진, 문영철
60일 완성 전기산업기사 필기+실기 종합반	240,000원	240일	오우진, 문영철
30일 완성 전기기사 · 산업기사 실기	140,000원	120일	오우진, 문영철
참! 쉬움 전기기능사 필기+실기 [FREE PASS]	230,000원	365일	류선희, 홍성욱 외
참! 쉬움 전기기능사 필기 과년도문제풀이 포함	130,000원	90일	류선희, 문영철
전기기능사 실기(이론편+작업형)	80,000원	30일	홍성욱
전기기능장 필기	350,000원	90일	김영복

기타 분야

강좌명	수강료	학습일	강사
PMP 자격대비	350,000원	60일	강신봉, 김정수
SMAT-A 서비스경영자격시험	50,000원	30일	이경랑
한국사능력검정시험 중급 기출 문제풀이 포함	100,000원	180일	신형철
아동요리지도사	300,000원	60일	장형심
[공무원] 올패스 영어 소방직 9급	120,000원	60일	최현택

CBTe

강좌명	수강료	학습일	강사
CBTe 전기기능사 필기	49,000원	30일	류선희, 문영철
CBTe 위험물기능사 필기	49,000원	30일	여승훈
CBTe 공조냉동기계기능사 필기	35,000원	30일	김순채
CBTe 전산응용기계제도기능사 필기	35,000원	30일	박미향

CBTe란? Computer Based Test & e-learning의 줄임말입니다.

* 상황에 따라 수강료 및 학습일 등 변동될 수 있음.

차량 · 중장비 분야

강좌명	수강료	학습일	강사
차량기술사 필기	540,000원	365일	박경택 외
차량기술사 과년도 문제풀이	540,000원	60일	박만재
지게차 · 굴삭기 운전기능사 실기	35,000원	30일	탁덕기
[공무원] 자동차구조원리 및 도로교통법규	300,000원	365일	오세인

기계 · 역학 분야

강좌명	수강료	학습일	강사
건설기계기술사	550,000원	210일	김순채
건설기계기술사 기출문제 풀이 특강	360,000원	140일	김순채
기계안전기술사 필기	432,000원	360일	김순채
공조냉동기계기사 3회독 필기(기출문제풀이포함)+실기	250,000원	180일	허원회
공조냉동기계기사 · 산업기사 필기 이론+기출문제풀이	180,000원	90일	허원회
공조냉동기계기사 실기(필답형)	120,000원	90일	허원회
에너지관리기사 필기 기출문제풀이 포함	300,000원	120일	허원회
기계설계산업기사 필기	180,000원	120일	박병호
[무한연장] 전산응용기계제도기능사 필기+실기+CBT 모의고사	170,000원	60일	박미향, 탁덕기
공유압기능사 필기 과년도 문제풀이 포함	150,000원	180일	김순채
공조냉동기계기능사 필기 과년도 문제풀이 포함	300,000원	120일	김순채
역학 이론+문제	300,000원	180일	허원회
열역학 이론+문제	150,000원	60일	허원회
유체역학 이론+문제	150,000원	60일	허원회
재료역학 이론+문제	150,000원	60일	허원회
[공무원] 응용역학 이론+문제	105,000원	60일	임성묵
[공무원] 토목설계 이론+문제	105,000원	60일	임성묵

컴퓨터 · 정보통신 분야

강좌명	수강료	학습일	강사
CCNA	250,000원	60일	이중호
MOS 2013 MASTER	80,000원	120일	김종철
ATC 캐드마스터 1급 실기	50,000원	60일	강민정, 홍성기
CAD 실무능력평가 2급	30,000원	30일	강민정, 홍성기
컴퓨터그래픽스운용기능사 필기	45,000원	60일	윤한정
ITQ한글+엑셀+파워포인트	90,000원	90일	진광남
컴퓨터활용능력 2급 필기+실기	40,000원	180일	진광남, 김종철
ICDL 2016	75,000원	180일	김종철
비범한 네트워크 구축하기	340,000원	60일	이중호
쉽게 배우는 시스코 랜 스위칭	102,000원	90일	이중호
COS 2급(Intermediate)	80,000원	30일	김종철

건축 · 토목 · 농림 분야

강좌명	수강료	학습일	강사
토목시공기술사 I · II 필기	350,000원	120일	이석일
건설안전기술사 필기	585,000원	365일	장두섭
건축전기설비기술사	792,000원	365일	송영주 외
건축시공기술사	549,000원	360일	심영보
2020 건축기사 필기 [FREE PASS]	240,000원	365일	안병관 외
건축기사 필기	140,000원	120일	정하정
유기농업기사 필기	220,000원	120일	이영복
식물보호기사 필기	220,000원	120일	이영복
유기농업기능사 필기	100,000원	60일	이승원

79 다음 중 분자 안에 배위결합이 존재하는 화합물은?

① 벤젠 ② 에틸알코올
③ 염소이온 ④ 암모늄이온

해설 배위결합 : 비공유 전자쌍을 제공하여 형성되는 결합
$H^+ + :NH_3 \rightarrow NH_4^+$

80 다음 중 동소체끼리 짝지어진 것이 아닌 것은?

① 흰인 – 붉은인
② 일산화질소 – 이산화질소
③ 사방황 – 단사황
④ 산소 – 오존

해설 동소체 : 같은 한 종류의 원소로 구성된 서로 다른 물질
② 일산화질소(NO)와 이산화질소(NO_2)는 두 종류의 원소(N, O)로 구성되어 있어 동소체가 아니다.

81 다음 중 같은 족 원소로만 나열된 것은?

① F, Cl, Br
② Li, H, Mg
③ C, N, P
④ Ca, K, B

해설 ① F, Cl, Br : 할로겐원소

82 묽은 염산에 넣을 때 많은 수소기체가 발생하며 반응하는 금속은?

① Au ② Hg
③ Ag ④ Na

해설 산에 대한 반응성이 큰 금속에는 K, Ca, Na, Mg 등이 있으며, 반응 시 수소기체가 발생한다.

83 다음 중 극성 분자인 것은?

① H_2O ② O_2
③ CH_4 ④ CO_2

해설 • 극성 분자 : 쌍극자 모멘트의 합이 존재하는 분자
예 H_2O

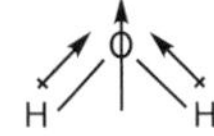

• 무극성 분자 : 쌍극자 모멘트의 합이 0인 분자
예 O_2, CH_4, CO_2

84 다음 중 제1차 이온화에너지가 가장 큰 원소는?

① 나트륨 ② 헬륨
③ 마그네슘 ④ 티타늄

해설 주기율표상에서 오른쪽 · 위쪽으로 갈수록 이온화에너지가 증가한다.

85 원자의 K껍질에 들어있는 오비탈은?

① s ② p
③ d ④ f

해설 • K껍질 : s오비탈
• L껍질 : s, p오비탈
• M껍질 : s, p, d오비탈
• N껍질 : s, p, d, f오비탈

86 전위차 적정의 원리식(Nernst식)에서 n은 무엇을 의미하는가?

$$E = E^{\circ} + \frac{0.0591}{n}\log C$$

① 표준전위차 ② 단극전위차
③ 이온농도 ④ 산화수 변화

해설 • n : 산화수 변화
• E° : 표준전위차

87 시안화칼륨을 넣으면 처음에는 흰 침전이 생기나 다시 과량으로 넣으면 흰 침전은 녹아 맑은 용액으로 된다. 이러한 성질을 가진 염의 양이온은?

① Cu^{2+} ② Al^{3+}
③ Zn^{2+} ④ Hg^{2+}

해설 KCN이 Zn^{2+}와 반응하면 $Zn(CN)_2(s)$로 흰색 앙금이 생성되지만, KCN을 계속 넣을 경우 $Zn(CN)_4^-$의 착이온이 형성되므로 다시 녹아 맑은 용액이 된다.

88 제3족 Al^{3+}의 양이온을 NH_4OH으로 침전시킬 때 $Al(OH)_3$이 콜로이드로 되는 것을 방지하기 위하여 함께 가하는 것은?

① NaOH ② H_2O_2
③ H_2S ④ NH_4Cl

해설 강염기에서 콜로이드로 침전되므로 약염기로 만들기 위해 NH_4Cl을 같이 넣어준다.

79.④ 80.② 81.① 82.④ 83.① 84.② 85.① 86.④ 87.③ 88.④

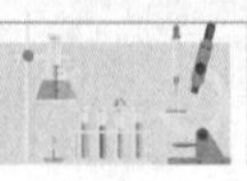

89 중화 적정법에서 당량점(equivalence point)에 대한 설명으로 가장 거리가 먼 것은?

① 실질적으로 적정이 끝난 점을 말한다.
② 적정에서 얻고자 하는 이상적인 결과이다.
③ 분석물질과 가해준 적정액의 화학양론적 양이 정확하게 동일한 점을 말한다.
④ 당량점을 정하는 데는 지시약 등을 이용한다.

해설 실질적으로 적정이 끝난 점은 종말점이라고 한다.

90 다음 반응에서 생성되는 침전물의 색상은?

$$Pb^{2+} + H_2SO_4 \rightarrow PbSO_4 + 2H^+$$

① 흰색
② 노란색
③ 초록색
④ 검은색

해설 침전물의 색상에 따른 물질 구분
- 흰색 : AgCl, ZnS, $CaCO_3$, $PbSO_4$, $BaSO_4$, $CaSO_4$
- 노란색 : AgI, PbI_2, CdS, $PbCrO_4$
- 검은색 : CuS, PbS

91 다음 금속이온 중 수용액 상태에서 파란색을 띠는 이온은?

① Rb^{++} ② Co^{++}
③ Mn^{++} ④ Cu^{++}

해설 ① Rb^{2+} : 무색
② Co^{2+} : 분홍색
③ Mn^{2+} : 옅은 분홍색
④ Cu^{2+} : 파란색

92 10℃에서 염화칼륨의 용해도는 43.1이다. 10℃ 염화칼륨 포화용액의 %농도는?

① 30.1 ② 43.1
③ 76.2 ④ 86.2

해설 용해도 : 용매 100g에 최대로 녹는 용질의 질량

$$\%농도 = \frac{용질의\ 질량}{용액의\ 질량} \times 100 = \frac{43.1}{100+43.1} \times 100 = 30.1\%$$

93 2M−NaCl 용액 0.5L를 만들려면 염화나트륨 몇 g이 필요한가? (단, 각 원소의 원자량은 Na은 23이고, Cl는 35.5이다.)

① 24.25 ② 58.5
③ 117 ④ 127

해설 2M×0.5L=1mol NaCl
1mol×58.5g/mol=58.5g

94 다음과 같은 반응에 대해 평형상수(K)를 옳게 나타낸 것은?

$$aA + bB \leftrightarrow cC + dD$$

① $K=\frac{[C]^c[D]^d}{[A]^a[B]^b}$ ② $K=\frac{[A]^a[B]^b}{[C]^c[D]^d}$
③ $K=\frac{[C]^c}{[A]^a[B]^b}$ ④ $K=\frac{1}{[A]^a[B]^b}$

해설

$$평형상수(K) = \frac{생성물}{반응물} = \frac{[C]^c[D]^d}{[A]^a[B]^b}$$

95 산소분자의 확산속도는 수소분자 확산속도의 얼마 정도인가?

① 4배 ② $\frac{1}{4}$
③ 16배 ④ $\frac{1}{16}$

해설 확산속도의 비

$$\frac{v_{O_2}}{v_{H_2}} = \sqrt{\frac{M_{H_2}}{M_{O_2}}} = \sqrt{\frac{2}{32}} = \frac{1}{4}$$

96 0.01N HCl 용액 200mL를 NaOH으로 적정하니 80.00mL가 소요되었다면, 이때 NaOH의 농도는?

① 0.05N
② 0.025N
③ 0.125N
④ 2.5N

해설 중화점(당량점)
HCl의 당량수=NaOH의 당량수
노르말농도×부피=노르말농도×부피
0.01N×200mL=x(N)×80mL
∴ NaOH=0.025N

89.① 90.① 91.④ 92.① 93.② 94.① 95.② 96.②

97 다음 중 금속 지시약이 아닌 것은?

① EBT(Eriochrom Black T)
② MX(Murexide)
③ PC(Phthalein Complexone)
④ B.T.B.(Brom－Thymol Blue)

해설 ④ B.T.B.는 산 · 염기 지시약으로 쓰인다.

98 불꽃반응 색깔을 관찰할 때 노란색을 띠는 것은?

① K
② As
③ Ca
④ Na

해설 ① K : 보라색
② As : 푸른색
③ Ca : 주황색
④ Na : 노란색

99 0.1N－NaOH 표준용액 1mL에 대응하는 염산의 양(g)은? (단, HCl의 분자량은 36.47g/mol이다.)

① 0.0003647g
② 0.003647g
③ 0.03647g
④ 0.3647g

해설 노르말농도×부피＝당량수

$$\frac{\text{질량}}{\text{당량질량}}=\text{당량수}$$

0.1N×1mL＝0.1meq

$$\frac{w(\text{mg})}{36.47}=0.1\text{meq}$$

∴ w＝3.647mg＝0.003647g

100 뮤렉사이드(MX) 금속 지시약은 다음 중 어떤 금속이온의 검출에 사용되는가?

① Ca, Ba, Mg
② Co, Cu, Ni
③ Zn, Cd, Pb
④ Ca, Ba, Sr

해설 뮤렉사이드(MX) 지시약은 착이온 지시약으로 Co, Cu, Ni 검출에 사용된다.

101 다음 중 전기전류의 분석신호를 이용하여 분석하는 방법은?

① 비탁법
② 방출분광법
③ 폴라로그래피법
④ 분광광도법

해설 ③ 폴라로그래피법 : 적하수은전극을 이용한 전압전류법

102 다음 전기회로에서 전류는 몇 암페어(A)인가?

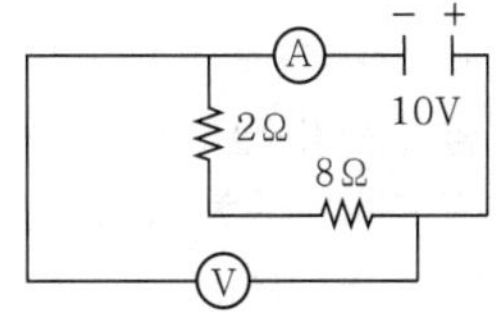

① 0.5　　② 1
③ 2.8　　④ 5

해설 저항은 8Ω＋2Ω＝10Ω이고, 전압은 10V이므로, 옴의 법칙으로 계산하면 다음과 같다.

$$I(\text{전류})=\frac{V(\text{전압})}{R(\text{저항})}=\frac{10\text{V}}{10\Omega}=1\text{A}$$

103 전해로 석출되는 속도와 확산에 의해 보충되는 물질의 속도가 같아서 흐르는 전류를 무엇이라 하는가?

① 이동전류　　② 한계전류
③ 잔류전류　　④ 확산전류

해설 전압전류곡선에서 전압을 높이게 되면 전류(확산전류)가 점차 증가하다가 일정한 전류에 이르게 되는데 이를 한계전류라고 한다. 한계전류에서 석출되는 속도와 확산에 의해 보충되는 속도가 같아지게 된다.

104 불꽃 없는 원자흡수분광법 중 차가운 증기 생성법(cold vapor generation method)을 이용하는 금속원소는?

① Na　　② Hg
③ As　　④ Sn

해설 차가운 증기 생성이 가능한 물질은 금속 중에 유일하게 상온에서 액체로 존재하는 수은(Hg)이다.

97.④ 98.④ 99.② 100.② 101.③ 102.② 103.② 104.②

105 적외선 분광기의 광원으로 사용되는 램프는?

① 텅스텐 램프
② 네른스트 램프
③ 음극 방전관(측정하고자 하는 원소로 만든 것)
④ 모노크로미터

해설 ① 텅스텐 램프 : 가시광선 광원
② 네른스트 램프 : 적외선 광원
④ 모노크로미터 : 단색화 장치

106 가스 크로마토그래피의 시료 혼합성분은 운반기체와 함께 분리관을 따라 이동하게 되는데, 분리관의 성능에 영향을 주는 요인이 아닌 것은?

① 분리관의 길이
② 분리관의 온도
③ 검출기의 기록계
④ 고정상의 충전방법

해설 분리관(칼럼)의 길이, 온도, 고정상의 충전방법에 따라서 분리관의 성능효율이 결정된다.
③ 검출기의 기록계는 분리관을 나온 성분에 대한 검출 기록을 한다.

107 분석시료의 각 성분이 액체 크로마토그래피 내부에서 분리되는 이유는?

① 흡착
② 기화
③ 건류
④ 혼합

해설 액체 크로마토그래피에서 분석시료는 이동상인 액체의 용해와 정지상인 고체의 흡착에 의한 상호작용에 의해서 분리된다.

108 정지상으로 작용하는 물을 흡착시켜 머무르게 하기 위한 지지체로서 거름종이를 사용하는 분배 크로마토그래피는?

① 관 크로마토그래피
② 박막 크로마토그래피
③ 기체 크로마토그래피
④ 종이 크로마토그래피

해설 종이 크로마토그래피는 정지상으로 종이를 사용하고, 이동상으로 물 또는 혼합용매를 사용한다.

109 원자흡수분광계에서 속빈 음극램프의 음극 물질로 Li이나 As를 사용할 경우 충전기체로 가장 적당한 것은?

① Ne
② Ar
③ He
④ H_2

해설 충전기체가 방전되어 속빈 음극 램프에 Li 또는 As와 충돌하여 들뜬 상태의 Li, As 원자 기체를 만들 수 있어야 하므로 분자량이 큰 비활성 기체인 Ar이 적당하다.

110 다음 중 실험실 안전수칙에 대한 설명으로 틀린 것은?

① 시약병 마개를 실습대 바닥에 놓지 않도록 한다.
② 실험실습실에 음식물을 가지고 올 때에는 한쪽에서 먹는다.
③ 시약병에 꽂혀 있는 피펫을 다른 시약병에 넣지 않도록 한다.
④ 화학약품의 냄새는 직접 맡지 않도록 하며 부득이 냄새를 맡아야 할 경우에는 손을 사용하여 코가 있는 방향으로 증기를 날려서 맡는다.

해설 실험실습실에서는 취식을 하지 않는다. 각종 실험약품 등이 즐비한 실험실습실에서의 음식물 섭취는 자칫 실험자의 건강에 안 좋은 영향을 미칠 뿐 아니라, 실험실습실에 오염원으로 작용할 수 있다.

111 다음 중 pH meter의 사용방법에 대한 설명으로 틀린 것은?

① pH 전극은 사용하기 전에 항상 보정해야 한다.
② pH 측정 전에 전극 유리막은 항상 말라 있어야 한다.
③ pH 보정 표준용액은 미지시료의 pH를 포함하는 범위이어야 한다.
④ pH 전극 유리막은 정전기가 발생할 수 있으므로 비벼서 닦으면 안 된다.

해설 pH 측정 전에 전극 유리막은 버퍼 용액에 충분히 젖어 있어야 한다.

105.② 106.③ 107.① 108.④ 109.② 110.② 111.②

112 분광광도계에서 광전관, 광전자증배관, 광전도셀 또는 광전지 등을 사용하여 빛의 세기를 측정하는 장치 부분은?

① 광원부
② 파장 선택부
③ 시료부
④ 측광부

해설 측광부에서는 광전효과를 이용하여 빛의 세기를 전기신호로 변환시켜 측정한다.

113 분자가 자외선 광에너지를 받으면 낮은 에너지 상태에서 높은 에너지 상태로 된다. 이때 흡수된 에너지를 무엇이라 하는가?

① 투광에너지
② 자외선에너지
③ 여기에너지
④ 복사에너지

해설 낮은 에너지 상태의 분자가 여기에너지를 흡수하면 높은 에너지 상태로 된다.

114 분광광도법에서 정량분석의 검량선 그래프에 X축은 농도를 나타내고, Y축은 무엇을 나타내는가?

① 흡광도
② 투광도
③ 파장
④ 여기에너지

해설 분광광도법은 각 물질의 농도에 따른 흡광도를 분석한다. 따라서, X축은 농도, Y축은 흡광도이다.

115 유리전극 pH 미터에 증폭회로가 필요한 가장 큰 이유는?

① 유리막의 전기저항이 크기 때문이다.
② 측정가능범위를 넓게 하기 때문이다.
③ 측정오차를 작게 하기 때문이다.
④ 온도의 영향을 작게 하기 때문이다.

해설 유리막의 전기저항이 크기 때문에 pH의 신호가 약해진다. 따라서 증폭회로가 필요하다.

116 1g의 라듐으로부터 1m 떨어진 거리에서 1시간 동안 받는 방사선의 영향을 무엇이라 하는가?

① 1뢴트겐
② 1큐리
③ 1렘
④ 1베크렐

해설 ① 1뢴트겐 : 건조한 공기 1kg당 2.58×10^{-4}쿨롱의 전기량을 만들어내는 γ선 혹은 X선의 세기
② 1큐리 : 1초 동안 3.7×10^{10}개의 원자핵이 붕괴하면서 발생시키는 방사선량으로 1g의 라듐이 내는 방사능의 세기
④ 1베크렐 : 방사성 물질이 1초 동안 1개의 원자핵이 붕괴

117 가스 크로마토그래피(gas chromatography)로 가능한 분석은?

① 정성분석만 가능
② 정량분석만 가능
③ 반응속도분석만 가능
④ 정량분석과 정성분석이 가능

해설 머무름시간(retention time)을 통한 정성분석 및 피크(peak)의 크기를 통한 정량분석이 모두 가능하다.

118 원자흡광광도계로 시료를 측정하기 위하여 시료를 원자상태로 환원해야 한다. 이때 적합한 방법은?

① 냉각
② 동결
③ 불꽃에 의한 가열
④ 급속해동

해설 시료의 원자화 방법 : 불꽃 또는 전열기에 의한 가열

119 다음 중 흡광광도분석장치의 구성 순서로 옳은 것은?

① 광원부 – 시료부 – 파장 선택부 – 측광부
② 광원부 – 파장 선택부 – 시료부 – 측광부
③ 광원부 – 시료부 – 측광부 – 파장 선택부
④ 광원부 – 파장 선택부 – 측광부 – 시료부

해설 광원부에서 나온 빛은 파장 선택부에서 흡광도가 가장 높은 파장이 선택된 후 시료부에서 흡수되며, 이를 측광부에서 측정하여 흡광도를 알아낸다.

112.④ 113.③ 114.① 115.① 116.③ 117.④ 118.③ 119.②

120 유리의 원료이며 조미료, 비누, 의약품 등 화학공업의 원료로 사용되는 무기화합물로 분자량이 약 106인 것은?

① 탄산칼슘
② 황산칼슘
③ 탄산나트륨
④ 염화칼륨

해설 ① 탄산칼슘($CaCO_3$)의 분자량 : 100
② 황산칼슘($CaSO_4$)의 분자량 : 136
③ 탄산나트륨(Na_2CO_3)의 분자량 : 106
④ 염화칼륨($CaCl_2$)의 분자량 : 111

121 가스 크로마토그래피에서 운반기체로 이용되지 않는 것은?

① 헬륨
② 질소
③ 수소
④ 산소

해설 시료와 반응성이 없고 가벼운 기체를 주로 이동상으로 사용하며, 일반적으로 헬륨, 질소, 수소 등이 사용된다.

122 pH 5인 염산과 pH 10인 수산화나트륨을 어떤 비율로 섞으면 완전 중화가 되는가? (단, 염산 : 수산화나트륨의 비)

① 1 : 2 ② 2 : 1
③ 10 : 1 ④ 1 : 10

해설 pH+pOH=14에서
pH 5의 농도는 10^{-5}M 농도의 염산(HCl)
pH 10의 농도는 pOH=4이고 10^{-4}M 농도의 수산화나트륨(NaOH)
동일한 농도가 되기 위해서
$10^{-5}\text{M} \times V_{\text{염산}} = 10^{-4}\text{M} \times V_{\text{수산화나트륨}}$
따라서, $V_{\text{염산}} : V_{\text{수산화나트륨}} = 10 : 1$

123 30% 수산화나트륨 용액 200g에 물 20g을 가하면 약 몇 %의 수산화나트륨 용액이 되겠는가?

① 27.3% ② 25.3%
③ 23.3% ④ 20.3%

해설 $\frac{\text{용질}}{\text{용액}} \times 100 = \frac{200 \times 0.3}{200+20} \times 100 = 27.3\%$

124 다음 중 펠링용액(Fehling's solution)을 환원시킬 수 있는 물질은?

① CH_3COOH ② CH_3OH
③ C_2H_5OH ④ $HCHO$

해설 알데하이드(−CHO)는 펠링용액 환원반응과 은거울 반응을 한다.

125 건조공기 속의 헬륨은 0.00052%를 차지한다. 이 농도는 몇 ppm인가?

① 0.052
② 0.52
③ 5.2
④ 52

해설 $\frac{0.00052}{100} \times 10^6 = 5.2\text{ppm}$

126 다음 중 산성염에 해당하는 것은?

① NH_4Cl ② $CaSO_4$
③ $NaHSO_4$ ④ $Mg(OH)Cl$

해설
• 산성염 : H^+을 포함하는 염($NaHSO_4$)
• 염기성염 : OH^-를 포함하는 염[$Mg(OH)Cl$]
• 중성염 : H^+나 OH^-를 포함하지 않는 염($CaSO_4$, NH_4Cl)

127 다음 화합물 중 순수한 이온결합을 하고 있는 물질은?

① CO_2 ② NH_3
③ KCl ④ NH_4Cl

해설 이온결합 화합물은 금속 양이온과 비금속 음이온의 결합으로 이루어져 있다. 따라서 KCl이 된다.
CO_2, NH_3의 경우 공유결합 화합물이고, NH_4Cl의 경우 공유결합, 배위결합, 이온결합이 모두 존재한다.

128 다음 중 카르보닐기는?

① −COOH ② −CHO
③ =CO ④ −OH

해설 ① −COOH : 카르복시기
② −CHO : 포르밀기
③ =CO : 카르보닐기
④ −OH : 하이드록시기

120.③ 121.④ 122.③ 123.① 124.④ 125.③ 126.③ 127.③ 128.③

129 다음 금속 중 환원력이 가장 큰 것은?

① 니켈
② 철
③ 구리
④ 아연

해설 환원력이 클수록 산화가 잘 되며, 보기의 물질을 산화가 잘 되는 순서로 나열하면 다음과 같다.
아연(Zn) > 철(Fe) > 니켈(Ni) > 구리(Cu)

130 1초에 370억 개의 원자핵이 붕괴하여 방사선을 내는 방사능 물질의 양으로서 방사능의 강도 및 방사성 물질의 양을 나타내는 단위는?

① 1렘
② 1그레이
③ 1래드
④ 1큐리

해설 1Ci(큐리) : 1g의 라듐(Ra)이 내는 방사선의 세기로, 1초에 3.7×10^7의 원자핵이 붕괴하면서 내는 방사선량

131 Na^+이온의 전자배열에 해당하는 것은?

① $1s^2 2s^2 2p^6$
② $1s^2 2s^2 3s^2 2p^4$
③ $1s^2 2s^2 3s^2 2p^5$
④ $1s^2 2s^2 2p^6 3s^1$

해설 Na^+의 전자배치는 Ne의 전자배치와 동일하다.
∴ $1s^2 2s^2 2p^6$

132 1N NaOH 용액 250mL를 제조하려 할 때 필요한 NaOH의 양은? (단, NaOH의 분자량=40)

① 0.4g
② 4g
③ 10g
④ 40g

해설 NaOH의 당량질량=분자량=40
노르말농도×부피=당량수
1N×0.250L=0.250eq
당량수×당량질량=질량
∴ 0.250eq×40g/eq=10g

133 분자식이 $C_{18}H_{30}$인 탄화수소 1분자 속에는 2중결합이 최대 몇 개 존재할 수 있는가? (단, 3중결합은 없다.)

① 2 ② 3
③ 4 ④ 5

해설 알칸의 수소수와 시료의 수소수와의 차이를 계산하여 2로 나눈 값을 불포화지수(수소결핍지수)라고 하며, 이 수만큼 이중결합이 필요하다.
알칸 : $C_{18}H_{38}$, 시료 : $C_{18}H_{30}$
수소수의 차이$=\frac{(38-30)}{2}=4$
∴ 이중결합은 최대 4개이다.

134 포도당의 분자식은?

① $C_6H_{12}O_6$
② $C_{12}H_{22}O_{11}$
③ $(C_6H_{10}O_5)_n$
④ $C_{12}H_{20}O_{10}$

해설 포도당(glucose)의 분자식 : $C_6H_{12}O_6$

135 다음 중 물체에 해당하는 것은?

① 나무
② 유리
③ 신발
④ 쇠

해설
- 물체 : 어떤 목적으로 사용하기 위해 만든 물건
- 물질 : 물체를 이루는 재료

136 다음 할로겐원소 중 다른 원소와의 반응성이 가장 강한 것은?

① I
② Br
③ Cl
④ F

해설 전기음성도가 클수록 반응성이 크다.
F > Cl > Br > I

129.④ 130.④ 131.① 132.③ 133.③ 134.① 135.③ 136.④

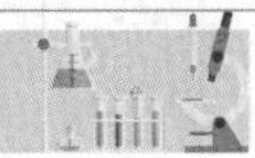

137 다음 황화물 중 흑색 침전이 아닌 것은?

① PbS ② CuS
③ HgS ④ CdS

해설 ④ CdS은 노란색 침전이다.

138 네슬러 시약의 조제에 사용되지 않는 약품은?

① KI ② HgI_2
③ KOH ④ I_2

해설 네슬러 시약은 암모니아 검출에 사용하는 시약으로 요오드화수은(HgI_2), 요오드화칼륨(KI)을 수산화칼륨(KOH) 용액에 용해시킨 것이다.

139 황산바륨의 침전물에 흡착하기 쉽기 때문에 황산바륨의 침전물을 생성시키기 전에 제거해 주어야 할 이온은?

① Zn^{2+} ② Cu^{2+}
③ Fe^{2+} ④ Fe^{3+}

해설 황산바륨의 침전물에 흡착하기 쉬운 이온 : Fe^{3+}

140 공실험(blank test)을 하는 가장 주된 목적은?

① 불순물 제거
② 시약의 절약
③ 시간의 단축
④ 오차를 줄이기 위함

해설 바탕용액이 갖고 있는 신호를 검출하여 이를 제거해 줌으로써 오차를 줄이기 위함이다.

141 제2족 구리족 양이온과 제2족 주석족 양이온을 분리하는 시약은?

① HCl
② H_2S
③ Na_2S
④ $(NH_4)_2CO_3$

해설 양이온의 분족시약 구분
- 제1족 : 염화이온 Cl^- (HCl)
- 제2족 : 황화이온 S^{2-} (H_2S)
- 제3족 : 수산화이온 OH^- (NH_4OH)
- 제4족 : 황화이온 S^{2-} (H_2S)
- 제5족 : 탄산이온 CO_3^{2-} [$(NH_4)_2CO_3$]

142 은법 적정 중 하나인 모어(Mohr) 적정법은 염소이온(Cl^-)을 질산은($AgNO_3$) 용액으로 적정하면 은이온과 반응하여 적색 침전을 형성하는 반응이다. 이때 사용하는 지시약은?

① K_2CrO_4
② Cr_2O_7
③ $KMnO_4$
④ $Na_2C_2O_4$

해설 $AgNO_3$의 Ag^+이온이 Cl^-과 침전을 형성한 후 당량점에서 K_2CrO_4의 CrO_4^{2-}이온과 Ag^+이온이 결합하여 Ag_2CrO_4 적색 침전이 형성된다.

143 린만 그린(Rinmann's green) 반응 결과 녹색의 덩어리로 얻어지는 물질은?

① $Fe(SCN)_2$
② $Co(ZnO_2)$
③ $Na_2B_4O_7$
④ $Co(AlO_2)_2$

해설 린만 그린 반응의 결과인 녹색 물질은 아연 산화물 형태의 코발트그린[$Co(ZnO_2)$]이다.

144 크로마토그램에서 시료의 주입점으로부터 피크의 최고점까지의 간격을 나타낸 것은?

① 절대 피크
② 주입점 간격
③ 절대 머무름시간
④ 피크 주기

해설 ③ 절대 머무름시간 : 시료의 주입점부터 시료의 피크 최고점까지의 간격(시간)으로, 정성분석에 사용한다.

145 분광광도계에 이용되는 빛의 성질은?

① 굴절
② 흡수
③ 산란
④ 전도

해설 분광광도계는 시료의 특정 파장에 대한 빛의 흡광도를 측정하는 기기이다.

137.④ 138.④ 139.④ 140.④ 141.② 142.① 143.② 144.③ 145.②

146 불꽃 없는 원자화 기기의 특징이 아닌 것은?

① 감도가 매우 좋다.
② 시료를 전처리하지 않고 직접 분석이 가능하다.
③ 산화작용을 방지할 수 있어 원자화 효율이 크다.
④ 상대정밀도가 높고, 측정농도범위가 아주 넓다.

해설 불꽃 없는 원자화 기기의 종류로는 고온전기로법, 차가운 증기 및 수소화물 생성법 등이 있다. 불꽃을 사용하지 않으므로 감도가 좋고, 시료를 전처리 없이 직접 분석할 수 있으며, 산화작용을 방지할 수 있다. 하지만 시료를 매우 적은 양을 가하기 때문에 부피의 오차로 인한 재현성이 좋지 않고, 측정농도범위가 좁다.

147 투광도가 50%일 경우, 흡광도는 얼마인가?

① 0.25　　② 0.30
③ 0.35　　④ 0.40

해설 $A = -\log(T\%/100)$
여기서, A : 흡광도, $T(\%)$: %투과도
$-\log(0.5) = 0.301$

148 눈에 산이 들어갔을 때, 다음 중 가장 적절한 조치는?

① 메틸알코올로 씻는다.
② 즉시 물로 씻고, 묽은 나트륨 용액으로 씻는다.
③ 즉시 물로 씻고, 묽은 수산화나트륨 용액으로 씻는다.
④ 즉시 물로 씻고, 묽은 탄산수소나트륨 용액으로 씻는다.

해설 눈에 산이 들어갔을 경우 즉시 흐르는 물에 씻고, 약한 염기인 탄산수소나트륨 용액으로 씻는다.

149 다음 중 람베르트-비어 법칙에 대한 설명으로 맞는 것은?

① 흡광도는 용액의 농도에 비례하고, 용액의 두께에 반비례한다.
② 흡광도는 용액의 농도에 반비례하고, 용액의 두께에 비례한다.
③ 흡광도는 용액의 농도와 용액의 두께에 비례한다.
④ 흡광도는 용액의 농도와 용액의 두께에 반비례한다.

해설 람베르트-비어의 법칙
$A = \varepsilon bc$
여기서, A : 흡광도
ε : 몰흡광계수
b : 빛의 투과길이, 용액의 두께
c : 용액의 농도
따라서, 흡광도는 용액의 농도와 용액의 두께에 비례한다.

150 종이 크로마토그래피법에서 이동도(R_f)를 구하는 식은? (단, C : 기본선과 이온이 나타난 사이의 거리[cm], K : 기본선과 전개용매가 전개한 곳까지의 거리[cm])

① $R_f = \dfrac{C}{K}$
② $R_f = C \times K$
③ $R_f = \dfrac{K}{C}$
④ $R_f = K + C$

해설 $R_f = \dfrac{C}{K}$
여기서, C : 기본선과 이온이 나타난 거리
K : 기본선과 전개용매가 전개한 곳까지의 거리

146.④ 147.② 148.④ 149.③ 150.①

제4편

실기

필답형 기출문제

Craftsman Chemical Analysis

화 / 학 / 분 / 석 / 기 / 능 / 사

유형별로 정리한 필답형 기출문제

① 농도 계산

② 빛의 특성

③ 빛의 파장

④ 전자와 빛의 관계

⑤ 시료, 실험기구, 실험실 안전

⑥ 람베르트-비어의 법칙

⑦ 분광광도계 및 기타 분석장치

⑧ 검량선

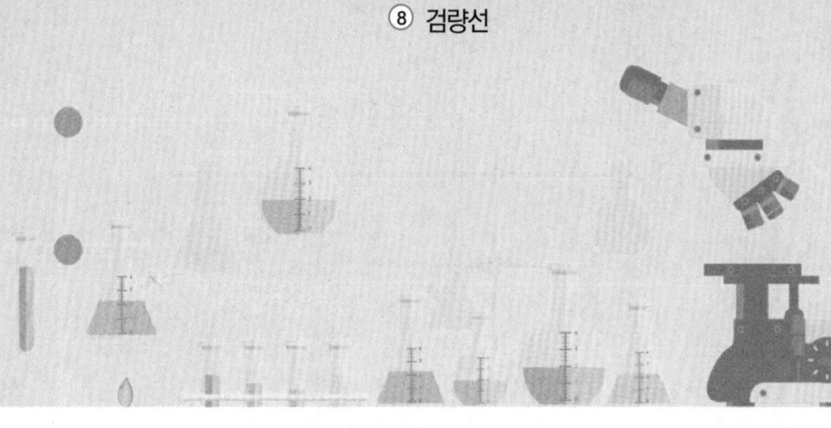

화학분석기능사

www.cyber.co.kr

1 농도 계산

01 용액 1L 중 용질의 몰수를 무엇이라 하는가?

정답 몰농도(M)

02 1,000ppm $K_2Cr_2O_7$(중크롬산칼륨) 표준용액을 이용하여 30ppm의 시료용액 100mL를 제조하고자 한다. 필요한 표준용액은 몇 mL인가?

정답 1,000ppm×x(mL)=30ppm×100mL
x=3mL

03 중크롬산칼륨 1,000ppm은 몇 % 용액인가?

정답 1%는 1/100이고, 1ppm은 1/1,000,000이므로 1%는 10,000ppm이다.
따라서 1,000ppm은 0.1%이다.

04 50% 용액을 가지고 20% 용액 100mL를 제조하려고 한다. 50% 용액 몇 mL를 채취해야 하는지 계산하여 구하시오.

정답 50%×x(mL)=20%×100mL
x=40mL

05 희박한 시료 농도의 단위로 ppm 단위를 쓰는데, 이것을 분수로 나타내시오.

정답 $\frac{1}{1,000,000}$

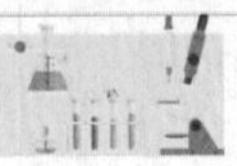

06 과망간산칼륨 1,000ppm 용액은 몇 g/L인가? (단, 비중은 1.0이다.)

정답 1ppm=1mg/L이므로,
1,000ppm=1,000mg/L=1g/L

07 중크롬산칼륨 1,500ppm 용액은 몇 g/L인가? (단, 비중은 1.0이다.)

정답 1ppm=1mg/L이므로,
1,500ppm=1,500mg/L=1.5g/L

08 4ppm 용액 100mL를 만들려면 10ppm 용액 몇 mL를 채취하여야 하는가?

정답 4ppm×100mL=10ppm×x(mL)
x=40mL

09 2,000ppm의 시료를 10ppm으로 만들려고 한다. 100mL 메스플라스크를 이용한다면 몇 mL의 원액이 필요한가?

정답 2,000ppm×x(mL)=10ppm×100mL
x=0.5mL

10 10ppm 용액 100mL를 만들려면 1,000ppm 원액 몇 mL를 채취해야 하는가?

정답 10ppm×100mL=1,000ppm×x(mL)
x=1mL

11 순도 100%인 $KMnO_4$ 2g을 녹여서 용액 1,000g을 제조하였다. 이 용액의 농도는 몇 ppm인가? (단, 용액의 비중은 1이다.)

정답 용액 1,000g은 비중이 1이므로 1,000mL=1L이다.
1ppm이 1mg/L이며, 2g/L이므로 2,000ppm

12 2g/L는 몇 ppm에 해당하는지 계산하시오. (단, 용액의 비중은 1.0이다.)

정답 1ppm=1mg/L이며, 2g/L이므로 2,000ppm

13 순도 100%인 $K_2Cr_2O_7$을 4.5g을 채취하여 증류수에 녹여 1L 용액으로 만들었다. 이 용액은 몇 ppm인지 계산하시오. (단, 용액의 비중은 1.0이다.)

정답 1ppm=1mg/L이므로 4.5g/L=4,500ppm

14 0.53N KOH를 물에 희석시켜 0.2N KOH를 만들려고 한다. 이때 필요한 0.53N-KOH의 양은 몇 mL인가?

정답 $0.53N \times x(mL) = 0.2N \times 1{,}000mL$
$x = 377.4mL$

15 100g의 $Na_2C_2O_4$(분자량 134)를 가지고 1.4M 용액을 만들려면 용액의 부피는 얼마가 되겠는가?

정답 $\frac{100g}{(134g/mol)} = 0.746mol$

$0.746mol \times 1{,}000mL = 1.4mol \times x(mL)$
$x = 532.85mL$

16 2,000ppm의 시료를 35ppm으로 만들려고 한다. 이때 100mL 메스플라스크를 이용한다면 몇 mL의 원액이 필요한가?

정답 2,000ppm× x(mL)=35ppm×100mL
x=1.75mL

17 200ppm은 몇 mg/mL인가? (단, 용액의 밀도는 1g/mL이다.)

정답 1ppm=1mg/L
1,000ppm=1mg/mL
따라서, 200ppm : x = 1,000ppm : 1mg/mL
x=0.2mg/mL

18 2mg/mL은 몇 ppm에 해당하는지 계산하시오. (단, 용액의 비중은 1이다.)

정답 1ppm=1mg/L
따라서, 1ppm : 1mg/L = x : 2mg/mL
x=2,000ppm

19 용액 1L 속에 함유된 용질의 그램당량수를 표시한 농도는?

정답 노르말농도(규정농도)

20 물(4℃)의 밀도는 1g/cm^{3}이다. 이때, 물 2kg은 몇 L인가?

정답 1g/cm^{3}이므로 2,000g/2,000cm^3=2kg/2L
따라서, 2L

2 빛의 특성

01 색상이 다른 두 색을 적당한 비율로 혼합하여 무채색이 될 때, 이 두 빛의 색을 무엇이라고 하는가?

정답 보색(여색, complementary color)

02 복사선의 평행한 빛살이 날카로운 가로막기를 지나거나 좁은 구멍을 통과할 때 구부러지는 과정을 무엇이라고 하는가?

정답 회절현상

03 과망간산칼륨 용액이 붉은 보라색이 되는 이유는 무엇인가?

정답 보색인 노란색이 흡수되기 때문에
※ 흡수되는 색과 나머지 색의 관계는 보색 관계이다.

04 $KMnO_4$ 미지시료의 농도를 알아보기 위하여 분광광도계의 파장을 545nm에 맞추었다. 545nm는 어느 광선에 속하는가?

정답 가시광선
※ 가시광선 영역은 400~800nm이다.

05 파동의 반사원리를 이용한 장치는 무엇인가?

정답 위성 안테나

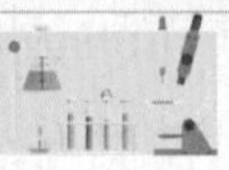

06 금속 표면에 자외선을 비출 때 표면에 있는 전자가 방출되는 현상을 무엇이라 하는지 쓰시오.

정답 광전효과

07 파동에서 마루와 마루 사이의 거리를 무엇이라 하는지 쓰시오.

정답 파장
※ 파동 곡선의 가장 높은 곳을 마루라고 하고, 둘 사이의 거리는 파장이다.

08 파동에서 골과 골 사이의 거리를 무엇이라 하는지 쓰시오.

정답 파장

09 전자기 복사선의 주파수를 두 배로 하면, 에너지는 몇 배가 되는가?

정답 2배
※ 에너지와 주파수는 비례한다.

10 전자기 복사선의 파수를 두배로 하면, 에너지는 몇 배가 되는가?

정답 2배
※ 에너지와 파수는 비례한다.

11 복사유도방출에 의한 빛의 증폭으로 빛의 퍼짐이 적고 간섭성이 좋은 빛을 무엇이라고 하는가?

정답 레이저(LASER ; Light Amplification by Stimulated Emission of Radiation)

12 스펙트럼 상 붉은색 바깥쪽에 나타나는 빛으로, 육안으로는 보이지 않고 가시광선보다 파장이 길며, 주로 열에너지로 나타나는 빛의 종류를 설명하시오.

정답 적외선

3 빛의 파장

01 분광광도계의 파장 단위는 nm를 사용하고 있다. 10nm는 몇 m에 해당하는가?

정답 10^{-8}m

※ 1nm=10^{-9}m

02 분광광도법에서는 파장을 나노미터(nm) 단위로 사용한다. 1nm는 몇 m인가?

정답 10^{-9}m

03 파장이 600nm인 빛의 파수(cm^{-1})는 얼마인가? (단, 공식 : $\bar{\nu}=\frac{1}{\lambda}$)

정답 $2.8\times10^{19}cm^{-1}$

04 가시광선의 파장(nm) 범위를 쓰시오.

정답 400~800nm

05 580~590nm 파장의 색상은?

정답 황색

06 파장이 2×10^{-5}cm인 빛의 진동수(s^{-1})는 얼마인가?

정답 $\nu=\frac{c}{\lambda}=\frac{(3.0\times10^{10}cm/s)}{(2\times10^{-5}cm)}=1.5\times10^{15}s^{-1}$

4 전자와 빛의 관계

01 분자가 자외선과 가시광선 영역의 광에너지를 흡수하면 전자는 바닥상태에서 어떤 상태로 변하는가?

정답 들뜬 상태

02 전자가 낮은 에너지 상태에서 높은 에너지 상태로 변화할 때, 흡수된 에너지를 무슨 에너지라고 하는가?

정답 여기 에너지

※ 여기 상태=들뜬 상태
저기 상태=바닥 상태

03 분광학에서 비결합인 n전자는 어떤 두 가지 형태로 전이하는가?

정답 δ^*와 π^*

※

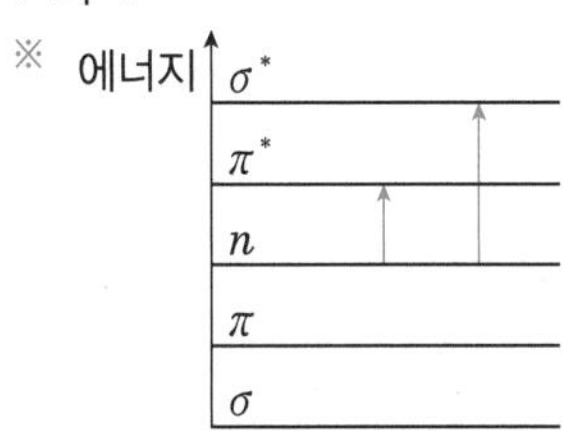

04 분광학에서 $\pi \rightarrow \pi^*$ 전이가 일어날 수 없는 유기화합물 계열은 무엇인가?

정답 알칸화합물(alkane)

※ 다중결합을 가진 알켄 또는 알킨 화합물이 $\pi \rightarrow \pi^*$ 전이가 가능하다.

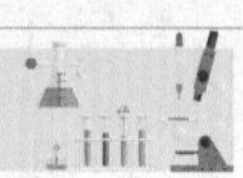

05 지방족 포화탄화수소 화합물이 높은 준위인 들뜬 상태(excited state)로 전이될 수 있는 형태를 쓰시오.

정답 $\delta \rightarrow \delta^*$

※ 단일결합만을 가진 지방족 포화 탄화수소는 $\sigma \rightarrow \sigma^*$ 전이가 가능하다.

06 아세트알데하이드는 160nm, 180nm 및 290nm에서 흡수띠를 가지는데, 이 중 290nm의 흡수는 어떤 전이를 하는가?

정답 $n \rightarrow \pi^*$

※ 파장이 클수록 에너지가 감소한다. 따라서 에너지 차가 가장 작은 $n \rightarrow \pi^*$으로 전이된다.

에너지
σ^*
π^*
n
π
σ

07 유기화합물의 자외선 흡수에서 전자전지의 형태 4가지를 모두 쓰시오.

정답 ① $\sigma \rightarrow \sigma^*$ ② $\pi \rightarrow \pi^*$ ③ $n \rightarrow \pi^*$ ④ $n \rightarrow \sigma^*$

※ 에너지
σ^*
π^*
n
③ ④
π
②
σ
①

5 시료, 실험기구, 실험실 안전

01 어떤 시료가 자외선, 가시광선 영역에서 거의 흡수되지 않을 때에는 적당한 시약을 넣어서 흡수되는 화합물로 변화시켜야 되는데, 이때 넣어 주는 시약을 무엇이라 하는가?

정답 발색시약

02 과망간산칼륨 용액을 보관할 경우, 어느 색깔의 유리병에 보관하여야 하는가?

정답 갈색 유리병
※ 과망간산칼륨은 빛이 노출되면 분해되므로 갈색 유리병에 보관한다.

03 자외선 및 가시광선 영역에서 흡수하는 불포화 유기 작용기를 무엇이라 하는가?

정답 발색단(chromophores)

04 1,000ppm 용액을 이용하여 10ppm의 용액 100mL를 조제할 경우, 원액를 정확히 채취하기 위해 사용하는 기구를 쓰시오.

정답 피펫

05 1,000ppm 시료원액 1mL를 피펫으로 채취하여 10ppm 시료로 희석하려고 할 때, 가장 정확하게 희석할 수 있는 100mL 용량의 유리기구를 쓰시오.

정답 메스플라스크

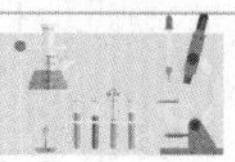

06 액체의 액량을 감소시킬 때, 용질의 농도 증가가 필요할 때, 용액의 용매를 완전히 제거할 때 실시하는 시료의 물리적 전처리방법을 쓰시오.

정답 증발

07 용해도 차이에 의해 혼합물을 분리하고 불순물을 제거하는 방법으로, 여러 번 반복함에 따라 순도가 증가하는 분리방법은 무엇인지 쓰시오.

정답 재결정

08 표준작업지침서에 따라, 다음의 기구와 시약이 필요한 이화학분석법의 명칭을 쓰시오.

전자저울, 건조기, 칭량병, 메스플라스크, 삼각플라스크, 뷰렛, 비커, 깔때기, 세척병, 피펫, 클램프, 뷰렛대, 염산, 수산화나트륨 표준용액, 지시약 등

정답 중화적정

09 부피분석에서 기준용액으로 사용되며 농도가 정확히 밝혀진 용액을 무엇이라고 하는지 쓰시오.

정답 표준용액

10 여러 가지 약품으로부터 자기 자신의 의복과 몸을 보호하기 위하여 실습을 시작하기 전에 반드시 착용하여야 하는 것의 명칭을 쓰시오.

정답 실험복

11 화학물질의 특성, 위험성, 취급방법, 보관방법 등을 기록한 문서로, 실험실에 반드시 비치하여야 하는 문서는 무엇인지 쓰시오.

정답 물질안전보건자료(MSDS)

※ MSDS ; Material Safty Data Sheet

12 분석시료의 균질화와 순도를 높여 원소 및 성분 분석의 정밀도와 정확도를 높이기 위해 실시하는 것은 무엇인지 쓰시오.

정답 시료 전처리

13 시료 속 성분의 종류와 함량, 화학조성, 구조상태에 대한 정보를 얻을 수 있는 실험기술은 무엇인지 쓰시오.

정답 화학분석

14 중화적정 등에 사용되는 실험기구로, 주로 표준용액을 넣고 아래쪽의 스톱콕(stopcock)을 조절하여 액체를 흘러내리게 하여 이동한 액체의 부피를 측정할 수 있도록 눈금이 새겨져 있는 유리관으로 된 실험기구의 명칭을 쓰시오.

정답 뷰렛

15 실험실 안전에 대한 다음 (   ) 안에 알맞은 용어를 쓰시오.

진한 황산을 희석할 때에는 비커에 (   )(를)을 먼저 담은 다음, 그 후에 (   )(를)을 조금씩 흘려 넣어야 한다.

정답 증류수, 황산

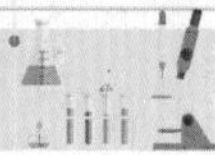

16 다음의 일반적인 정량분석 과정을 순서대로 나열하시오.

㉠ 신뢰도 평가 ㉡ 대표시료 취하기 ㉢ 분석방법 선택하기 ㉣ 실험시료 만들기 ㉤ 시료 분석 및 결과 계산

정답 ㉢ → ㉡ → ㉣ → ㉤ → ㉠

17 나트륨 등의 알칼리금속을 안전하게 보관하는 방법을 쓰시오.

정답 석유 안에 넣어 보관한다.

※ 나트륨 등의 알칼리금속은 물 또는 산소와 반응하므로 석유 속에 보관한다.

18 연소의 3요소를 쓰시오.

정답 가연물, 산소공급원, 점화원

※ 암기 팁! **가산점** ⇨ **가**(연물) **산**(소공급원) **점**(화원)

6 람베르트-비어의 법칙

01 람베르트-비어의 법칙에서 입사광의 농도를 I_0, 투광도의 농도를 I라고 할 때 흡광도 A를 나타내시오.

정답 $A = \log\left(\frac{I_0}{I}\right)$

02 백분율 투광도($\%T$)를 나타내는 식을 쓰시오. (단, I_0 : 입사광의 농도, I : 투사광의 농도)

정답 $\%T = \left(\frac{I}{I_0}\right) \times 100$

03 람베르트-비어의 법칙에서 몰흡광도를 ε, 농도를 c, 광도(셀)의 길이를 b라고 할 경우, 이 기호를 사용하여 흡광도 A를 나타내시오.

정답 $A = \varepsilon bc$

04 $A = 2 - \log(\%T) = \varepsilon bc$ 식은 무슨 법칙을 나타낸 식인가?

정답 람베르트-비어의 법칙

05 입사광이 흡수되는 비율은 물질의 두께와 흡수물질의 농도에 비례한다는 법칙은?

정답 람베르트-비어의 법칙

06 $A = 2 - \log(\%T) = \varepsilon bc$에서 c는 무엇을 의미하는가?

정답 농도

07 아래의 내용은 무슨 법칙인가?

용액 층의 길이가 같은 경우 색의 세기는 용액의 농도에 비례한다.

정답 비어의 법칙

08 분광광도계에서 분자흡광도(ε)와 흡광도(a), 그리고 분자량(M)과의 관계는 어떤 식이 성립되는가?

정답 $\varepsilon = a \times M$

09 $A = 2 - \log(\%T) = \varepsilon bc$의 식에서 b는 무엇을 의미하는가?

정답 광도의 길이

10 흡광도 $A = \varepsilon bc$에서 ε이 의미하는 것은?

정답 몰흡광계수

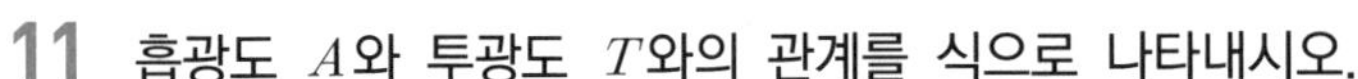

11 흡광도 A와 투광도 T와의 관계를 식으로 나타내시오.

정답 $A=2-\log(\%T)$

※ 투광도 T를 쓸 경우 $A=-\log T=\varepsilon bc$로 쓸 수 있다.

12 농도와 투과도의 관계에서 농도가 증가할수록 투과도는 어떻게 되는가?

정답 감소한다.

※ 농도가 진해지면 빛의 흡광도는 증가하고, 투과도는 감소한다.

13 354nm에서 용액의 %투광도는 10%이다. 이 파장에서 흡광도는?

정답 $A=2-\log(\%T)=2-\log10=1$

14 어떤 물질의 몰흡광계수가 $500M^{-1}$이다. 흡수용기의 길이가 2.0cm일 때 0.0012M 용액의 투광도(%)는 얼마인가?

정답 $A=\varepsilon bc=(500M^{-1}cm^{-1})(0.0012M)(2.0cm)=1.20$

$\log T=-A$

$T=10^{-A}=10^{-1.20}=0.063=6.3\%$

7 분광광도계 및 기타 분석장치

01 분광광도법에서 자외선 영역에서는 어떤 재질의 셀을 일반적으로 사용하는가?

정답 석영

02 분광광도법으로 시료의 농도를 분석할 때 가시광선 영역에서 주로 사용하는 시료용기의 재질은 무엇인가?

정답 유리 또는 플라스틱

03 분광광도법으로 분석할 수 있는 빛의 종류 2가지를 쓰시오.

정답 가시광선, 자외선

04 분광광도계의 광원 중에서 중수소램프는 어느 광선 범위에서 사용하는 광원인가?

정답 자외선

05 분광광도법에서 텅스텐램프는 어느 광선 범위에서 사용하는 광원인가?

정답 가시광선

06 가시광선 범위에서 사용하는 광원은 어떤 램프인가?

정답 텅스텐램프

07 분광광도계에 시료를 넣을 때 사용하는 것은?

정답 셀

08 시료 농도에 따라 흡광도를 측정할 때 가장 적합한 흡수파장은?

정답 최대흡수파장

09 물질의 흡수 스펙트럼에 영향을 주는 일반적 변수를 쓰시오.

정답 용매의 성질, 용매의 pH, 온도, 방해물질의 존재

10 분광광도계의 구조 중에서 회절발은 광원에서 나온 빛을 분산시켜 무슨 광으로 만드는가?

정답 단색광

11 분광광도계에서 단색광을 만드는 것은?

정답 프리즘, 회절발

※ 분광광도계는 굴절(프리즘) 또는 회절(회절발)을 이용하여 빛을 파장별로 분리하여 특정 파장의 빛(단색광)을 얻어내는 장치이다.

12 분광기의 주요 부품 중 단색광으로 분광시키는 부품의 명칭을 쓰시오.

정답 석영 프리즘과 격자 프리즘

13 시료를 통과한 빛의 양을 전기적 에너지로 바꾸어 측정하는 장치를 무엇이라 하는가?

정답 분광광도계(광전분광광도계)

14 분광광도계의 구조를 설명하시오.

정답 광원 → 단색화 장치(입구 슬릿 → 회절발 → 출구 슬릿) → 시료 → 검출기

15 시료를 통과한 광의 세기를 측정하는 장치를 무엇이라 하는가?

정답 검출기(광전관, 광전증배관)
※ 빛을 전류신호로 바꾸어 측정한다.

16 분광광도계로 흡광도를 측정할 때 0점 조정은 투광도 몇 %인가?

정답 100%
※ 투과도가 100%일 때 흡광도는 0, 투과도가 0%일 때 흡광도는 무한대이다.

17 분광광도법으로 어떤 시료의 흡광도를 측정할 때 사용하는 흡수 스펙트럼에서 x축에 나타내는 것은?

정답 파장
※ y축 : 흡광도

18 일정한 농도의 용액을 가지고 파장을 변화시키면서 흡광도를 측정하여 x축에는 파장, y축에는 흡광도를 나타낸 그래프를 그렸다. 이 그래프를 무엇이라 하는가?

정답 흡수 스펙트럼

19 어떤 물질에 대해서 흡광도와 파장의 관계를 나타낸 그래프를 무엇이라 하는가?

정답 흡수 스펙트럼

20 비교적 고도의 기구를 내장하는 기기를 사용해 물질이 가지는 어느 종의 화학적 · 물리적 특성을 검출하는 것에 의해 행해지는 분석법의 총칭을 무슨 분석이라 하는가?

정답 기기분석

21 가스 크로마토그래피에서 주로 사용하는 이동상(운반기체)을 쓰시오.

정답 수소, 네온, 헬륨

※ 운반기체의 조건 : 시료와 반응하지 않고 가벼워야 하며, 시료 분석신호에 영향을 주지 않아야 한다.

8 검량선

01 검량선에서 시료의 농도와 흡광도와의 관계는?

정답 비례관계

※ $A=\varepsilon bc$이므로, 흡광도(A)와 농도(c)는 비례관계이다.

02 투광도와 농도와의 관계 그래프를 그리시오.

정답

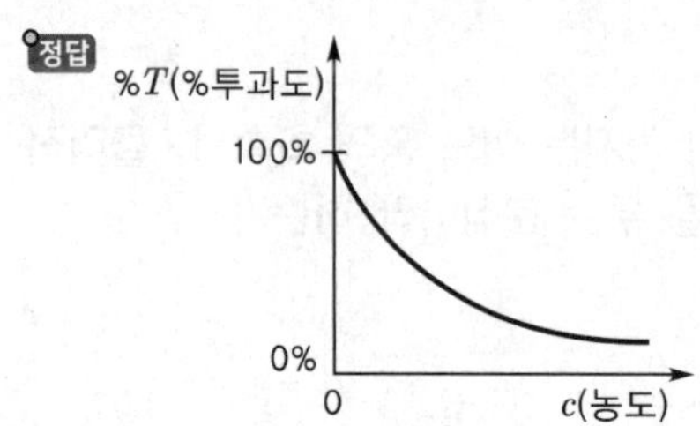

※ $A=\varepsilon bc=2-\log(\%T)$

$\therefore \%T=10^{2-\varepsilon bc}$ (여기서, $\%T$: 투과도, c : 농도)

농도(c)가 0이면 %투과도($\%T$)는 100%가 되고, 농도(c)가 무한대로 증가하면 %투과도($\%T$)는 0으로 접근한다. 즉, %투과도는 농도증가에 따라 지수적으로 감소한다.

03 1,000ppm $K_2Cr_2O_7$(중크롬산칼륨) 표준용액을 이용하여 40ppm의 시료용액 100mL를 제조하고자 한다. 이때 필요한 표준용액은 몇 mL인가?

정답 1,000ppm$\times x$(mL)=40ppm$\times$100mL

x=4mL

04 물질의 양 또는 농도와 그 물질의 흡광도와의 관계를 그래프로 나타낸 선을 무엇이라 하는가?

정답 검량선(검정선)

05 미지농도 검량을 위한 가장 이상적인 검량선을 그리시오.

정답

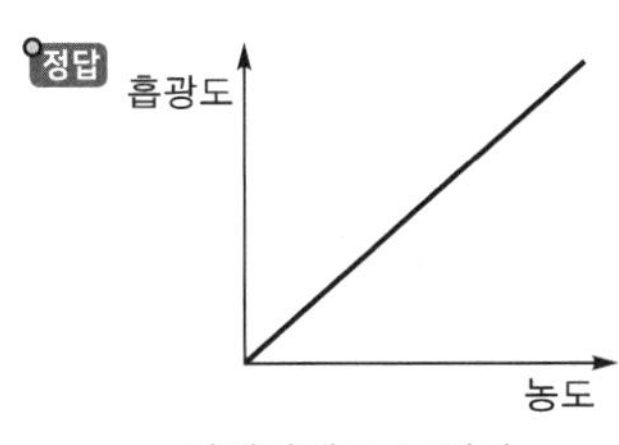

※ 비례관계로 그린다.

06 미지시료 용액의 농도를 측정하고자 할 때 농도가 정확하게 알려진 용액을 무엇이라 하는가?

정답 표준용액

07 흡광도와 농도 관계 그래프에서 y축은 무엇을 나타내는가?

정답 흡광도

08 검량선을 이용한 미지농도값이 20ppm이라면 표준용액(1,000ppm)으로부터 몇 배 희석되었는가?

정답 $\text{희석배율} = \left(\dfrac{\text{표준용액 농도}}{\text{미지용액 농도}}\right) = \dfrac{1{,}000}{20} = 50\text{배}$

09 다음 (　　) 안에 알맞은 용어를 쓰시오.

실제 값과 이론적으로 정확한 값(참값)과의 차이를 말하며, 실험 시 (　　　)의 크기를 줄일 수 있으나 완전히 없애는 것은 불가능하다.

정답 오차

제5편

실기
작업형 실험자료

작업형 실험 시험대비 자료

① 작업형 실기시험 문제지

② 작업형 실기시험 답안지 양식

③ 작업형 시험 진행 순서

④ 답안지 작성의 예

화학분석기능사

www.cyber.co.kr

국가기술자격 실기시험문제

자격종목	화학분석기능사	과제명	분광광도법

※ 문제지는 시험종료 후 본인이 가져갈 수 있습니다.

비번호		시험일시		시험장명	

※ 시험시간 : 2시간

1. 요구사항

※ 지급된 재료 및 시설을 사용하여 아래 작업을 완성하시오.

(1) **분석장비의 Calibration** : 분광광도계의 파장이 540nm로 정확하게 맞추어져 있는지, 시료 희석용 순수용액을 사용하여 분석하였을 때 100%T 또는 0.0000A(흡광도)를 정확하게 나타내는지 확인하시오.

(2) **표준용액 흡광도 측정** : 지급된 $KMnO_4$ 표준용액($KMnO_4$, 1,000ppm)으로 blank, 5, 10, 15ppm의 농도로 100mL 메스플라스크를 이용하여 조제한 후 이 용액을 지급된 흡수셀로 흡광도를 측정하여 답안지 "1. 흡광도 측정"에 작성하시오.

※ 표준용액의 흡광도 측정은 원칙적으로 1회만 허용되니 각별히 유의합니다.

(3) **미지시료 흡광도 측정** : 지급된 미지시료(농도 20~80ppm 범위에 있음, 희석작업과 흡광도 측정 횟수의 제한은 없습니다)를 흡광도의 값이 5~15ppm 범위 안에 들도록 적절히 희석하여 흡광도를 측정하여 답안지 "1. 흡광도 측정"에 작성하시오.

※ 미지시료 흡광도 측정값이 표준용액 흡광도의 적정 범위를 벗어났을 경우 흡광도의 값이 5~15ppm 농도 범위 안에 들도록 반드시 희석작업을 재수행하시오.

(4) **분석그래프 작성** : 아래의 조건에 모두 부합하는 그래프를 답안지 "2. 그래프 작성"에 완성하시오.

① 그래프의 가로축은 농도, 세로축은 흡광도로 하고, 세로축에 흡광도 측정값을 모두 포함하도록 눈금 단위(scale)를 기록하시오.
② 표준물질의 각 농도에 해당하는 흡광도값을 그래프에 (·)으로 모두 정확하게 기록하고, 각 점에 해당하는 값을 (농도, 흡광도)의 양식으로 기록하고, 자 등을 이용하여 되도록 그래프 상 모든 점과 근접한 검량선을 반드시 일직선으로 그리시오.
③ 미지시료의 흡광도 측정값을 세로축에 화살표(→)로 표시하고 그 값을 그래프용지 좌측에 기록하고, 가로축과 평행한 점선을 검량선과 접하게 그리고 접점에서 세로축과 평행한 점선을 그려 가로축 값에 해당하는 점을 가로축 하단에 화살표(↑)로 표시하고 그 값을 소수점 둘째 자리까지 읽어 기록하시오.
(단, 소수 둘째 자리가 0일 때에도 두 자리 모두 기록하시오. 예시) 5.25, 6.30)

(5) 지급된 미지시료 농도가 표준용액으로부터 몇 배 희석되었는지를 계산하시오.

2. 수험자 유의사항

※ 다음 유의사항을 고려하여 요구사항을 완성하시오.

① 수험자 인적사항 및 계산식을 포함한 답안 작성은 흑색 필기구만 사용해야 하며, 그 외 연필류, 빨간색, 청색 등 필기구 및 수정테이프(액)를 사용해 작성한 답안은 **0점 처리**되오니 불이익을 당하지 않도록 유의해 주시기 바랍니다.
② 답안 정정 시에는 정정하고자 하는 단어에 두 줄(═)을 긋고 다시 작성해 주시기 바랍니다.
③ 원칙적으로 지급된 시설, 기구 및 재료 및 수험자 지참 준비물에 한하여 사용이 가능합니다.
④ 수험자 간에 대화나 시험에 불필요한 행위는 금지되며, 이를 위반하게 되면 **실격** 조치되오니 주의하시기 바랍니다.
⑤ 시험이 종료되면 답안지 및 지급받은 재료 일체를 반납하여야 합니다.
⑥ 시험에 사용한 시설 및 기구는 깨끗이 세척한 후 정리정돈하고 감독위원의 안내에 따라 퇴장합니다.

⑦ 요구사항을 만족하는 답안지 작성 기준은 다음과 같습니다.

가) "1. 흡광도 측정"의 농도 및 흡광도값은 반드시 감독위원의 입회하에 수험자가 기기에 표시되는 값을 그대로 기재한 후 즉시 감독위원의 확인 날인을 받아야 하며 그렇지 않을 경우에는 **실격** 처리됩니다.

나) 답안지의 모든 값은 문항 간 일치하여야 하며 일치하지 않는 경우 일치하지 않는 항부터 이후 문항의 배점이 "**0점**" 처리됩니다.

예시 1) "1. 흡광도 측정"과 "2. 분석그래프 작성"의 모든 값과 일치하지 않는 경우 문항 2, 3, 4의 배점이 "**0점**" 처리됩니다.

예시 2) "2. 분석그래프 작성"에서 읽은 미지시료의 농도값이 이후 문항과 일치하지 않는 경우 문항 3, 4의 배점이 "**0점**" 처리됩니다.

다) 미지시료를 희석하지 않아 표준용액의 흡광도 또는 농도 범위를 벗어난 경우 문항 2, 3, 4의 배점이 "**0점**" 처리됩니다.

라) "4. 희석배수 계산"의 답안 작성 시 반드시 「계산과정」과 「답」란에 계산과정과 답을 정확하게 기재하여야 하며, 계산과정과 답이 일치하지 않거나 계산과정에 오류가 있거나 계산과정이 누락된 경우 **0점 처리**되며, 답 작성 시 반올림을 잘못 수행하였을 경우 **5점 감점**됩니다.

예시) 10.235 → 10.24, 12.002 → 12.00, 15.596 → 15.60

⑧ 실험복은 반드시 착용하여야 하며 미착용 시 **10점**(실험복 단추가 열려 있거나, 슬리퍼 착용 등 실험복을 착용하였더라도 실험에 부적합하다고 감독위원이 판단될 시 **10점**), 시험 도중 초자기구 등을 파손하였을 시 **10점**, 시약을 과도하게 흘렸을 경우에는 **5점**이 **감점**됩니다.

(단, 초자의 파손으로 인한 시약의 흘림은 중복 감점하지 않습니다.)

⑨ 미지시료를 제외한 지급 재료는 1회 지급이 원칙이나, 수험자 및 시험장의 상황에 따라 감독위원의 합의가 있을 경우 추가 지급할 수 있습니다.

⑩ 본인의 실수로 인하여 발생하는 안전사고는 본인에게 귀책사유가 있음을 특히 유의하여야 하며, 실험도구 및 약품을 다룰 때에는 항상 주의하시기 바랍니다.

⑪ 실험 중 기기 파손 등으로 인하여 상처 등을 입었을 때나 지급된 재료 및 약품 중 인체에 위험하거나 유해한 것을 취급 시 항상 주의하여야 하며, 특히 유독물이 눈에 들어갔을 경우 및 사고 발생 시 즉시 감독위원에게 알리고 조치를 받아야 합니다.

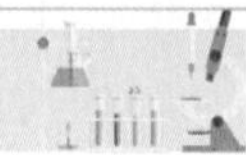

⑫ **다음 사항에 대해서는 채점 대상에서 제외하니 특히 유의하시기 바랍니다.**

가) 기권

㉠ 복합형(작업형+필답형)으로 구성된 시험에서 전 과정을 응시하지 아니한 경우

㉡ 수험자 본인이 수험 도중 시험에 대한 의사를 표시하고 포기하는 경우

나) 실격

㉠ 감독위원의 입회하에 즉시 감독위원의 확인 날인을 받지 않은 경우

㉡ 흡광도 측정값을 임의로 고친 경우나, 측정값을 검량선에 고의로 변경한 경우

㉢ 작업과정이 적절치 못하고 숙련성이 없다고 감독위원의 전원 합의가 있는 경우

㉣ 실험방법 및 결과값의 도출을 정식적인 방법에 따르지 않는다고 감독위원의 전원 합의가 있는 경우

예시) 검량선 작도 시 직선이 아닌 꺾은선 또는 곡선 등으로 작도 등

다) 미완성

표준시험 시간 내에 실험결과값(희석배수)을 제출하지 못한 경우

3. 지급재료 목록

자격종목	화학분석기능사

일련번호	재료명	규 격	단 위	수 량	비 고
1	$KMnO_4$(표준용액)	1,000mg/L	mL	100	1인
2	견출지	2.5cm×5cm 정도	개	5	1인
3	킴와이프스		장	10	1인
4	실험용 장갑		개	1	1인
5	분광광도용 흡수셀	10mm (1회용 플라스틱)	개	5	1인
6	피펫	5mL	개	1	1인
7	증류수	실험용	L	2	1인

※ 국가기술자격 실기시험 지급재료는 시험 종료 후(기권, 결시자 포함) 수험자에게 지급하지 않습니다.

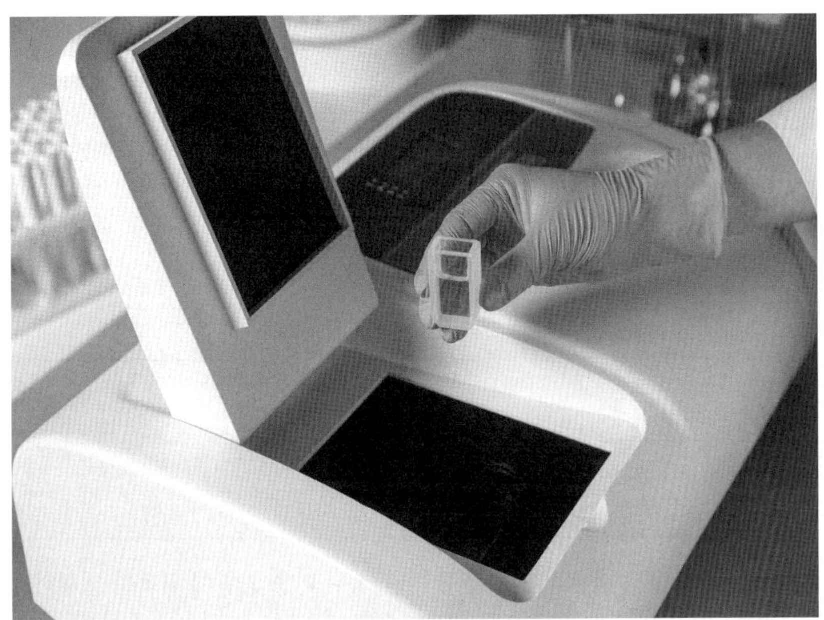

흡광도 측정

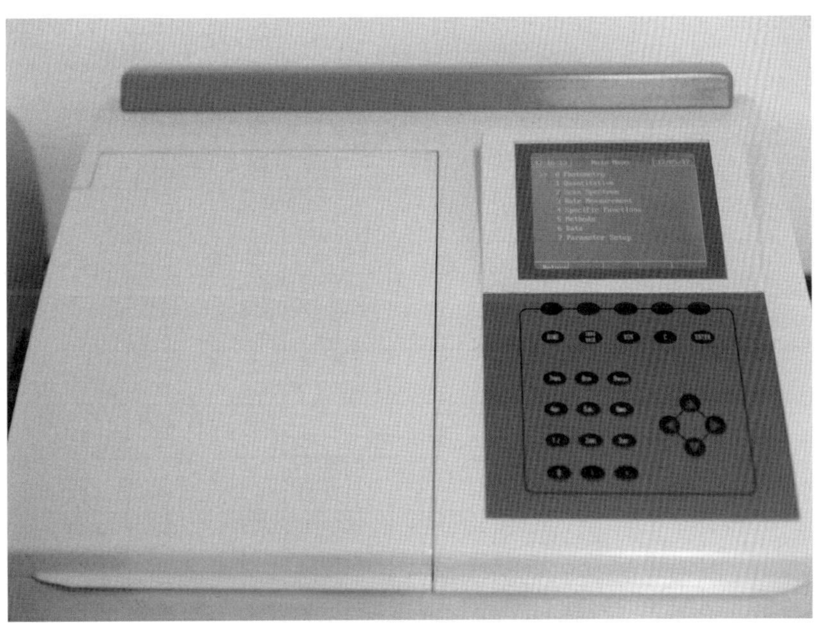

분광광도계의 모습

2 작업형 실기시험 답안지 양식

자격종목 및 등급	화학분석기능사	과제명	분광광도법	감독확인	(인)

비번호(등번호) :

1. 흡광도 측정

농도(ppm)	Blank	5	10	15	미지시료 (최종값)
흡광도값					
감독위원 날인	(인)	(인)	(인)	(인)	(인)

미지시료의 흡광도값이 표준용액의 범위를 벗어난 경우 다음 공란에 감독관 입회하에 수험자가 직접 흡광도값을 기재하고 최종값은 위 표에 쓰시오.

미지시료 흡광도값	감독위원 날인
	(인)

2. 그래프 작성

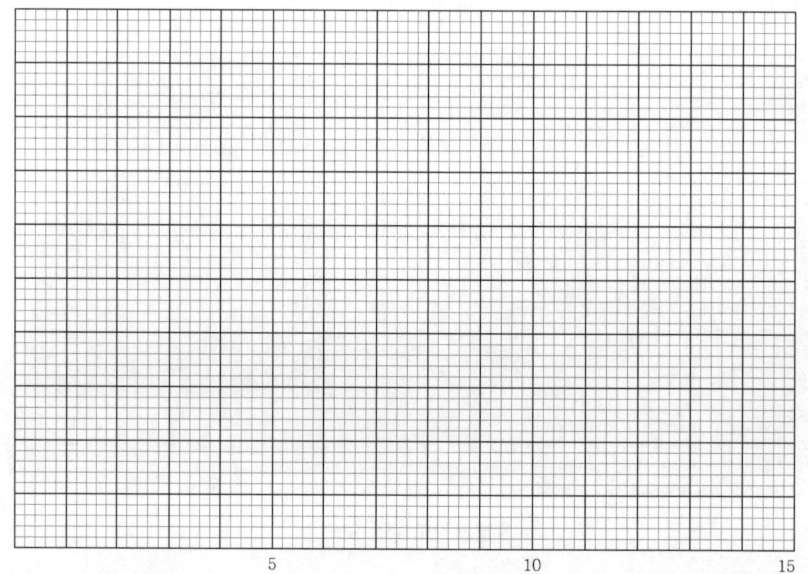

3. 그래프에 대응하는 미지시료의 농도를 적으시오.

4. 지급된 미지시료의 농도값을 이용하여 표준용액으로부터 몇 배 희석되었는지 계산과정을 통해 희석배수를 결정하시오.

계산식 :

답 :

3 작업형 시험 진행 순서

(1) Blank, 5ppm, 10ppm, 15ppm 표준용액 조제

① 문제지에 제시된 지급재료목록의 분석기구와 재료들을 확인한다.

② 지급된 1,000ppm $KMnO_4$ 표준용액 100mL로부터 피펫을 이용하여 표준용액 0.5mL, 1.0mL, 1.5mL를 취하여 세 개의 100mL 메스플라스크에 각각 넣은 후 증류수를 넣어 100mL까지 채운다.

③ 표준용액을 피펫으로 취할 때에는 용액을 빨아올렸다가 배출하기를 2~3회 정도 반복한 후 정확한 용량을 취한다.

④ Blank는 순수 증류수이므로 따로 조제할 필요 없이 증류수를 셀에 직접 채우면 된다.

(2) 표준용액 흡광도 측정

① 조제된 표준용액으로 셀을 2~3회 세척한 후 표준용액을 셀의 3/4 정도 채운다.
이때, 셀은 반드시 불투명한 부분을 손으로 잡도록 하고 용액은 100mL 메스플라스크로부터 직접 셀에 부어 채운다.

② 셀의 표면에 묻은 용액은 제공된 휴지로 잘 닦아준다.

③ Blank는 증류수를 같은 방법으로 채운다.

④ 준비된 네 개의 셀을 분광광도계에 넣고 흡광도를 측정한다.
이때, 빛이 통과할 수 있도록 기기의 렌즈가 있는 쪽에 셀의 투명한 부분이 위치하도록 주의한다.

⑤ 흡광도는 감독관이 측정해주시거나 수험자가 직접 측정할 수 있는데, 어느 경우에도 측정 후 반드시 감독관의 날인을 받아야 한다.

(3) 미지시료 흡광도 측정

주어진 미지시료는 농도가 20~80ppm 범위에 있으므로 5배 또는 10배로 희석해야 흡광도의 값이 5~15ppm 범위 안에 들 수 있다.

① 미지시료 20mL 또는 10mL를 취하여 100mL 메스플라스크에 넣은 후 증류수로 100mL까지 채워 5배 또는 10배 희석용액을 만든다.
- 5배 희석 : 미지시료 20mL + 물 80mL → 100mL
- 10배 희석 : 미지시료 10mL + 물 90mL → 100mL

② 5배 또는 10배 희석용액을 셀에 채워 흡광도를 측정한 후 감독관의 날인을 받는다.
이때, 흡광도값이 표준용액의 범위를 벗어난 경우에는 미지시료(최종값)란에는 기재하지 않고 다른 배수의 희석용액으로 측정을 다시 한다.

③ 흡광도값이 표준용액의 범위 안에 들면 미지시료(최종값)란에 기재하고 감독관의 날인을 받는다.

(4) 그래프 작성

문제지에 제시된 조건에 모두 부합하도록 빠지는 것 없이 그리는 것이 중요하므로 문제지의 조건을 잘 숙지하도록 한다.

① 측정된 흡광도값을 모두 나타낼 수 있도록 세로축의 눈금 단위를 정하는데 보통 큰 눈금 4칸을 0.1로 잡으면 된다.

② 표준용액의 각 농도에 해당하는 흡광도값을 그래프에 점(·)으로 모두 정확하게 표시하고, 각 점 옆에 해당하는 값을 (농도, 흡광도)의 순서쌍으로 표기한다.

③ 반드시 자 등을 이용하여 되도록 그래프 상의 모든 점들이 통과하도록 일직선이 되게 검량선을 그린다.

④ 검량선을 이용하여 미지시료의 농도를 구한다. 이때, 문제지의 요구사항에 제시된 조건을 반드시 따른다.

조건!!

미지시료의 흡광도 측정값을 세로축에 화살표(→)로 표시하고 그 값을 그래프용지 좌측에 기록하고, 가로축과 평행한 점선을 검량선과 접하게 그리고 접점에서 세로축과 평행한 점선을 그려 가로축 값에 해당하는 점을 가로축 하단에 화살표(↑)로 표시하고 그 값을 소수점 둘째자리까지 읽어 기록한다.

tip!!

흡광도 측정과 검량선 작성은 꼭 문제지에 나온 순서대로 해야만 하는 게 아니므로 흡광도 측정 기기가 붐벼 오래 기다려야하는 경우에는 미지시료의 희석용액을 먼저 준비하거나 검량선 작성을 먼저 하여 기다리는 시간을 줄일 수 있다.

(5) 희석배수 결정

① 계산과정

$$\text{희석배수} = \frac{1{,}000\text{ppm}}{(\text{검량선 상의 미지시료 농도값}) \times (\text{희석배수 5 또는 10})}$$

② 답

답은 소수 셋째 자리에서 반올림하여 둘째 자리까지 적는다.

4 답안지 작성의 예

1. 흡광도 측정

농도(ppm)	Blank	5	10	15	미지시료 (최종값)
흡광도값	0.000	0.072	0.140	0.207	0.126
감독위원 날인	(인)	(인)	(인)	(인)	(인)

미지시료의 흡광도값이 표준용액의 범위를 벗어난 경우 다음 공란에 감독관 입회하에 수험자가 직접 흡광도값을 기재하고 최종값은 위 표에 쓰시오.

미지시료 흡광도값	감독위원 날인
0.065	(인)

* 미지시료를 처음에 10배 희석하여 측정했을 때 흡광도가 0.065로 표준용액의 범위를 벗어나게 되어 5배 희석하여 다시 측정한 경우이다.

2. 그래프 작성

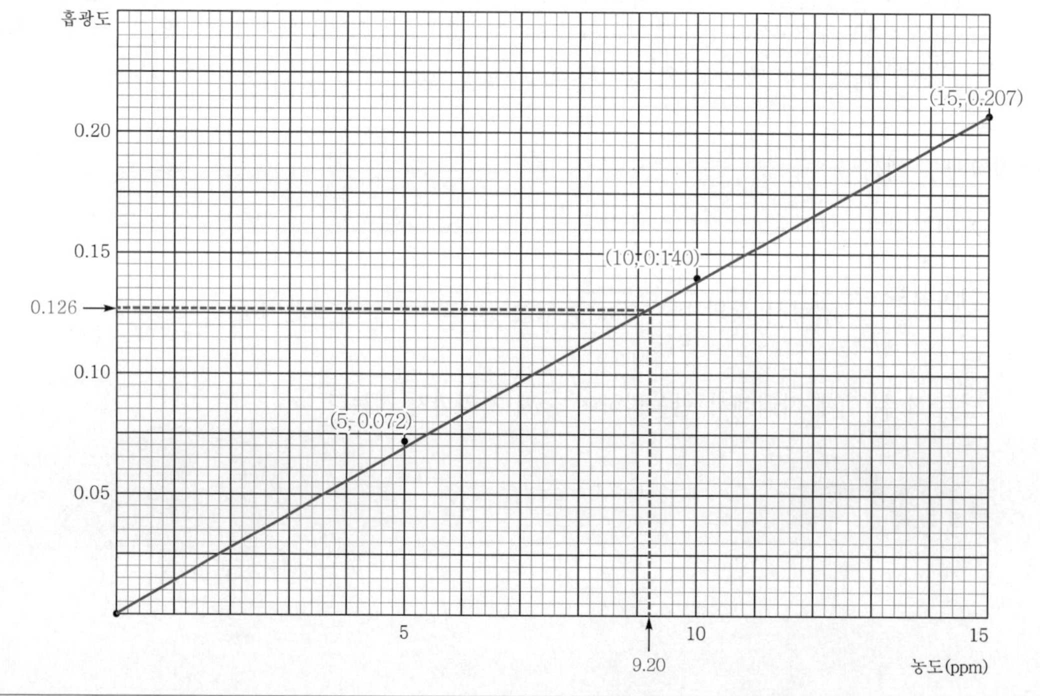

3. 그래프에 대응하는 미지시료의 농도를 적으시오.

9.20ppm

4. 지급된 미지시료의 농도값을 이용하여 표준용액으로부터 몇 배 희석되었는지 계산과정을 통해 희석배수를 결정하시오.

계산과정 : $\frac{1{,}000\text{ppm}}{9.20\text{ppm} \times 5} = 21.739$

답 : 21.74배

Memo

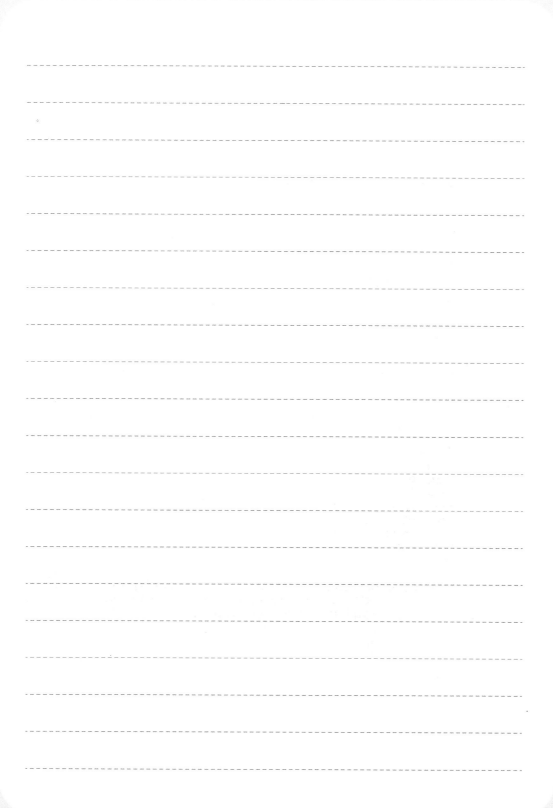

화학분석기능사 필기+실기

2020. 4. 28. 초 판 1쇄 발행
2021. 1. 5. 개정 1판 1쇄 발행

지은이 | 이영진, 이홍주
펴낸이 | 이종춘
펴낸곳 | BM (주)도서출판 **성안당**
주소 | 04032 서울시 마포구 양화로 127 첨단빌딩 3층(출판기획 R&D 센터)
10881 경기도 파주시 문발로 112 파주 출판 문화도시(제작 및 물류)
전화 | 02) 3142-0036
031) 950-6300
팩스 | 031) 955-0510
등록 | 1973. 2. 1. 제406-2005-000046호
출판사 홈페이지 | **www.cyber.co.kr**
ISBN | 978-89-315-3948-6 (13570)
정가 | 25,000원

이 책을 만든 사람들
기획 | 최옥현
진행 | 이용화, 곽민선
교정·교열 | 곽민선, 김지숙
전산편집 | 더기획, 이다혜
표지 디자인 | 박현정, 임진영
홍보 | 김계향, 유미나
국제부 | 이선민, 조혜란, 김혜숙
마케팅 | 구본철, 차정욱, 나진호, 이동후, 강호묵
마케팅 지원 | 장상범, 조광환
제작 | 김유석